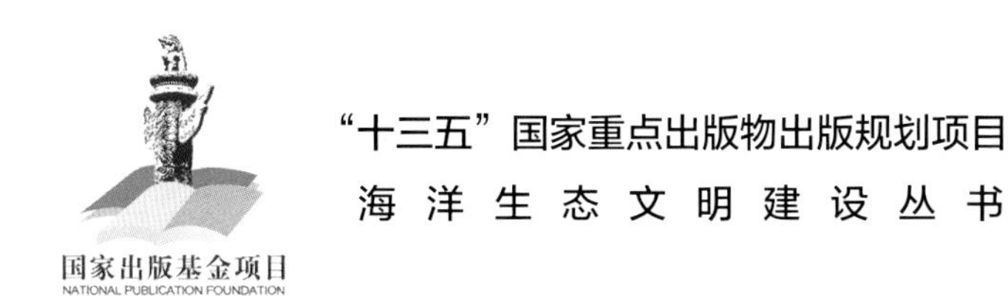

"十三五"国家重点出版物出版规划项目

海 洋 生 态 文 明 建 设 丛 书

港湾赤潮预警指标体系及赤潮灾害应急处置技术研究

暨卫东　贺　青 ● 主编

林　彩　许焜灿　陈宝红　暨国彪　张元标 ● 副主编

海洋出版社

2017年 · 北京

图书在版编目（CIP）数据

港湾赤潮预警指标体系及赤潮灾害应急处置技术研究/暨卫东，贺青主编．—北京：海洋出版社，2017.12

ISBN 978-7-5027-9538-2

Ⅰ.①港… Ⅱ.①暨… ②贺… Ⅲ.①港湾-赤潮-预警系统-研究②港湾-赤潮-自然灾害-灾害防治-研究 Ⅳ.①X55

中国版本图书馆 CIP 数据核字（2016）第 158896 号

策划编辑：苏 勤
责任编辑：苏 勤
责任印制：赵麟苏

海洋出版社 出版发行

http：//www.oceanpress.com.cn
北京市海淀区大慧寺路 8 号 邮编：100081
北京朝阳印刷厂有限责任公司印刷 新华书店发行所经销
2017 年 12 月第 1 版 2017 年 12 月北京第 1 次印刷
开本：889 mm×1194 mm 1/16 印张：15
字数：350 千字 定价：88.00 元
发行部：62132549 邮购部：68038093 总编室：62114335

编 委 会

前　言

为了贯彻落实国务院对突发性事件处理的要求，建立赤潮灾害应急反应机制，最大限度地减轻赤潮灾害造成的经济损失和给人民身体健康、生命安全带来的威胁，按照国家海洋局《2011年海洋赤潮灾害应急预案》要求，根据我们长期对港湾富营养化监测评价与赤潮预警成果，编写了《港湾赤潮预警指标体系及赤潮灾害应急处置技术研究》，供海湾赤潮灾害应急监测与预警管理决策，赤潮灾害监测和预警，港湾水体富营养化程度的评估，赤潮种鉴定、赤潮毒素检定和毒素效应评估，水体富营养化与赤潮的防治以及海洋教育部门参考。

第1篇　国内外赤潮调查研究动态　第1章赤潮发生和分布状况，第2章国内外赤潮的研究历史，第3章国内外赤潮研究现状，编制人：林彩、暨卫东、贺青。

第2篇　海洋内湾原发型赤潮预警指标体系研究　第4章赤潮预警研究的必要性，第5章赤潮预警指标体系构建的科学基础，第6章赤潮预警指标体系框架的构建，第7章赤潮预警预测指标研究，编制人：许焜灿、吴省三、暨卫东、贺青。

第3篇　厦门海域赤潮发生原因与预警研究　第8章赤潮监测与预警方案设计，编制人：吴省三、暨卫东、贺青；第9章厦门海域赤潮监测与预警研究，编制人：林辉、蒋荣根、暨卫东、贺青、陈宝红；第10章厦门赤潮海域监测结果与环境因素分析，编制人：林辉、蒋荣根、暨卫东、贺青、陈宝红；第11章厦门海域水体富营养状况评价，编制人：蒋荣根、暨卫东、贺青；第12章厦门海域近年来赤潮发生原因及规律，编制人：暨卫东、蒋荣根、陈宝红；第13章赤潮毒素的累积、预警值研究与应用，编制人：暨国彪、暨卫东、郭辉革；第14章水质浮标监测监视赤潮演变预测，编制人：邝伟明、周仁杰、暨卫东。

第4篇　赤潮多发区有毒赤潮跟踪监测、预警与防治策略　第15章有毒赤潮应急监测与预警研究，编制人：暨卫东、贺青、陈宝红；第16章厦门海域赤潮应急跟踪监测与预警，编制人：贺青、暨卫东、陈宝红、暨国彪、郭辉革；第17章有害赤潮应急措施、监控预警与防治建议，编制人：暨卫东。

本书由厦门南方海洋研究中心公共服务平台项目（14PST63NF27）“厦门海域赤潮灾害应急监测与预警管理决策平台”和科技部发展计划司科研院所社会公益研究专项（2004DIB3J084）“内湾原发型赤潮预警理化指标体系研究”提供了宝贵的科研调查资料。本书的撰写得到了国家科学技术部、厦门市海洋与渔业局、厦门南方海洋研究中心以及各涉海单位和个人的热情支持和大力帮助，特此致以衷心感谢。对本著作中存在不足，恳请读者指正。

暨卫东

2017年4月

目　　次

第1篇　国内外赤潮调查研究动态

第2篇　海洋内湾原发型赤潮预警指标体系研究

第3篇 厦门海域赤潮发生原因与预警研究

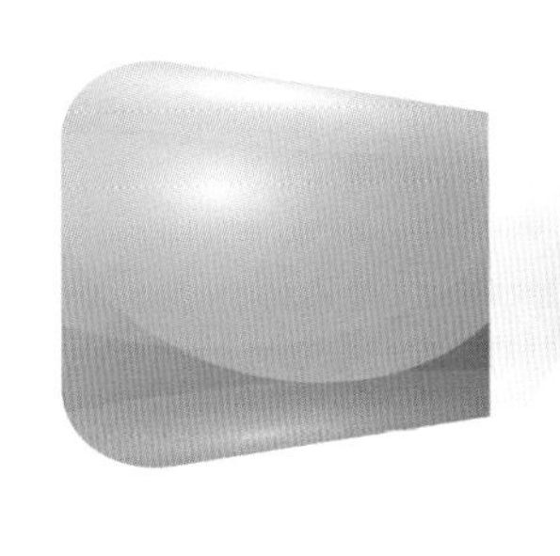

第 1 篇
国内外赤潮调查研究动态

第1章　赤潮发生和分布状况

赤潮（red tide）是指在一定的环境条件下，海洋中的浮游微藻、原生动物或细菌等在短时间内突发性链式增殖和聚集，导致海洋生态系统严重破坏或引起水色变化的灾害性海洋生态异常现象（刘沛然等，1999；毕远溥等，2001；张正斌等，2003；柏仕杰等，2012）。由于一般称藻类大量繁殖的现象为藻华（algal bloom），科学界也称赤潮为有害藻华（harmful algal blooms），简称为HAB，也有人称为有害赤潮（harmful red tide）（黄韦艮等 1998；刘沛然等 1999；苏纪兰，2001；周名江等，2001；张正斌等，2003）。

1.1　全世界赤潮的概况

20世纪50年代以前，赤潮在全世界的发生频率很低，记录也很少。50年代以后，随着世界范围内工农业的迅速发展，沿海地区人口急剧增加，大量工农业废水、生活污水和养殖废水任意排放入海，造成水体富营养化程度日益严重，导致赤潮原因种变化（有毒甲藻赤潮比重增大），赤潮发生频率和规模、危害及造成的经济损失和人类中毒事件也不断增加。50—60年代，赤潮大多发生在工业发达国家和地区的沿岸水域，如日本、美国和欧洲一些国家。到70年代，赤潮不仅在工业发达国家的沿岸水域中频繁发生，而且在一些发展中国家的沿岸水域也时有发生，如在中国、东南亚和南美洲等国家和地区的沿岸水域。自80年代以来，赤潮已经遍及世界沿海国家和地区的沿岸水域，并且危害程度日益加剧。图1.1为世界各国赤潮暴发情况。

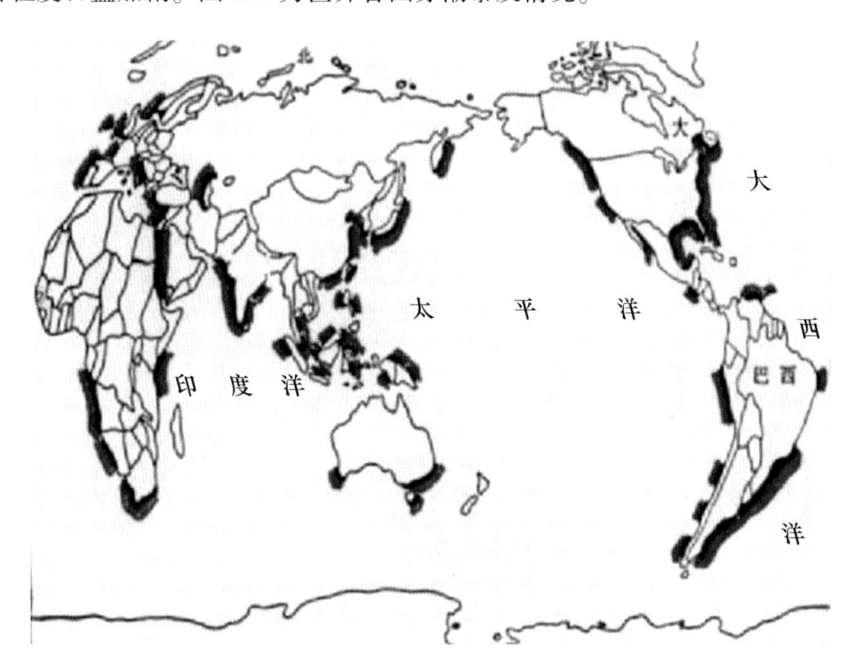

图1.1　世界范围内赤潮发生的区域分布

（资料来源：Manual on Harmful Marine Microalgae）

1.2 中国赤潮的概况

在我国的远古时候，就有关于赤潮的文字记载。但我国最早有记录的赤潮发生在1933年的浙江镇海-台州、石浦一带，关于这一事件未见正式的期刊报道。直到1952年，才有了第一次正式报道——关于黄河口夜光藻赤潮的报道。近年来，中国与世界其他沿海国家一样，一直遭受赤潮灾害的困扰，海洋生态系统和环境受到不同程度的破坏，经济损失也不断增加，赤潮已经成为中国沿海地区主要海洋生态灾害之一。与此同时，有毒、有害的赤潮原因种也在不断增加，甲藻等有害种类已成为我国赤潮的主要原因种，这些趋势充分表明了我国赤潮问题的严重性和复杂性（周名江，朱明远，2006）。

1.2.1 中国赤潮发生的特点

1）发生的区域广，规模大

在中国的海域中，发生赤潮比较集中的有几个海区：渤海（主要是渤海湾、黄河口和大连湾等地）、长江口（主要包括浙江舟山外海域和象山港等地）、福建沿海和珠江口海域（大亚湾、大鹏湾及香港部分海区等地）等。根据国家海洋局发布的海洋灾害公报，仅2004—2006年的3年里，面积超过1 000 km^2 的特大赤潮在我国就发生了22次，尤其是发生在东海的东海原甲藻和米氏凯伦藻赤潮甚至超过了10 000 km^2。

2）发生频率高，持续时间长

近年来，我国沿海有害赤潮的发生呈现出“大范围，高频率”的特点，并有逐年增加的趋势，对近岸水域生态系统、海洋环境和沿岸水产养殖业的可持续发展构成了极大的威胁（周名江等，2001）。根据我国沿海赤潮不完全统计结果显示，21世纪以来，我国赤潮发生呈现连年增加的趋势，进入了第2个高峰期。截至2012年，我国赤潮记录为1 311次，20世纪后50年赤潮发生次数为350次，其中90年代234次，而21世纪2001—2006年的6年中就有546次，占总记录的42%，2007—2012年的6年中有415次，占总记录的32%。

赤潮在我国沿海一年四季都有发生。一般来说，南海以3—5月最为多见，东海主要发生在5—7月，黄渤海则大多出现在7—9月。但是近年来越来越多的记录表明：我国各海区赤潮发生的时间有明显提前的趋势，黄渤海在5月中下旬就开始出现赤潮，东海赤潮最早出现在4月下旬，而南海在1月就有赤潮出现。近年来发生在我国的赤潮另外一个明显的特点就是持续时间延长，如2003年4月中旬至7月初发生在长江口及浙江近岸海域的最长一次赤潮过程长达335天（国家海洋局，2003）。

1.2.2 近年我国赤潮发生情况

近年来，随着我国经济建设的迅速发展，一些工农业生产废水和富含营养物质的生活污水大量排放入海，使海洋尤其是人类活动集中的内湾和沿岸海域的负荷加重。随着大量污染物的排放入海，中国近岸海域环境质量逐渐退化，近海污染范围有所扩大，油污染重点向南部海区转移，营养盐和有机污染呈逐渐上升的趋势，突发性污损事件频率加大，海水不断富营养化为某些赤潮生物的大量繁殖乃至赤潮的暴发提供了可能。有害藻华的发生频率以令人难以置信的速度增高，规模和危害程度有愈演愈烈的趋势，而且是由南向北挺进（梁松等，2000）。进入21世纪以来，我国海域每年赤潮发生次数在28~119次之间，年平均80次；年累计面积为 1.0×10^4~2.7×10^4 km^2，年均 1.6×10^4 km^2，赤潮发生次数和累计面积均为20世纪90年代的3.4倍。从多年变化趋势看，赤潮发生有从局部海域向全部近岸海域扩展的趋势。

据不完全统计，我国20世纪70年代发生赤潮11起，80年代上升至75起，1990—2000年发生了280起，2001—2007年发生了628起。据《2008年中国海洋环境状况公报》数据（国家海洋局，2008），2008年我国海域共发生赤潮68次，其中，渤海1次，黄海12次，东海47次，南海8次，累计面积$1.4×10^4$ km^2，与上年相比，赤潮发生次数减少14次，赤潮累计面积增加2 128 km^2；有毒、有害赤潮生物引发的赤潮11次，累计面积约610 km^2，分别占赤潮发生次数和累计面积的16%和4%，比2007年分别减少15%和12%。东海仍为我国赤潮的高发区，其赤潮发生次数和累计面积分别占全海域的69%和88%。引发赤潮的优势生物种类主要为无毒性的具齿原甲藻（东海原甲藻）、中肋骨条藻、夜光藻和对养殖生物有毒害作用的米氏凯伦藻、血红哈卡藻、卡盾藻等，一些赤潮由两种或两种以上生物共同引发。据《2009年中国海洋环境状况公报》（国家海洋局，2009）数据，2009年我国海域共发生赤潮68次，其中，渤海4次，黄海13次，东海43次，南海8次，累计面积$1.4×10^4$ km^2，与上年相比基本持平，其中，500 km^{2}以上的大面积和较大面积赤潮6次，累计面积9 120 km^2，约占全年累计面积的65%。引发赤潮的优势生物种类主要为夜光藻、赤潮异弯藻、中肋骨条藻、米氏凯伦藻和具齿原甲藻等。据《2010年中国海洋环境状况公报》（国家海洋局，2010）数据，2010年我国海域共发现赤潮69次，其中，渤海7次，黄海9次，东海39次，南海14次，累计面积$1.1×10^4$ km^2。引发赤潮的生物共19种，其中东海原甲藻引发的赤潮次数最多，为18次；其次为夜光藻共12次；中肋骨条藻和锥状施克里普藻各6次；红色中缢虫和米氏凯伦藻各4次；赤潮异弯藻、多纹膝沟藻、角毛藻各2次；海洋卡盾藻、红色赤潮藻、尖刺伪菱形藻、利马原甲藻、链状裸甲藻、螺旋环沟藻、裸甲藻、球形棕囊藻、旋链角毛藻、隐藻各1次。与近5年赤潮优势种类组成情况相比，毒害作用较大的甲藻类赤潮比例明显增加。据《2011年中国海洋环境状况公报》（国家海洋局，2011）资料，2011年我国海域共发生赤潮55次，其中，渤海13次，黄海8次，东海23次，南海11次，累积面积6 076 km^2。引发赤潮的优势藻类共21种，与上年相比增加2种。其中东海原甲藻引发的赤潮次数最多，为13次；夜光藻次之，为11次；中肋骨条藻7次；红色赤潮藻3次；双胞旋沟藻、球形棕囊藻、赤潮异弯藻和螺旋环沟藻各2次；微微型鞭毛藻、红色中缢虫、短凯伦藻、多环旋沟藻、尖刺拟菱形藻、柔弱根管藻、微小原甲藻、丹麦细柱藻、卡盾藻、短角弯角藻、古老卡盾藻、异弯藻和裸甲藻各1次。近5年来，有毒有害的甲藻和鞭毛藻类赤潮发生比例呈增加趋势。据《2012年中国海洋环境状况公报》（国家海洋局，2012）资料，2012年我国海域共发生赤潮73次，其中，渤海8次，黄海11次，东海38次，南海16次，累积面积7 971 km^2。引发赤潮的优势藻类共18种，其中米氏凯伦藻作为第一优势种引发的赤潮次数最多，为19次；中肋骨条藻和夜光藻次之，均为9次；东海原甲藻7次；锥状施克里普藻4次；红色赤潮藻3次；抑食金球藻、双胞旋沟藻、丹麦细柱藻各2次；脆根管藻、红色中缢虫、亚历山大藻、塔玛亚历山大藻、多纹膝沟藻、具刺膝沟藻、圆海链藻、旋沟藻和暹罗角毛藻各1次。据《2013年中国海洋环境状况公报》（国家海洋局，2013）资料，2013年我国海域共发生赤潮46次，其中，渤海13次，黄海2次，东海25次，南海6次，累积面积4 070 km^2。引发赤潮的优势藻类共13种，其中东海原甲藻作为第一优势种引发的赤潮次数最多，为16次；夜光藻次之，为13次；中肋骨条藻6次；米氏凯伦藻2次；赤潮异弯藻、短角弯角藻、丹麦细柱藻、大洋角管藻、红色中缢虫、双胞旋沟藻、球形棕囊藻、微小原甲藻和抑食金球藻各1次。2013年我国赤潮发现次数和累计面积为近5年最少，但有毒有害的甲藻和鞭毛藻等引发的赤潮比例略高于近5年平均值。2008年以来，有毒有害的甲藻和鞭毛藻赤潮发生比例呈增加趋势。

第2章　国内外赤潮的研究历史

2.1　国外研究历史

日本是赤潮多发国家，对赤潮防治研究工作起步较早，始于20世纪60年代。研究领域包括赤潮发生机理、生态特征、监测预报和防治对策等方面，特别注重有害赤潮的研究与监测，其赤潮研究与监测已形成了一个比较完整的体系，成效显著（特别是在濑户内海）。美国的赤潮研究工作始于40年代中期，研究领域遍及赤潮生物海洋学、赤潮生物分类学、赤潮毒物学等方面；80年代后期，美国注意开展赤潮问题的国际合作研究，1989年夏，组织了北大西洋实验计划，参与国家有加拿大、德国、法国、荷兰与英国等；1992年在佛罗里达新建一个国家有毒甲藻类研究中心，内容包括分类学、生理学、毒物学等（刘沛然等，1999）；1993年确立了赤潮的国家计划；1995年又投巨资设立了赤潮生态学（ECOHAB）全国规划。加拿大、法国、挪威及瑞典在90年代都设立了全国性协调的国家赤潮研究规划。欧洲各国建立了欧洲赤潮研究规划“EUROHAB”。其他沿海国家也先后开展赤潮研究工作，并取得了初步成果。目前赤潮研究已成为世界沿海国家共同关注的重点课题（Hu et al.，2005；Wang et al.，2005）

1997年6月，在西班牙的维哥（Vigo）举行了第八届国际赤潮大会，内容涉及赤潮藻类分类学、生理学、生态学、赤潮动力学、毒理学等。2002年6月，在澳大利亚的霍巴特（Hobart）举行了第九届国际赤潮大会。

为推动对有害藻华的多学科交叉研究和国际合作，提高对有害藻华的评价、防范和预测能力，联合国教科文组织政府间海洋学委员会（IOC）及国际海洋研究科学委员会（SCOR）于1998年联合发起并推动实施了“全球有害藻华生态学与海洋学”（GEOHAB）国际研究计划，第一次开放科学大会于2005年在美国的巴尔的摩召开；第二次大会于2009年10月在中国北京召开，来自24个国家和地区的130余名科研人员参加了会议，收到论文报告摘要100余篇。该研究计划已结束，新设立的“全球变化与有害赤潮”（Global HAB）国际研究计划于2015年启动。

2.2　国内研究历史

我国在1933年就曾有过赤潮记录，尽管以后几十年陆续有过类似报道，但由于赤潮发生频率及危害程度不大，并未引起足够的重视。中国的赤潮研究可以分为三个阶段。①1952—1976年，开始对赤潮有了科学的报道，如费鸿年（1952）对黄河口夜光藻赤潮、周贞英（1962）对福建沿海束毛藻赤潮的报道等。②1977—1989年，随着中国沿海地区经济的发展，近海环境污染日益加剧，赤潮频繁暴发且发生区域及造成的损失不断扩大，甚至造成人类中毒死亡，引起国家有关部门的高度重视。1985年国家海洋局南海分局和暨南大学水生生物研究所等在广州联合组成“南海赤潮研究中心”，1986年国家自然科学基金委员会将“南海赤潮发生变化规律的研究”列为基金资助研究项目，1986年国家海洋局正式把沿岸赤潮监测列为国家海洋环境监测网的监测项目，1988年11月“南海赤潮研究中心”在广州组织召开了国内首届赤潮学术讨论会，会后出版了《赤潮研究专刊》。

③从1990年起，国家自然科学基金委等国家有关部门先后设立赤潮研究课题；1990年启动了“中国东南沿海赤潮发生机理研究”，以赤潮生物学为基础，以赤潮发生自然生态学为主线；1997年启动了“中国沿海典型增养殖区有害赤潮发生动力学及防治对策研究”，以赤潮生理生态学为基础，针对当时我国典型养殖区赤潮研究存在的关键科学问题，从各个方面开展了对赤潮的研究。

进入21世纪，我国的赤潮研究日趋活跃。2000年5月，赤潮中国委员会与亚洲太平洋经济合作组织（APEC）及其他相关的国外专家在海南召开了中国赤潮研究的研讨会，2001年4月，与全球有害藻华生态学与海洋学（GEOHAB）的科学指导委员会在上海召开了中国赤潮研究国际联合研讨会。2001年“我国近海赤潮发生的生态学、海洋学机制及预测防治”获准立项，这是2001年度国家批准的“973”18个立项项目之一，也是唯一的一项涉及海洋科学的项目。2001年，国家“十五”攻关项目“海洋环境预测和减灾技术”中，“赤潮灾害预报技术研究”作为一个子课题对赤潮预报的统计模型和数值模型进行了深入研究。2002—2007年，国家科技部作为国家重点科技项目（973计划）资助了赤潮研究项目——“我国近海有害赤潮发生的生态学、海洋学机制及预测防治”。这些项目的成果分别以论文的形式发表，2005—2009年，在核心期刊上我国发表赤潮研究相关论文185篇，平均每年达37篇，其中由国家自然科学基金资助的论文达74篇，国家重点基础研究发展规划项目（973计划）资助的论文达65篇，国家高技术研究发展计划项目（863计划）资助的论文达20篇，研究内容主要涉及赤潮发生与灾害、赤潮生物生理生态、赤潮预测与预报、赤潮防治等。赤潮发生与灾害主要集中在赤潮暴发的理化、水文、气象等外界因子作用研究，海域赤潮形成、消退过程观测，赤潮生物种群动态演替，赤潮毒素对生物体生长的影响，赤潮暴发对水生生态系统破坏等方面；赤潮生理生态主要围绕赤潮藻类的营养吸收、光合呼吸特性，不同环境因素对赤潮藻生长繁殖、生化组分的影响，赤潮藻对胁迫因子的适应性反应，赤潮藻分子生物学研究等方面；赤潮检测与预报、赤潮防治技术方面则主要集中在高光谱数据的赤潮识别、检测方法研究，基于模糊神经网络德尔赤潮预报软件设计开发，激光雷达检测模型构建、赤潮藻智能图像自动识别研究，赤潮藻类生态幅定量表达模型研究，赤潮毒素分子生物学检测技术完善，物理、化学和生物治理赤潮方法推广等方面（蔡卓平，段舜山，2010）。2010—2014年，国家科技部作为国家重点科技项目（973计划）又资助了赤潮研究项目——“我国近海藻华灾害演变机制与生态安全”。这些项目的成果，表明我国赤潮研究工作比较全面、系统，涵盖的层次、领域比较广，从赤潮生物个体到种群群体，从微观的细胞分子学、生理生化学到宏观的群落生态学，从实验室研究到野外围隔乃至大面积海域研究，从预测预报模型的构建到各种赤潮防治方法、手段的应用等方面都有所涉及，比较全面地反映了基础研究和应用研究方面的进展，大大缩小了我国赤潮研究与国际研究水平的差距，也为进一步开展我国的赤潮研究奠定了坚实的科学基础。

第3章　国内外赤潮研究现状

在各国的赤潮研究中，以美国、加拿大、日本、西班牙等国家较为领先。美国在赤潮藻的分子水平上的研究有较突出的成果。加拿大在赤潮藻的毒素方面、日本在赤潮藻的分类方面、西班牙在赤潮发生机制方面的工作比较有成效（张晓辉等，2006）。我国的赤潮研究多局限于生物学及生物海洋学方面，有关海洋环境对赤潮发生的影响只有少量研究，在预测预报方面目前也只做了少量工作。新技术的应用和多学科交叉使赤潮研究向微观化、分子化纵深方面发展。

目前国内外赤潮研究主要集中在赤潮的成因、赤潮的生态学作用、赤潮生物、赤潮的预防预测机制、赤潮的治理等方面。

3.1　赤潮的成因

赤潮是一种原本就存在的自然现象，但人为污染造成赤潮灾害加剧。多数研究证明，以下几种因素对赤潮的发生有较大影响或者说有制约作用（刘沛然等，1999；吴玉霖等，2001；周名江等，2001）。

3.1.1　海域中存在赤潮生物种源

海域中存在赤潮生物种源是赤潮发生的重要前提。一般来说，藻类孢囊在冬季进入休眠，翌年春季遇到合适的条件（温度、盐度）萌发，富营养化水体中由于含有大量有机质与营养盐因而使赤潮生物得以大量繁殖，引发赤潮（Lagus et al.，2004）。作为赤潮生物种源的孢囊，可以是内源性的，也可以是外源性的，即随海流等带入发生赤潮的海域（Lu et al.，2005）。

3.1.2　污染引起海域水体富营养化

水体的富营养化是赤潮发生的物质基础。随着沿海地区工农业发展和城市化进程加快，大量富含有机质与各种营养盐的工农业废水和生活污水未经处理直接排放入海，造成近岸海域尤其是水体交换能力差的河口海湾地区的水体富营养化。近年来，我国有不少赤潮发生在养殖水域，水体自身污染是主要原因。

3.1.3　适宜的环境条件

研究表明，赤潮发生与水体大气环境如水文、气象及生物环境等有密切关系。如水温、盐度等决定着发生赤潮的生物类型。赤潮生物的生长发育与水温和盐度密切相关，赤潮生物孢囊的萌发及大量繁殖要有适宜的水温与盐度。有研究指出厄尔尼诺、拉尼娜现象与赤潮发生也有一定的关系。

3.1.4　合适的海流作用

有些专家和学者从地学角度得出了地幔流体上涌引起地球磁场异常进而导致赤潮灾害的推论，认为地磁与中国沿海发生的赤潮灾害存在着极为密切的关系。20世纪90年代，我国学者杜乐天

（1989）提出地幔流体的幔汁假说：幔汁流体上涌引起大地构造运动。曾小苹（2001）认为，此过程中有地幔流体的大规模强烈参与，同时，地下介质电导率发生变化，导致地球磁场变化。沿海和河流入海处正是构造断裂的发育地带，来自地层深部的地幔流体在高压下从海底地壳裂隙中溢出后，使底部营养物质上翻到表层，使表层赤潮生物得以增殖。潮流对赤潮生物有聚集作用，并导致赤潮的发生。

3.1.5 水底层出现无氧和低氧水团

吴永胜（2002）提出，水底层出现无氧和低氧水团也会引起赤潮。积聚在泥沙中的有机物季节性分解消耗了大量的水底溶解氧，一方面使沙-水界面处缺氧，另一方面向上层水体中释放无机氮、无机磷和微量元素导致水体富营养化。

3.1.6 其他因素

某些微量物质往往参与赤潮的发生，有时甚至起决定作用。目前已知的有 Fe^{3+}，维生素 B_1、B_{12}，微量重金属 Mn，动物组织和酪胺分解物，酵母及其消化浸出物，脱氧核糖核酸，植物荷尔蒙等（朱从举等，1994）。

3.2 赤潮的生态学作用

3.2.1 对水环境的生态学作用

赤潮对水环境的生态学作用主要在以下几个方面（崔凯杰等，2010）。

（1）影响水体的酸碱度和光照度。大部分赤潮是由藻类的暴发性增殖或聚集形成，藻类在光合作用的过程中，大量消耗水体中 CO_2，使水体酸碱度发生较大变化。同时，赤潮区的水面漂浮着厚厚的一层赤潮生物，降低了水体的透明度。

（2）赤潮生物竞争性消耗水体中的营养物质，并分泌一些抑制其他生物生长的物质，造成水体中仅有 1~2 种赤潮生物的生物量很高，其他种类生物的数量很低，生物种类的数量减少。

（3）消亡期赤潮，生物大量死亡分解，大量消耗水体中溶解氧；缺氧条件下，水体变色、变质，造成海洋环境严重恶化，破坏原有生态系统的结构与功能，降低了海水的使用价值。

3.2.2 对水生生物的生态学作用

部分以胶着状群体生活的赤潮藻，可使海洋动物呼吸和滤食活动受损，导致动物机械性窒息死亡。许多赤潮生物含有毒素，使海洋动物生理失调或死亡，许多海鸟、海狮、海鲸也因赤潮生物的毒素积累或食物链传递作用影响生长繁殖甚至中毒死亡（李诺，1993；周名江等，2001）。

3.2.3 对人类的生态学作用

人类误食赤潮污染的鱼、虾、贝类会引起中毒。据不完全统计，20 世纪 60 年代以来，我国因误食赤潮毒化的鱼、贝类中毒的超过 1 600 人，死亡 30 多人（李诺，1993；周名江等，2001）。

3.2.4 制约渔业经济的发展

赤潮生物大量繁殖后，水体严重缺氧；藻类高度密集易堵塞鱼、虾、贝类的呼吸器官，使其窒息死亡，造成渔业经济损失（李诺，1993；周名江等，2001）。

3.3 赤潮生物的研究

能形成赤潮的海洋浮游生物称为赤潮生物。对赤潮生物的生理、生化研究是研究赤潮发生机制的理论基础，是对赤潮进行预测预报的研究依据。因此，国内外生物界在这方面的研究十分活跃。

3.3.1 赤潮生物的分类学研究

发生赤潮时赤潮生物只有一个种占绝对优势的称为单相型赤潮，这是最为常见的情况。有时发生赤潮时有两种共存的赤潮生物占优势，就称为双相型赤潮。外海的赤潮生物种类较少，最具代表性的是蓝藻门中的束毛藻（*Trichodesmium* spp.）。而在近岸、内湾、河口发生的赤潮种类很多（主要是甲藻类和硅藻类），且具一定的地区性差别。

赤潮生物的种特别多且多为单细胞生物，所以对其分类非常困难，但分类学研究可以为研究赤潮生物的营养供给、生长习性等提供更为确切的依据和参考，是赤潮研究不可缺少的基础环节。

20 世纪 70 年代对赤潮生物进行分类学研究的有日本的安达六郎 1972 年提出的《赤潮生物的分类学的研究》、1973 年提出的《赤潮生物的赤潮实态》和《赤潮的规定》。此外，还有 Parke 和 Pixson 整理发表的《英国周围海域的藻类目录》（林琼芳，1988）。到了 80 年代，通过日本赤潮研究会分类班的努力，搜集赤潮生物 150 多种，基本解决了长期以来赤潮生物在分类学上的混乱，目前普遍被国内外参考使用的是福代康夫等（1990）所著的《日本的赤潮生物》。广泛分布于我国沿海各地的赤潮生物种类有夜光藻（*Noctiluca Scintillans*）和骨条藻（*Skeletonema costatum*），其次是原甲藻属（*Prorocentrum*）和裸甲藻属（*Gymnodinium*）的一些种类。齐雨藻等（1994）的《大鹏湾几种赤潮甲藻的分类学研究》，对采自深圳大鹏湾的 5 种常见赤潮甲藻进行了形态描述和分类学研究。据报道，全世界已记录的赤潮生物有 300 种左右（其中可能个别存在同种异名），隶属于 10 个门类。我国自 80 年代以来对河口海湾等近海水域发生的赤潮原因生物也进行了许多卓有成效的研究。

3.3.2 赤潮生物的生物学特性

实验研究表明，赤潮生物的生物学特性主要有以下几个重要方面：群生长和分裂速度；赤潮发生期浮游生物相的变化和增殖竞争；赤潮生物的孢囊和生活周期；赤潮生物的生物性集聚；赤潮生物的物理性集聚。这些方面的研究大都基于实验室研究，局限于某些特定水域和特定种类。主要结论可归纳为以下几点（林琼芳，1988）。

（1）基本上推测出鞭毛藻赤潮的群生长过程。

（2）虽然可以推算一些藻类的群生长速度，但一般赤潮并非仅以异常增殖速度形成，应当加上垂直移动和海洋物理条件参与，才会形成表观上的异常增殖。

（3）对比许多鞭毛藻类间的竞争实验结果，整理出 3 个类型群（林琼芳，1988）。

（4）沉积物中赤潮浮游生物的孢囊和生活周期方面的研究还没有取得突破性的进展。

（5）赤潮生物的生物性集聚有几个方面。①赤潮生物获得浮力的要素是浮游生物细胞的比重变化。此外，还有盐分浓度、溶解氧分压等。②趋性（趋光、趋热、趋化、趋氧、趋电等）。趋性对赤潮的形成有时也起重要作用。③许多单细胞藻类在细胞外分泌多糖及其他有机物有利其集聚，使得赤潮水团更稳定。④生物对流也是促进集聚的主要因素之一。

（6）赤潮生物的物理性集聚，根源在于它的粒状性。Wyatt 在《赤潮的物理模式边界》中谈到赤潮集聚的物理机制包括热生对流涡、风生对流涡、前锋和内波（林琼芳，1988）。

很多赤潮生物主要是那些具有鞭毛的甲藻类有垂直移动的习性，这种垂直移动习性是它们生长过程中对环境的一种生理、生态适应特征。一般认为，它们白天移动到表层可有效地进行光合作用，当表层营养盐被大量消耗后通过垂直移动到较深处，可有效地摄取营养物质。但也有些甲藻却相反，白天离开表层，夜晚上浮，可见对于这种节律性移动的内在机制还有待进一步研究（Robert et al，2002）。

3.3.3 影响赤潮生物生长的环境因子

赤潮浮游生物与环境的关系非常密切（杨鸿山等，1990；庄万金，1991；庄万金，1992；洪君超等，1994；黄良民等，1994；林昱等，1994；吕颂辉等，1994；齐雨藻等，1994；谢镜明等，1994；周名江，1994；林昱等，1995；徐立，吴瑜端，1995；黄长江等，1997；齐雨藻等，1997；秦晓明，邹景忠，1997；林昱，林荣澄，1999；王正方等，2001），对环境的影响非常敏感，加上众多的环境因子变化难以区分主次，因此，赤潮的发生具有突发性和不确定性。表现在同一海域不同时间发生的赤潮的种类不一样，同一种类赤潮会因不同海区和其他条件不同而有所不同。

3.3.3.1 营养物质及促进物质

赤潮生物生长繁殖离不开营养盐的供给。深入地了解赤潮生物与周围环境中营养盐的相互关系，对探讨赤潮发生机制，促进水域生态环境的改善具有理论上的指导意义。经过几十年的研究表明，影响赤潮生物生长繁殖的营养物质主要有五类：①溶解态氮化合物，即指 NO_3^-、NH_4^+；②溶解态磷化合物，即指 PO_4^{3-}；③溶解态硅酸盐；④溶解态铁盐及其他几种微量金属盐；⑤溶解态维生素类及其他增殖促进有机物。严格地说，溶解铁盐等微量金属盐属于促进物质，它们的存在有利于赤潮生物吸收营养物质。

这方面的研究主要针对浮游生物的营养限制。所谓营养限制的概念是指：生物对各种环境因子的适应有一个生态学上的最小量和最大量，它们之间的幅度称为耐受限度或生态幅，超出这个范围，就会影响生长和发育而成为限制因子，Odum（1971）把限制因子定义为生物活动所需要的最接近最小需求量的物质。营养限制对浮游生物的影响表现在：对浮游生物生理、生化的影响，对浮游生物生长速率的影响，对浮游生物生产力的影响以及对浮游生物群落结构的影响。

在营养盐对赤潮藻类生长特性影响的研究中，早已证实 N 和 P 是两个重要因子。海洋生物学家认为 N 是海洋环境中藻类自然种群生长的限制因子（Thomas，1970），而湖泊生物学家则倾向于 P 是湖泊中净有机碳生产的主要限制因子（Redfield，1958）。实际上，很多相关的研究表明，在海河交汇的河口区经常发生 N 和 P 限制的转变。随着研究的深入，微量重金属对赤潮藻类生理生态的影响越来越引起人们的重视并取得了一大批研究成果。Martin（1988）提出，海洋中微小的浮游植物需要 Fe 以便从海水中吸收 N、P 营养盐。根据 Martin（1991）的研究结果，北大西洋 Ross 海，要使 Fe 不成为浮游植物生长的限制因子，其含量必须高于 0.5 nmol/kg；而在赤道海区，必须高于 0.31 nmol/kg，若低于上述阈值，浮游植物生长就会受到影响。秦晓明和邹景忠（1997）采用正交实验的方法研究了 Fe、Mn 因子对赤潮生物腰鞭毛藻生长的影响，结果表明，Fe 和 Mn 对它的生长均有显著的促进作用，对于它们的激增所引发的赤潮的可能性还得到了许多类似的研究和实验证实（万肇忠，1984；邹淑美，张朝贤，1992；梁舜华，张红标，1993）。Yamochi（1984）提出络合铁在营养水体中是触发赤潮暴发的因子之一，它对海洋原甲藻（*Proocentrum micans*）的增殖有极显著的作用。Brand 等（1983）指出低浓度的 Fe、Mn、Zn 会限制藻类增殖，且存在浅海和深海藻种的差异。赤潮藻增殖需要的微量元素一般很小，林昱等（1994）的实验表明可溶性锰含量在 3~4 μg/dm^3 时就足以满足藻类形成赤潮的增殖需要。还有一些研究表明，维生素类等其他有机物的增加能促进赤潮生物的生长繁殖。另外，Cu^{2+}、Co^{2+}等被证实是赤潮藻增殖的促进物质，只是不同的藻类需要量不同（王正方等，1996）。日本对控制藻类分布的重要生态因子 B_{12}研究较多，整理出了日本沿岸出现的赤潮鞭毛藻对 B_{12}的需求表（郑重，1978；万肇忠，1984）。

由于不同种类的赤潮生物在不同海域及不同时段对营养盐的需求不同，因此研究营养盐对赤潮形成的影响显得非常复杂，这还有赖于许多基础性的生物学研究。目前对鞭毛藻的营养要求特性的研究较为成熟。

综上所述，赤潮生物增殖的营养物质方面的研究，目前侧重于两大方面的研究：①水域富营养化与赤潮形成的研究；②自然水域的赤潮生物增殖促进物质的研究。

3.3.3.2　物理环境

赤潮生物的生长和增殖除了必须有丰富的营养盐外，适宜的水温、盐度、风、水动力等物理环境因子也是必不可少的前提保证。当营养盐供给充分时，并不一定引起赤潮生物的异常增殖，必须借助于某种物理环境因子的突变来引发赤潮。影响赤潮形成的主要物理因子是温度、盐度、光照、风以及水动力状况等，这种影响主要表现在对赤潮生物光合作用、物理聚集及营养吸收的影响。

光照对于赤潮生物的光合作用十分重要，不同的光照条件赤潮生物生长繁殖的速度不同。海洋藻类的光合作用与光照状况有密切的关系。首先，光合作用速率与光强的关系，在低光照条件下，光合作用速率与光强成正比关系，当光合作用速率达到最大值时（此时光强称为饱和光强 I_K），光强继续增加会抑制光合作用速率；其次，藻类的光合作用与辐照度的关系随种类不同而不同；浮游植物的光饱和值还与纬度有一定的关系，通常 I_K 是从热带海域向高纬度递减。Geir 等（1997）对两种赤潮藻（*Proroeentrum minimum* 和 *Heterocapsa pygmaea*）的采光机制进行了研究，通过变换光照时间、光的波长和频率来观察两种藻类的生长速率，结果显示，每种藻类都有其生长的最适光照条件。

浮游植物对温度变化有一定的适应性，Steemann-Nielsen 和 Hansen（1959）提出一个假说，即生活在亚最适温（sub-optimal temperature）条件下的藻类，细胞中固定 CO_2 的酶浓度会有所增加。这个假说可以解释光饱和条件下，藻类在最适温度和在亚最适温度下，光合作用速率几乎一样的现象，后来有大量实验证实了这个假说的正确性。赤潮高峰期过后，分层现象也即消失。对于鞭毛藻来说，其最佳增殖温度和盐度分别是 24~27 ℃和 25.0~41.0（李锦蓉等，1993；王寿松等，1994）。根据 Honjo（1993）的综述，赤潮异弯藻形成赤潮的温度范围可以在 15~30 ℃之间。在日本，发生赤潮异弯藻赤潮时，水温大多在 20~25℃；而我国大连湾赤潮发生时温度为 22 ℃左右（郭玉洁，1994；颜天等，2002）。此外，温度会影响其他环境因素，从而影响浮游植物的生长与繁殖。由于温度原因常常会引起海水层化现象，这时，表层水中养料耗尽，得不到深层海水养料的补充，即抑制了浮游植物的生长。中村泰男等于 1987 年在日本濑户内海对鞭毛藻赤潮进行了现场跟踪调查，发现在赤潮孕育前期，垂向水体出现温跃层，同时沿垂向上营养物质含量也明显有分层现象（杨钰，2007）。在热带大洋区，有着稳定的温跃层，因此浮游植物的生产力较低，在温带海区，临时性发生的海水上层层化现象对浮游植物的生长繁殖也有一定的影响，但这种影响可以通过藻类细胞垂直运动得到缓解。

风对赤潮生物的影响是两方面的。一方面在风大的条件下，赤潮生物很难聚集，形成不了赤潮；另一方面在风力适当、风向适宜的情况下，会促进赤潮生物的聚集，使赤潮容易发生。因此，赤潮往往产生于一些港湾。

海水在水平方向和垂直方向上的运动都会影响赤潮生物生长繁殖的速度，从而影响赤潮的发生与消退。海水在水平方向的流动有两种：一种是海流（current），其流速和流量都随季节变化，但流向较为恒定；另一种是潮流（tide current），其流速、流向在一天中有周期性变化。由于风的作用或地形因素产生深层水向上涌升的海流，称为上升流（upwelling），表层海水辐聚向次层下降称为下降流（downwelling）。这些表层流会对赤潮生物生长繁殖及相关的环境因子产生较大的影响。

水动力条件的改变可能从以下三方面来诱发赤潮：①将底层营养盐带入上层或将沿岸带及陆地营养盐带入外海；②扰动底层休眠状态的赤潮生物孢囊向上层移动，从而引发其生长繁殖；③促使赤潮生物高度集聚，导致赤潮的产生。此外，在风力作用下的上升流和下降流也会夹带浮游生物，这有助于浮游生物的垂直运动。

物理因子在赤潮发生机制中往往是相互作用的。颜天等（2001）选取了3种代表赤潮藻种，对光照、盐度、温度在香港和珠江口海域赤潮中的作用机制进行实验研究，经三维ANOVA（Tukeytest）统计方法分析，结果表明除了光照和盐度对赤潮异弯藻生长没有相互作用外，这三个因子之间及其任何两因子间对3种藻生长都存在显著的相互作用。

3.3.3.3 生物因子

赤潮生物绝大多数是浮游植物，因而在海洋食物链中属于初级生产者，与其相联系的是浮游动物及其他植食性鱼类。在对水华的控制研究中，曾有人研究利用鲢鱼（*Hypophthalmichthys molitrix*）和鳙鱼（*Aristichthys nobilis*）滤食蓝藻的特点来控制水华（刘建康，谢平，2003），并且较为成功。但这种思路用来控制海洋赤潮却有一定的困难。

海洋微藻藻际（Phycosphere）中聚集着大量的细菌。由于藻菌间的相互作用及选择，可形成具有独特结构与功能的藻际细菌群落（林伟，陈驹，1998）。海洋微藻与细菌间所具有的这种密切关系，使得海洋细菌在有害藻赤潮生消及有毒藻产毒过程中发挥着重要的作用。Fogg和Hellebust在1966年和1974年分别指出，藻细胞在生长过程中不断地向周围释放许多代谢产物，如脂、肽、碳水化合物、维生素和毒素以及生长抑制和促进因子等。70年代，Bell等认为，由于藻向环境释放了大量的有机物质，使藻细胞周围形成了一种独特的可称之为藻际（Phycosphere）的微环境；Caldwell等1978年的研究表明，在这种环境中聚集着大量的细菌，形成了具有独特结构与功能的藻际细菌群落，如在藻际细菌群落中人们很难找到革兰氏阳性细菌（杨钰，2007）。藻际中细菌同藻细胞间具有复杂的相互关系，如藻细胞在新陈代谢中产生的有机物质，被周围细菌摄取后，一部分经细菌代谢后又以矿物或其他形式释放回海洋中，因此同时又为藻类生长提供营养及必需的生长因子。除此之外，Ohta等1993年的研究还表明，藻菌间还普遍存在着拮抗关系，如藻类能够产生抑制细菌生长的抗生素类物质，而Ishio等1987年的研究，Fraleigh等1988年的研究及Imai等1993年的研究均认为，细菌也能抑制藻类甚至可以裂解藻细胞（Yoshinaga et al.，1995）。Faust等在1976年指出，细菌还可以同藻类竞争环境中的无机营养（如P等），因此藻菌关系研究对于探索生态系统内物质循环及能量流动，对于摸清赤潮发生机制及演替过程进而寻找防治途径都具有重要的意义。总结起来，细菌对藻类的影响主要是两个方面，一方面，细菌可为藻类的生长提供营养盐和必要的生长因子；另一方面，细菌可抑制藻类的生长，甚至裂解藻细胞，从而表现为杀藻效应

(Doucette, 1995; Kirchner et al., 1996; Docucette et al., 1998)。另外，有些细菌本身也产毒。

海洋细菌同藻细胞的相互作用可以明显影响有毒藻的产毒能力。Tosteson 等 1989 年发现与藻 (*Ostreopsis lenticularis*) 密切相关的细菌数量与藻所产的西加鱼毒量呈正相关，Gonzalez 等 1995 年经进一步实验发现假单胞菌存在与否决定藻在生长静止期的毒性大小。Bates 等 1995 年发现，经抗生素处理得到的几株可产记忆缺失性贝毒中软骨藻酸的无菌尖刺拟菱形藻 (*Pseudonitzschia pungens* f. *multiseries*)，同其自然带菌时相比，虽然藻细胞生长基本正常，但产毒能力却仅为原来的 1/10~1/8。当将来自于此有毒硅藻培养液中细菌单菌株加入到该无菌藻中，藻产毒量增长了 2 至 95 倍，产毒量增长幅度同有毒藻本身密切相关，而所加入细菌不是决定性因素。除此之外，他们还发现，来自于无毒角毛藻 (*Chaetoce ros* sp.) 培养液中的一株细菌也能增强该硅藻 (*Pseudonitzschia pungens* f. *multiseries*) 产软骨藻酸的能力，甚至可达 115 倍，这进一步说明，除了有毒藻藻际细菌外，其他来源的 (无毒) 细菌也能提高有毒藻产毒能力 (林伟，周名江，2001)。同时，海洋细菌对赤潮藻生长、产毒的影响程度随着 pH 和盐度的变化而变化 (苏建强等，2003)。藻菌关系，特别是藻菌共生关系的研究也是日趋受到重视的藻毒素的产生机制研究的重点之一 (Doucette, 1995)。

细菌与微型藻类的这种关系为海洋赤潮的生态控制提供了新的希望，从群落水平研究细菌与赤潮藻之间的相互关系是近年研究的新趋势 (Riemann et al., 2000; Hold et al., 2001; Mayali, Docucette, 2002)。虽然藻菌关系，特别是藻菌共生关系研究是目前摸清有毒藻产毒机制的重要途径，并已取得许多阶段性成果，但与赤潮科学其他的研究领域相比，存在着许多尚未解决的问题，还有许多工作需要进一步深入进行。在以下几个方面还有待于加强研究：采用多种手段 (特别是基于不同原理的，如生物及化学方法) 同时检测产毒细菌所产毒素，提高准确性及可信度；进行根据不同原理的毒素检测方法间相关性的研究，以使今后细菌产毒的检测更加便捷、经济；采取多种技术路线，寻找高产毒细菌，特别是产麻痹性贝毒以外其他藻毒素的细菌；了解与毒素有关遗传物质在产毒生物中的分布，研究可能存在的产毒能力的水平传播机制，并研究毒素产生与细菌种属特异性的内在关系；对获得的产毒细菌进行深入的生理生态特征的研究，通过分析优化其培养条件提高其产毒量；寻找具有高效降解藻毒素能力的海洋细菌，应用于贝类卫生生产中；应用各种 (包括物理、化学) 除菌及检测技术，获得真正无菌有毒藻株，建立除菌藻培养技术；以除菌前后的有毒微藻为材料，尽快了解与藻密切相关细菌同有毒藻产毒能力的相互关系；加强以有害藻为基础的细菌群落结构与功能的研究，利用菌群排他性及复原性特点，建立真正的与藻生长，特别是与藻产毒能力密切相关的细菌群落组合模式，提高产毒量，应用于毒素制备实践中。

3.4 赤潮的预防预测机制

目前已有的赤潮预测方法很多，但综合起来可以分为 4 类：经验预测法、统计预测法、数值预测法和其他。主要有以下几种。

3.4.1 经验预测法

3.4.1.1 海水温盐变动预测法

很多赤潮事例表明，海区表层水温在短时间内的急剧上升且有成层现象以及在河口、内湾因降雨或河流径流量增大而引起盐度变化，常可诱发赤潮。因此，可根据海区出现的上述异常现象来预测赤潮发生的可能性。

异常高水温的年份或季节增加了赤潮发生的可能性。渤海海区赤潮大多发生在7—9月，其原因与海水温度能达到赤潮发生要求的温度有关。根据大量实测资料分析得出：中国南海大鹏湾海域夜光藻赤潮发生适温范围为15~25 ℃，而在21 ℃左右发育最快。

朱根海等（2003）研究长江口赤潮高发区浮游植物与水动力环境因子的分布特征时发现，长江口海域赤潮发生时出现表层海水高温低盐的特征。

日本学者研究发现，兵库县的明石发生*Chattonella*赤潮的年份往往与5月份的水温变动量（TD值）和盐度变动量（SD值）有关。

3.4.1.2 气象条件预测法

如降雨预测法，1995年7月底8月初，中国的黄海北部地区普降大雨，导致8月中旬发生褐胞藻赤潮（矫晓阳，郭皓，1996）。

蓝虹等（2004）在对厦门西海域一次中肋骨条藻赤潮的形成与水文气象关系的研究中发现，中肋骨条藻赤潮发生前5 d内，厦门西海域水文气象过程发生明显变化。水温持续明显上升，上升梯度达0.58 ℃/d；盐度持续下降，下降幅度达1.8；气压先升后降，赤潮发生前3 d气压由1 013.9 hPa降至1 005.7 hPa；风速小，平均为2.8 m/s，赤潮发生前3 d风向转为偏南风占优势；高潮位与潮差持续降低。上述水文气象因素的变化，或有利于赤潮生物生长繁殖，或有利于聚集，或二者兼有之，均有利中肋骨条藻赤潮的形成。因此，水文气象的变化特征可用作厦门西海域赤潮预警预报指标。

气象条件包括风、气压等因素，很多赤潮事例表明，当其他条件具备时，若天气形势发展比较稳定，海区风平浪静，阳光充足，天气闷热的日子里，就有可能发生赤潮。

3.4.1.3 潮汐预报法

适合于潮汐作用为主的近海海域。潮汐对赤潮生物的聚集与扩散起重要作用，因而赤潮常发生在产生弱流的潮汐周期和低潮时。潮水的涨落会引起海水交换，使底层丰富的营养盐以直接或间接方式往海表层输送。表层汇集大量的赤潮生物，促成赤潮的形成。例如中国南海大鹏湾盐田海域（林祖亨，梁舜华，1993），水体交换主要受潮汐影响，根据对赤潮发生时间的分析，一般赤潮多发生于水体交换缓慢的日潮期间，因此，该海域可结合本地的天气预报和潮汐预报进行赤潮预报。

3.4.1.4 垂直稳定度预测法

当海水水体成层垂直混合时，底层营养盐向表层输送，引起海水垂直稳定度发生变化，这是赤潮易发的典型迹象。可根据水体垂直稳定度的变化来预报赤潮（张晓辉等，2006）。

3.4.1.5 近岸环流预测法

这种方法主要是根据日本濑户内海地区赤潮发生的环流特性总结出来的。据测定，在濑户内海，当海水进入纪伊水道的黑湖水系按逆时针方向旋转流动时，不发生赤潮。如其按顺时针方向旋转流动，会有赤潮发生。所以，对特定的海域可以根据其水内环流方向的不同进行赤潮预报（姜广信，2006）。

3.4.1.6 pH预测法

大部分赤潮由藻类的暴发性增殖或聚集形成，大量的藻类在光合作用过程中，势必消耗水体中大量的CO_2，水体中的酸碱度随之发生较大的变化。一般而言，海水中的pH值通常在8.0~8.2之间，而赤潮时的pH值达8.5以上，甚至可达9.3。

张水浸等（1994）认为，厦门港湾水体中 pH 值超过 8.25 时，有可能在未来几天内发生赤潮。

3.4.1.7 营养盐指标预测法

文献报道，浮游植物量与硝酸盐量有正相关关系；浮游植物量与铵盐量也有正相关关系；而浮游植物量与亚硝酸盐量有着或正或负的相关关系。Carpenter（1985）认为浮游植物对海水中铵盐、硝酸盐、亚硝酸盐的摄取，主要倾向于利用铵盐，当海域中高浓度的硝酸盐和铵盐共同存在时，浮游植物对硝酸盐的摄取受铵盐含量的抑制，它们把铵盐和尿素作为氮源进行选择性摄取，只有在铵盐和尿素不能满足其生长所必需的氮量情况下才能摄取硝酸盐。亚硝酸盐在赤潮发生时浓度反而升高则可能与藻类存在的亚硝酸盐释放机制有关（朱明远，杨小龙，1991）。徐春梅对大鹏湾盐田水域的氮营养盐的研究表明，赤潮生物的繁殖与氮盐密切相关，每次氮盐异常增高，再加上其他营养盐及环境参数的异常变化，可能是赤潮发生的前奏，有可能成为预报赤潮预报的一种手段（林永水，1997）。

高素兰（1997）认为只有溶解无机磷（DIP）和溶解无机氮（DIN）富有的海区有可能是赤潮发生的重要环境。金相灿（1990）指出氮、磷通常是植物生长的制约因子，水体中硝酸 N 浓度为 0.3 mg/L，P 为 0.02 mg/L 是赤潮发生的最低限值。Sawyer 也认为，如果 P 浓度超过 0.015 mg/L，N 浓度超过 0.3 mg/L 时，就足以引起藻类的急剧繁殖（张正斌等，2003）。因此，DIP 和 DIN 是赤潮化学预报的重要参数，对 P 限制海域重点监测 P，而对 N 限制海域重点监测 N。

根据 Riegman（1991）的研究，水体中 N/P 比例的显著变化会导致浮游植物增殖。Hecky（1988）认为 DIN/DIP 比值的变化可导致水体中浮游植物种群的变化。黄西能对大鹏湾盐田水域赤潮的环境因素进行分析，结果表明，N/P 值随着赤潮的发生和发展而不断增加（林永水，1997）。洪君超等（1994）对长江口赤潮的研究也表明，赤潮发生时，表层水体的 N/P 值急剧上升。上述现象是由于赤潮生物摄取 N、P 的比值小于赤潮发生前水体中 N、P 的比值，导致赤潮消失后，N/P 值又趋回落。王建林等研究表明，降雨改变了大鹏湾的营养盐含量和结构，DIN 由雨季前的铵盐占主导变为雨季中由硝酸盐占主导，且 DIP 升高的幅度比 DIN 升高的幅度大，使 N/P 比值降低，这些变化导致该海区近岸出现浮游植物生物量高峰（林永水，1997）。洪君超等（1993）考察了嵊山赤潮水域 N/P 比值，在赤潮发生和维持阶段该比值降低，认为 DIN 为主要限制因子，此外分别考察 N 和 P 与赤潮生物繁殖的关系，结果表明 P 与赤潮生物繁殖速度之间有更为直接的制约关系。孙培艳等根据 2001 年 6—9 月渤海湾鲅鱼圈附近海域赤潮预警预测试点的监测数据，以 DIN 和磷酸盐的总量以及两者比值作为输入，赤潮暴发前期、中期及后期为输出的人工神经网络模型，其识别准确率达 82%（张正斌等，2003）。Hodgkiss 和 Ho（1997）总结香港 Tolo 港和日本、北欧近岸海域赤潮的研究资料，结果表明，非硅藻的暴长总是伴随着长期或相当短期的 N/P 值的变化，且香港近岸海域爆发的多数赤潮的最佳 N/P（原子比）值在 6~15。所以，对赤潮多发区监测应考察 N/P 值的变化情况，同时要兼顾 N、P 的含量变化。

3.4.1.8 有机物预测法

值得注意的是，人类活动引起的水体富营养化经常伴随着有机物质营养的增加。近年来，越来越多的证据表明，溶解有机物（DOM）与有害藻类水华密切相关。美国学者 Glibert 等（2001）观测到微小原甲藻（*Prorocentrum minimum*）水华发生前水体中尿素浓度明显升高，而实验研究显示，比之 DIP，微小原甲藻和 *Aureococcus anophagefferens* 更乐于摄取尿素，因此认为尿素与水华的暴发关系密切。随着研究工作的不断深入，营养盐比值的概念已延伸至有机形式的营养对浮游植物群落演替的贡献。研究发现，鲀鱼藻（*Pfiesteria piscicida*）、微小原甲藻（*Prorocentrum minimum*）、*Aureococcus anophagefferens* 水华高峰期水体 DOC/DON 比值均明显升高。

赵明桥等（2003）应用多元回归法研究赤潮特征有机物与赤潮关系，选用角鲨烯（SQU）、雪松醇（CED）、2，6-二特丁基-对苯二醌（PBQ）、4-甲基-2，6-二特丁基苯酚（BHT）、3-t-丁基-4-羟基茴香醚（BHA）、邻苯二甲酸二异丁酯（DIBP）、邻苯二甲酸二正丁酯（DNBP）作为赤潮特征有机物，运用多元回归法，研究骨条藻赤潮的预警值（BDP），当预测值达到 16.11 时可预报为赤潮，达到 13.81 时为警戒值；对其他藻类，当预测值达到 13.81 以上时可预报为赤潮，达到 12.61 时为赤潮警戒值。

3.4.1.9 微量元素预测法

Yamochi（1984）用藻类试验法测定了赤潮生长的营养限制因子，得出在富营养水体中螯合态 Fe、Mn 是一些赤潮发生的关键因子。Fe 对海洋原甲藻的增殖有极显著的作用。可溶性 Fe 对某些藻类的增殖有着明显的促进作用。可溶性 Fe 的浓度越大，赤潮的规模也越大。林昱等（1994）围隔实验表明：可溶性 Mn 现存量为 3~4 μg/L 的含量水平时，已足够供海区浮游植物增殖的需要。水体中 Fe、Mn 等重金属的含量很低（在外海 Mn 的浓度大约为 2×10^{-9} mol/L），往往成为藻类生长的限制因子，一旦由外界输入水体，很可能引起藻类的暴发性生长而造成危害。所以，对于 Fe、Mn 等微量元素限制的海区，可用这些微量元素的含量变化预测、预报赤潮。日本东京水产大学等研究单位提出利用硒（Se）含量变化预测赤潮的发生，因为赤潮发生之前，随着浮游植物的增殖，表层海水中 Se 浓度会有所上升，赤潮高峰值时，硒浓度是平时的 3 倍以上（石钢德，1992）。

3.4.1.10 赤潮生物孢囊水温预测法

赤潮生物孢囊的萌发需要一定的温度条件，例如危害鲕鱼的赤潮生物卡盾藻（*Chattonella*），秋冬季节沉入近海底泥中休眠，水温达到 20~22 ℃时，孢囊开始萌发。所以，可通过对不同海区不同赤潮生物孢囊萌发水温的测定预报赤潮（张晓辉等，2006）。

3.4.1.11 微生物（细菌）数量预报方法

海洋微生物与赤潮的形成有密切关系。曾活水等（1993）研究表明，赤潮发生前后，细菌量与水体中营养盐含量呈正相关性，可通过水体细菌量多少的变化预测赤潮的发生。

3.4.1.12 光合活性法

在赤潮植物细胞增殖之前，其光合代谢活跃，这种现象在自然条件下也能明显观察到，光合活性的上升先于赤潮植物加速增殖。根据这一道理，可以在细胞异常增殖之前预报赤潮的发生。有关光合活性的测定方法不一，藤田曾提出用 DCMU［3-（3，4-二氯本基）-1，1-二甲基脲］测定光合活性。目前采用光合活性预报赤潮，只能在赤潮开始 24 h 前进行预报，更长时间的预报有待进一步研究（刘沛然等，1999）。

3.4.1.13 赤潮生物细胞密度预警法

如海水透明度或海水辐射率预警法根据一定种类的赤潮生物密度增加会导致海水透明度降低和海水辐射率增大进行预警。矫晓阳（2001）根据对虾养殖场实验表明，1.6 m 海水透明度可以作为赤潮发生的预警值。但也提出鉴于赤潮是生态学现象，而不是物理学现象，在发布赤潮预警之前，应该审核浮游生物的优势种和生物量。黄蓉（2001）认为水中赤潮生物的细胞密度持续上升，逐渐接近安达六郎（1973b）提出的赤潮发生的各类生物浓度临界值时，可预报赤潮即将发生。

3.4.1.14 赤潮生物活性预警法

如海水溶解氧预警法：赤潮发生前期，赤潮生物白天光照产生大量 O_2 溶解于水中，夜间停止光合作用，因呼吸作用吸收海水中溶解氧（DO）、释放 CO_2，使海水中溶解氧明显升高或昼夜有明显的变化特征。

张水浸等（1994）认为，当厦门港湾水体中 DO 的饱和度超过 110%~120%时，有可能在未来几天内发生赤潮。

许焜灿等（2004）根据浮游植物光合作用原理和氧的海洋生物地球化学过程，提出了“表观增氧量”（AOI）概念，并研究了赤潮发生期间，海水中表观增氧量与赤潮藻细胞密度的相关模式及其在赤潮评价中的应用。研究结果表明，表观增氧量可较准确、客观地反映赤潮生物量，可作为具有光合作用能力藻的赤潮评价指标。判断赤潮发生的表观增氧量标准为 2.0 mg/dm^3，预警值为 0.5 mg/dm^3。该研究推荐按 AOI 值将赤潮强度分为轻度、中度和重度三级，轻度为 2 $mg/dm^3 \leq AOI \leq$ 5 mg/dm^3，中度为 5 $mg/dm^3 < AOI \leq 10$ mg/dm^3，重度为 $AOI > 10$ mg/dm^3。用表观增氧量评价赤潮，具有简便、快速、可信等优点，在赤潮监测中，具有重要的应用价值。

3.4.1.15 激光法

激光法根据赤潮浮游生物粒子的荧光光谱、激光光谱、光散射强度等光学特性来预报赤潮。叶绿素 a 含量可反映海区现有浮游植物浓度的高低，一般把叶绿素 a 含量 1~10 mg/m^3 作为海域富营养化的指标，可以把叶绿素 a 含量超标作为赤潮可能发生的信号，当监测中发现叶绿素 a 含量超过 10 mg/m^3 并有继续增高的趋势时，就预示赤潮可能即将出现。

一般情况下，提前两三天的赤潮预报信息对于生产者防范赤潮危害就足够宽裕。因此，赤潮短期预报至少对水产养殖业减灾具有实用价值。矫晓阳（2004）提出，以叶绿素值大于基值 C_0 mg/m^3 的一天为起点，如果在连续的 2 d 内，所测定出的叶绿素值呈指数增长的趋势，则判定未来 1~3 d 之内可能会发生赤潮；否则判定为 2 d 内发生赤潮的可能性较小；如果叶绿素值小于 1 mg/m^3，判定为 2 d 内不可能发生赤潮。数学表达为：$C_N = C_0 e^{kTN}$。其中 C_N 为某一天的叶绿素浓度；k 为叶绿素增长速率，单位为 d；TN 为距考察开始的时间，单位为 d。初步确定 C_0 为 2.7~4.7 mg/m^3。判定需依 k 的下限 k_0 做比照，初步给出 0.3。

此外，目前已试制出海中荧光光散射测定装置，并在沿岸海域进行了预备测定。此装置可检测出海水中浮游植物体内叶绿素 a 的浓度，下限为 1 mg/m^3。现已建立快速测定赤潮生物浓度和数量情报的室内系统（张正斌等，2003）。

3.4.1.16 生物多样性指数法

生物多样性指数是判断赤潮发生或严重程度的一种指标。采用 Shannon-Weaver 公式：

$$H' = -\sum_{i=1}^{s} p_i \log_2 p_i \tag{3.1}$$

式中：

p_i——第 i 种细胞密度与总细胞密度的比值；

s——样品中的浮游植物种数。

多样性指数 H' 小于 6 时可能出现赤潮，也有研究将 $H'=1$ 作为赤潮发生的阈值。H' 值越小，赤潮越严重（冯波等，2008）。

3.4.2 统计预测法

赤潮发生的经验预测法仅赖于某个环境因子的异常变化，而赤潮的形成一般是由许多环境因子造成的，因此在一定程度上限制了它的实用性。统计学方法能够综合分析引发赤潮的多个因子，对于赤潮预报显示出较强的能力。统计预测法是基于多元统计方法，如判别分析、主成分分析等，对大量赤潮生消过程监测资料进行分析处理，在找出控制赤潮发生的主要环境因子的同时，利用一定的判别模式对有害赤潮进行预测。

3.4.2.1 主成分分析法

通过对大量赤潮监测资料进行主成分分析，依据赤潮发生期样本、赤潮前期样本和正常期样本的主成分值绘图（赤潮图），由于不同类型的样本在图上所属区域不同，从而可以对未知样本进行类型判别，预测赤潮的发生。自从 Qichi（1981）首次应用主成分分析法成功地预测了濑户内海广岛湾 1982 年所发生的 Gyrodinium 65 型赤潮后，我国也相继开始用此方法进行赤潮预测（邓素清，2005）。邓素清（2005）根据 1990 年和 1991 年南海大鹏湾海域资料，采用 6 个赤潮样本、3 个赤潮前期样本和 12 个正常样本，选用包括水温、盐度、溶解氧、叶绿素 a、叶绿素 b、叶绿素 c、活性磷酸盐、亚硝酸盐、硝酸盐、铵、Si、Fe 和 Mn 13 个环境因子等进行主成分分析，绘制出赤潮图，对样本进行了分类，进一步验证了应用主成分分析法预测赤潮发生预报的可行性和有效性。

3.4.2.2 判别分析法

根据影响赤潮发生的关键环境因子，建立已知赤潮样本和无赤潮样本的判别方程，然后将目前的环境因子代入方程，依据判别方程预测赤潮的发生。Huang 等（2001）根据 1990 年 6 月发生在长江口的赤潮资料，分别选取 2 组环境因子：①硝酸盐、亚硝酸盐、铵、磷酸盐、硅酸盐；②硝酸盐、亚硝酸、铵、磷酸盐、硅酸盐、Fe、Mn、水温、盐度、溶解氧、pH。建立有赤潮样本和无赤潮样本的判别式，得到如下结果：根据第一组因子建立的判别式进行判别，无赤潮样本的判别准确率达 100 %，有赤潮样本判别准确率为 62.5%；根据第二组因子建立的判别式进行判别，无赤潮样本判别准确率为 33.3 %，有赤潮样本判别准确率达 100%，在对赤潮进行预测的同时，也表明了一些环境因子对赤潮发生的影响。尽管判别分析法已经显示出预测赤潮的可行性，但在选择变量因子上仍然具有一定的盲目性。此外，目前应用较多的线性判别方程不能准确揭示各环境因子对赤潮发生的影响（霍文毅等，1999）。

3.4.2.3 逐步回归法

应用逐步相关性分析，找出影响赤潮发生的主要环境因子，并建立赤潮生物量或密度与环境因子之间的回归方程，然后将目前的环境因子代入回归方程，依据赤潮生物量或密度的计算结果，并结合经验预报法预测赤潮的发生。目前，此方法主要用来进行影响赤潮发生的环境因子分析（王修林等，2003）。

3.4.3 数值预测法

统计预测法由于缺乏赤潮发生机理的支持而导致对环境因子选择和分析的主观性和盲目性，目前难以应用统计预测法给出稳定和合理的赤潮预测结果。而数值预测法则是根据有害赤潮发生机理，通过各种物理-化学-生物耦合生态动力学数值模型模拟赤潮发生、发展、高潮、维持和消亡的整个过程而对有害赤潮进行预测的方法。

例如，王寿松等（1997）依据生物种群生态学和营养动力学的原理，以1991年3月1日至4月30日大鹏湾发生的夜光藻赤潮现场连续监测资料，建立了大鹏湾夜光藻-硅藻-营养物质三者相关的营养动力学模型；夏综万等（1997）建立的大鹏湾夜光藻赤潮生态仿真模型综合考虑了生物动力学和环境动力学因素对赤潮形成的影响，较成功地模拟了大鹏湾夜光藻赤潮生消过程；黄伟建等（1996）以1990年3月30日至6月10日期间大鹏湾现场监测资料为基础，建立了大鹏湾夜光藻种群生长动力学模型，为预测夜光藻赤潮发生提供依据；乔方利等（2000）对长江口海域赤潮生态动力学模型和控制因子进行了研究。

数值预测法对生态动力学模型有诸多要求。例如：模型要综合考虑赤潮发生的生态学和海洋学过程等，因此物理-生物-化学耦合模型是建立准确和合理的赤潮数值预测法的主要生态动力学模型；模型变量初始值及边界条件的资料要来源一致，客观准确，反映时空连续变化；模型参数要反映地域特点以及模型维数要充分考虑已有资料的可利用性和完整性。

3.4.4 其他

赤潮发生机制有着明显的非线性特点，因此，近年来有学者将人工神经网络及模糊逻辑等人工智能技术用于赤潮的预测中。神经网络模型已经广泛应用于多领域的预测，它具有模型建立简单，反应快速，有学习、联想、容错、并行处理的能力，适合高维非线性系统的模拟。模糊逻辑主要应用于系统控制、植物动力学等复杂系统的模拟与预测，目前已有在赤潮预测方面的应用。

3.4.4.1 人工神经网络方法

人工神经网络（Artificial Neural Network）是指由大量与自然神经系统细胞相类似的人工神经元连接而成的网络，由应用工程技术、计算机手段模拟生物神经网络的结构和功能，实行知识并行分布处理，是一个人工智能信息处理系统，有较高的建模能力和良好的数据拟合能力。人工神经网络应用领域中最常用的是监督网络模型，以BP（误差反向传播前馈网络）和RBF（径向基函数网络）应用最广（Keiner，Yan，1988；Lek，Guegan，1999；徐丽娜，1999；谷萩隆嗣等，2003；杨建强等，2003；刘伟，2010）。杨建强等（2003）认为，用人工神经网络对不同海域、不同类型的水体建立的赤潮生物与多种因子间的复杂关系进行动态预测是可行的。与传统统计模型相比，人工神经网络模型不要求监测数据具有很强的规律性，因而具有一定的实用性。

蔡如钰（2001）利用人工神经网络BP算法，建立了人工神经网络预报模型，并利用该模型对各种理化因子与夜光藻密度的非线性对应规律进行了研究。冯剑丰等（2005）基于实例推理机制（CBR），综合运用人工神经网络、知识发现、模糊逻辑及赤潮生态动力学模型库，考虑了影响赤潮发生因素的多样性与随机性，建立了一个基于实例推理的智能赤潮预测预警系统。

3.4.4.2 基于实例的混合推理系统（hybrid CBR）

由于统计模型如自动回归积分滑动平均模型（Auto-Regressive Integrated Moving Averages Model，ARIMAM）要求数据具有较强的规律性以及连续性，在应用于海洋学或生物学因子如温度、叶绿素、盐度等参数的动态预测方面具有局限性。目前很多标准人工神经网络模型（Artificial Neural Network Model，ANNM）应用于不同海洋学因子的动态预测。研究结果表明对于海洋学或生物因子如温度、叶绿素、盐度等参数的时间动态预测，此模型虽然存在很多困难，也不够精确，但由于不要求监测数据具有很强的规律性，因此相对于传统统计模型如自动回归积分滑动平均模型等，此种模型更为灵活。与前两种模型相比，由于可以处理不确定、不完整甚至不一致的数据，混合型人工智能模型（Hybrid Artificial Intelligence，hybrid AI）在海洋环境预测方面具有潜在的优势。

基于实例的混合推理系统（Hybrid Case-Based Reasoning System，Hybrid CBR）是应用混合型人工智能模型，在原有的案例数据库中进行搜索，找到相似的案例，研究其已有记录的可能解决方法，并将具有新代表性的案例以及它们的解决方法增加到数据库中，重复的案例将自动清除。

Juan 于 2004 年发表文章，应用此系统提前一周预测伊比利亚半岛西北沿岸的拟菱形藻浓度，当拟菱形藻浓度超过 10^5 cells/L 时，发生拟菱形藻赤潮。实验结果表明当拟菱形藻浓度超过 10^5 cells/L 时，误差仅为 5.5%，验证了此法预测赤潮发生预报的可行性和有效性。

3.4.4.3 卫星遥感监测技术

赤潮监测是赤潮减灾防灾的基础，海洋卫星遥感已进入应用时代，星载可见光、热红外和微波遥感器已能监测众多的海洋生物、海洋化学、海洋水文、海洋地质和海洋气象要素和现象。目前，我国有能力进行日常监测的海洋要素和现象包括海面温度、叶绿素 a 含量、海面流场和光照等，开展业务化赤潮监测与实时预报系统研究的条件已基本成熟。楼琇林等（2003）根据赤潮的卫星遥感探测机理，应用人工神经网络技术，建立了利用 NOAA-AVHRR 可见光和热红外波段遥感数据的 BP 神经网络赤潮信息提取模型。

3.4.4.4 赤潮实时监测系统及数据库建模技术

王东等（2003）介绍了一个典型的赤潮监测网络的数据库建模和系统实现，重点介绍了数据库的逻辑建模以及 ERA 模型在逻辑建模中的应用。刘焕平等（2004）把 CPS 精确授时和定位技术应用于赤潮的监测，建立了海水的实时监测系统，并对整个海域每一点的各种参数建立数据库，有望为赤潮的发生原因和动态发展提供可靠的数字依据。

薛存金和董庆（2010）针对由单一海洋参数对赤潮灾害信息提取的不足，提出一种多海洋参数赤潮遥感监测技术，利用 MODIS 影像数据反演出海洋表面温度和叶绿素 a 浓度，结合悬浮泥沙浓度和海水异常等多海洋参数，设计出了赤潮灾害提取判别规则，并以 2004 年 5 月 30 日和 2004 年 6 月 11 日渤海海域的 MODIS 影像为实验数据进行实例研究，证实该技术的可行性和有效性。

3.4.4.5 海洋浮标监测技术

相对于船舶监测、卫星和航空遥感监测方式，海洋浮标监测具有全天候、长期连续监测的优点。20 世纪 90 年代以来，国外水质自动监测系统发展迅速，水质生态监测浮标已逐渐研制出来并业务化运行（王军成，1998）。张涛等（2006）提出了由浮标监测、船载快速监测、航空遥感监测、卫星遥感监测等子系统构成的赤潮监测系统，在浮标子系统中选择对赤潮生消过程反应比较明显的海域环境参数，建立定点连续的赤潮监控海域环境参数自动观测平台（pH 值、溶解氧、温度、盐度等），获取定点海域几种参数的数据。高晓慧等（2011）应用渤海湾赤潮监控区的“赤潮重点监控区监控预警系统”，对其中的浮标快速预警模块进行分析，对浮标在线监测要素的数值与船载快速监测等手段获得的数值进行比测，判断赤潮暴发的可能性极大，发布了赤潮预警信息。此外 2008 年青岛奥运会帆船比赛研究人员利用赤潮预警系统分析浮标在线监测数据结合常规现场数据，于是发布了赤潮预警预报，启动了赤潮应急系统，紧急进行赤潮消除和防治（李忠强等，2011）。

厦门市环境监测中心于 2003 年 5 月引进了美国 Endeco/YSI 公司生产的 EMM700 型海洋水质监测浮标，投放于厦门西海域宝珠屿附近海域，该浮标系统中的 YSI 6600 多参数水质监测仪和 NPA Plus 氮磷监测仪可同时监测硝酸盐、亚硝酸盐、铵、活性磷酸盐、溶解氧、叶绿素、蓝绿藻、浊度、pH 值、氧化还原电位、电导、盐度、水温等参数。经过研究选取与海洋赤潮发生有显著关联的 pH 值、溶解氧、叶绿素 3 个指标因子，并探索了一套赤潮预警预报和全程跟踪的方法（叶丽娜，2007）。蔡励勋（2008）利用厦门海域投放的水质连续监测浮标，分析了 2004—2007 年厦门同安湾海域赤潮期间的叶绿素 a 数据，认为厦门海域赤潮发生形态分为对称型、不对称型、弱势型和强势型。2009 年厦门发生了冬季血红哈卡藻赤潮，通过浮标数据结合水文气象数据，分析了赤潮发生的有利条件（苏灵江，2009）。

陆斗定等（2000）通过对浙江海区赤潮生物监测研究，提出了简化的赤潮实时预警模式：如果叶绿素 a 的含量从常量上升至 10 mg/m^3 以上，并有迅速增加的趋势，那么即将发生赤潮。国家海洋局北海海洋环境监测中心站于 2008—2009 年建设完成了广西近岸海域海水水质自动监测网络，根据 2009 年 7 月广西廉州湾海域三个自动监测站的实时监测数据，对赤潮发生的过程进行分析，发现此次赤潮过程中，溶解氧、pH 值、叶绿素存在明显的昼夜变化规律，且出现同步升高回落现象。通过现场采样分析与比对，表明自动监测站可实现对赤潮的预警预报（李天深等，2011）。水质自动监测浮标目前在我国已有多个沿海省市引进并进行了相应赤潮预警预报的研究，但是由于水质自动监测浮标无法准确地对赤潮生物进行定量，仅能测量叶绿素 a 作为间接生物量代表，有一定的局限性。此外，由于水质自动监测浮标长期投放于环境恶劣的海上，数据的稳定性及准确性还有待验证。因此通过水质自动监测浮标对赤潮分析和预警还有待完善。

3.5 赤潮的治理

考虑到海洋动力学、海洋可持续发展及科学技术进步，国际上对治理赤潮提出了以下 7 条标准：①在低药剂浓度条件下杀灭赤潮生物；②药剂能自身分解成无害物质，无残留物；同时又能分解赤潮生物分泌的毒素及其尸体产生的 H_2S、NH_3、CH_4 等有害物质；恢复被赤潮消耗掉的含氧量以及净化被其污染的海水；③杀灭赤潮生物时间要短，要在海浪冲击稀释药剂浓度不低于灭杀赤潮生物浓度阈值前就能完成灭杀赤潮生物；④对非赤潮生物不产生负面影响，不会对海洋造成二次污染；⑤成本低廉；⑥易取得，易操作；⑦生产药剂过程应是清洁生产，无污染、无废料和附加产物。这 7 项标准应该是以后科学家研究治理赤潮的研究方向。由于有害赤潮发生的机制至今尚未清楚，完全杜绝有害赤潮的发生是不可能的，各种治理赤潮的方法因此成为研究的热点。迄今为止，赤潮的治理方法已有很多报道，但是能完全满足上述条件的几乎没有，赤潮治理技术多处于实验室研究阶段，虽然提出了几十种治理赤潮的方法和几千种灭藻药剂，但真正能推广应用的却寥寥无几。根据所采用的原理，目前用于治理赤潮生物的方法主要有物理法、化学法和生物法。

3.5.1 物理法

赤潮治理的物理方法是利用某些设备、器材在水体中设置特定的安全隔离区，分离赤潮水体中的赤潮生物或利用机械装置来灭杀、驱散赤潮生物。治理赤潮的物理方法主要包括围隔栏杆、过滤法、沉箱法、迁移法、回收法、超声波法、光隔离法、光照射法、电解法等。赤潮治理的物理方法其方法简单、没有二次污染，但因成本太高或者仅适用于小范围的浓度较高的赤潮水体，所以只能用于小范围的应急处理措施。

利用黏土微粒对赤潮生物的絮凝作用去除赤潮生物，这是目前国际上公认的一种方法。黏土浓度达到 1 000 mg/L 时，赤潮藻去除率可达 65%，有报道称在小型实验场去除率可达 95%~99%。但絮凝（凝聚）法存在黏土用量大、成本高、沉降物及其毒素对底栖生物有影响等问题。

20世纪80年代初，日本在鹿儿岛海面进行过一次黏土治理赤潮的实验。1996年韩国曾用6×10^4 t黏土制剂治理100 km^2海域赤潮。我国在养殖池进行过类似实验。大须贺龟九（1983）、Yu等（1997）进行了黏土微粒表面改性研究，提高了黏土对赤潮生物的絮凝力，用量降至1%仍然有效。奥田庚二（1989）用铝盐、铁盐在海水中形成胶体粒子凝聚赤潮生物，30 min后，90%的赤潮藻被凝聚沉淀。

3.5.2 化学法

目前采用的化学法多为药剂法。

3.5.2.1 无机药剂法

药剂直接杀灭赤潮生物仍是科学家们研究的方法之一，不少专家研究了Cu^{2+}的灭藻效果，但Cu^{2+}破坏近海生态系统和成本高的问题仍未解决。富田幸雄（1983）利用海水电解产生的HCLO杀灭赤潮生物，取得了满意的效果，但用于大面积赤潮治理难度较大。村田寿和王殿坤（1994）研究了H_2O_2杀灭赤潮生物的方法，但药剂费用高、用量大，难以推广使用。法国用O_3气浮法治理水中丝状硅藻、鞭毛藻，去除率分别达到40%、80%，但由于设备庞大，也难以在赤潮治理上应用。

3.5.2.2 有机药剂法

不少研究者从事有机除藻剂的研究。藤伊正（1989）研制成$C_8\sim C_{16}$脂肪胺的除藻剂，木尾原等（1989）研制成$C_5\sim C_{24}$的烷基香芹酮酸或其衍生物的除藻剂。但有机除藻剂存在二次污染环境生态、对非赤潮生物有负面影响及成本高等问题，难以直接用在赤潮治理上。

3.5.3 生物法

科学的治理方法应以防为主，防治结合，利用海洋生物治理赤潮的研究刚刚兴起。Jordi等（2006）研究了地中海Barcelona港附近典型水域环境条件中，营养盐和多种赤潮藻类分泌的抑制物质之间的相互作用对赤潮藻类躲避捕食者捕食并形成赤潮的影响，在此基础上提出了一种赤潮生物防治的多种类动力学模拟模型。

目前，越来越多的研究者将目光投向了赤潮的生物防治技术（龚良玉等，2010；黄琳，2011）。所谓生物方法治理赤潮即是通过其他生物（滤食性贝类、大型植物、藻类、细菌或病毒等）与赤潮生物之间的拮抗或抑制作用来治理赤潮的方法。生物方法治理赤潮具有方法简单、不易引起污染等优点，目前已经成为赤潮治理研究的热点之一。该方法按所用生物的不同主要可以分为以下几种类型。

3.5.3.1 利用海洋动物或海洋滤食性动物去除赤潮生物

大多数赤潮生物如硅藻和甲藻等，通常是浮游动物的直接饵料，也是其他海洋动物的直接或间接食物。因此可以根据生态系统中食物链的关系，引入摄食赤潮生物的其他动物（如桡足类浮游动物、微型浮游动物及纤毛虫等），通过捕食达到抑制或消灭赤潮生物的目的。同样，因为海洋微藻可以作为一些滤食性动物的饵料，因此在赤潮暴发时通过加入滤食性动物捕食赤潮微藻，达到去除赤潮藻类的目的。例如，Turner和Anderson（1983）研究证实，科德角海湾的桡足类在晚春季节种群数量很大，因而对塔玛亚历山大藻的摄食率增大，从而有效控制水华的发生。同样，Takeda和Kurhara（1994）在发生赤潮的水体中放入滤食性贝类*Mytilus edulis galloprovincialis*，结果发现这种贻贝体内能有效地保留大于4 μm的食物颗粒，且颗粒在体内滞留的速率随着浮游植物浓度的增大而增长，因此，通过贻贝的滞留，赤潮水体中的浮游植物能迅速地被去除。孙雷和杞桑（1993）进行了桡足类刺尾纺锤水蚤（*Acartia spinicauda*）对海洋原甲藻（*Prorocentrum micans*）摄食的研究。江天久和杞桑（1994）进行了广东深圳大鹏湾的桡足类腹刺纺锤水蚤对链状亚历山大藻摄食的研究。此外，有人报道在养殖池内投放以单细胞藻类和悬浮有机物为食的沙蚕、卤虫等，可以净化水质和底质，防止赤潮发生。赤潮水体中所聚集的一定种类的浮游植物可以成为滤食性动物和底栖动物的食物，被它们迅速地去除。另外，还有使用对赤潮生物摄食率较高的其他双壳贝类，如牡蛎、扇贝等。这种方法是预防和清除赤潮的一条有效途径，但是有毒赤潮的毒素会因此而富集在食物链中，因此这种方法一般不适合用于产生赤潮毒素的赤潮治理中。

3.5.3.2 利用微生物抑制赤潮生物的生长

细菌、病毒等微生物是调节有害藻类种群动态的重要潜在因子。可用来对付有害藻类的微生物主要包括藻类、细菌、真菌、放线菌、病毒等。其对藻细胞生长的抑制主要有以下几条途径。

（1）一些微生物能向环境中释放抑制藻细胞生长的物质。Honjo（1993）发现赤潮异弯藻能产生或分泌一种多糖，强烈抑制以中肋骨条藻为优势种的中心硅藻的增殖，而对三角原甲藻和异弯藻本身的生长则有促进作用。Fukami 等（1992）在一次由褐甲藻引起赤潮末期的水体中分离得到一株菌 5N－3，经鉴定为黄杆菌（*Flavobacterium* sp.），实验结果表明这株菌能利用 *Gymnodinium nagasakiense* 释放的胞外有机碳源生长，并能有选择地抑制该赤潮生物的生长，其抑藻作用主要源于该细菌的某些胞外产物。Pratt（1966）进行中肋骨条藻（*Skeletonema costatum*）和金黄滑盘藻（*Olisthodiscus luteus*）的相互作用实验研究发现，中肋骨条藻的滤液有促进金黄滑盘藻增殖的作用，与此相反，金黄滑盘藻的滤液却明显阻碍了中肋骨条藻的增殖。

（2）利用真菌抑制微藻的生长。一些真菌可以释放抗生素或抗生素类物质抑制藻类的生长。Kumar（1964）认为青霉菌能分泌青霉素，青霉素对藻类有很强的毒性，当浓度达到 0.02 μg/mL 时，就足以抑制组囊藻（*Anacystis nidulans*）的生长。赵以军和刘永定（1996）报道放线菌分泌的一些抗生素（链霉素）也可应用于有害藻类的生物防治技术上。

（3）利用病毒抑制藻类的生长。病毒或病毒粒子（VLPs）不仅广泛存在于各种水环境中，同时也是浮游生物的活跃成员。Fuhrman（1999）指出病毒在海水表层的浓度高达 1 010 cells/L，造成了海洋细菌与蓝藻宿主的高致死率和初级生产力的下降。因此病毒或 VLPs 在浮游生物群落演替中可能具有极其重要的作用。目前，关于病毒溶藻的情况有不少的报道。虽然病毒详细的性质和作用尚未探明，但将来有可能成为抑制赤潮生物的“农药”。

（4）寄生虫也具有控制赤潮生物的潜力，有许多寄生虫是甲藻，它们能感染其他甲藻。例如，甲藻（*Amoebophrya ceratii*）便是一种甲藻的细胞内寄生者。寄生虫对甲藻的感染具有急性，攻击甲藻的方式与病毒很相似，由此认为这在控制赤潮种群中可能有效。

（5）通过藻菌直接接触而溶解藻细胞，其中报道较多的是黏细菌对蓝藻的溶解。

（6）通过菌类与藻类竞争有限的营养物质而抑制赤潮藻的生长。有人试验在养殖池内投放光合细菌进行繁殖，消耗水中的营养盐类，进而控制虾池水体的富营养化，达到防止赤潮发生的目的。

3.5.3.3 利用植物间的拮抗作用抑制赤潮生物的生长

生物防治是利用生物之间的生态关系来消除赤潮。生物方法虽然选择性高、成本较低，不存在对生态环境的二次污染，但是在复杂的海洋环境中生物间的相互作用往往难以控制，有可能因引进新的物种而改变原有的生态系统。所以到目前为止，生物防治法基本仍停留在实验室阶段，即便在自然条件下应用生物防治方法也是以预防为主。

大型海藻和微藻在自然和实验水生生态环境中存有拮抗作用（Hasler，Jones，1949）。通常，它们可通过竞争有限的营养盐和光照的方式来抑制微藻的生长（Fitzgerald，1969）。在养殖海域栽培大型海藻，能通过营养竞争和化感作用抑制海洋微藻的生长，加速赤潮藻的消亡，还能作为营养缓冲器有效降低养殖海域 N、P 营养负荷，增加溶解氧和改善水质。如大型海藻江蓠能加速中肋骨条藻赤潮的消亡，避免赤潮消亡后水体缺氧，可有效减轻赤潮对环境的危害，在维持健康复合养殖系统方面有很重要的生态作用。杨宇峰和费修绠（2003）认为规模化栽培大型海藻是防治养殖海域赤潮的重要生态对策。近年来，一些学者注意到在同一水体内，大型海藻的水华通常与海洋微藻的水华呈负相关（许妍，2005）。例如，当 Marshall 和 Orr（1949）对英国的一个浅海湾施肥时发现，只有在大藻缺乏的情况下，才会有微藻的水华。在对美国南加利福尼亚 Tijuana 海湾长达一年的观察中，Fong（1986）和 Rudnicki（1986）发现大型海藻与海洋微藻的丰度随空间和季节而变化，但两者总呈负相关，两者的丰度随空间和季节而变化。Sfriso 等（1989）对威尼斯盐湖进行的调查显示，浮游植物的水华仅在大型海藻腐烂、收获之后或极度富营养区域出现。

3.5.4 赤潮防治技术的最新研究进展

3.5.4.1 羟基［·OH］治理法

羟基［·OH］具有极强的氧化性，氧化-还原电位为 2.80 V，与氟（F）的氧化还原电位 2.87 V 基本相当，比氯（Cl_2）、臭氧（O_3）分别高出 70%、39%。其杀灭赤潮生物的原理是：①它使赤潮生物的氨基酸氧化分解，导致蛋白质变性或酶失活；②它使磷脂键断裂，导致细胞膜破裂，细胞内含物外泄；③它使溶酶体、微粒体上的多种酶活性降低或失活（白希尧等，2002）。

羟基自由基杀灭赤潮生物的速度极快，浓度为 2 mg/L 条件下，6~45 s 内能 100% 杀灭赤潮生物。同时可杀灭海水中的细菌、病毒，分解赤潮生物分泌的毒素及赤潮生物遗体产生的 H_2S、NH_3、CH_4 等有害物质，净化赤潮污染的海水。羟基由海水和空气中的氧制成，20 min 左右又还原成水和氧气，所以该药剂是无毒、无残留的理想药剂。浓度为 2 mg/L 的羟基药剂对海水中的鱼、虾、贝类等经济生物不造成伤害，投放药剂 20 min 后，或距海面 1 m 以下海水中药剂浓度低于 0.1 mg/L，对浮游生物也不造成负面影响。在船上用海水和氧就可以制造羟基药剂，均匀喷洒在海面上，由于海洋赤潮生物具有趋光性质，杀灭、凝聚过程主要在海面上进行。杀灭 1 km^2 的海洋赤潮生物，费用不超过 10 元钱，符合成本低廉和易操作的要求。该方法在赤潮应急处理阶段具有广阔的应用前景。

3.5.4.2 栽培海藻防治法

沿海城镇近岸海区的富营养化日益成为世界各国共同存在的严重问题。保护红树林有助于减少赤潮的发生。红树林是热带和亚热带沿海潮间带特有的木本植物群落，可为 2 000 种左右的鱼类、无脊椎动物和附生植物提供栖息、摄食和繁育场所，是不可多得的生物多样性区域。红树林吸收 N 的能力很强，可减弱鱼、虾过度养殖造成的富营养化程度，起到生物净化作用，减少赤潮发生。红树林对赤潮的防治功能给人以启迪，一些人工栽培的大型海藻具有极高的生产力，快速生长的同时能从周围环境中大量吸收 N、P 和 CO_2，同时放出 O_2。在某些特定的沿岸海区（如网箱养鱼密集的海湾）栽培海藻，有可能是解决近岸海区的富营养化问题的一个有效的手段。

我国北方，人们多年来以多栽培海带来平衡扇贝养殖引起的负面生态效应。杨宇峰和费修绠

(2003) 研究表明，在我国福建、广东以及香港等南海海域，龙须菜（江篱）和坛紫菜是减少海区富营养化最有效和最佳的人工栽培对象。

3.5.4.3 海洋微生物——以菌治藻法

利用海洋微生物对赤潮藻的灭活作用及其对藻类毒素的有效降解作用，可使海洋环境长期保持生态平衡，达到防治赤潮的目的，以菌治藻作为一种崭新的方法在赤潮治理中有巨大的应用前景（Zheng，Su，2003；彭超，2003）。例如，从海洋污水中分离的一株弧菌（*Vibrioal goinfestus*）分泌一种甲藻生长抑制剂（DGI），能杀死卡盾藻（*Chattonella antigua*）；从一种假单胞菌（*Psendomonas stutzeri*）中提取出的DGI活性和稳定性更高，且对鱼类无害；从水华铜绿微囊藻中分离类似炬弧菌的细菌，该菌以多价裂殖方式繁殖，进入铜绿微囊藻的细胞使宿主细胞溶解。日本学者发现，微绿球藻（*Nanochloris encanryotum*）分泌的Aponins，也可溶解产毒赤潮藻短裸甲藻（*Gymnodinium breve*）。

3.5.5 赤潮毒素的生物化学和分子生物学研究

1993年，AOAC国际组织将“海产品中毒素的监测”作为年会主题，提醒人们关注海产品中的毒素问题。现有的毒素检测技术有小鼠生物法（Mouse Bioassay，MBA）、化学法、细胞毒性检测技术、免疫学技术等，而且陆续有新方法、新技术出现。随着新技术的发展，藻类及其毒素的研究已进入分子生物学时代。

对PSP的小鼠检测程序已由美国分析化学家协会（AOAC）标准化，通常采用鼠单位（Mouse Unit，MU）来表示。但是对各种藻毒素的生物检测法目前还未形成统一的标准。

（1）细胞毒性检测是利用毒素对细胞的毒性来检测毒素的一种技术，利用小鼠神经瘤细胞系易被毒素阻断Na^+通道这一特性检测毒素。Velez等（2001）用此技术对PSP进行了功能测定；加拿大Jellett Biotsck公司的Burbidge等试验出了针对PSP的诊断试剂盒——MZST™，结果与MBA和HPLC的吻合良好，且节约时间和成本，有望推广。该法比标准MBA法灵敏10倍，能检测到4ng STX/100 g。他们最近发展了一个新试剂盒MIST-Alert™定性检测PSP的所有重要的类似物。此法可扫描式定性检测被检测样品（http：//www. innovacorp. ns. ca/jbiotek/pns. htm），20 min内完成样品检测，非常省时。该技术的前提是要具有良好的细胞培养技术。

（2）化学监测是通过对样品中毒素组分的定性和定量分析来分析毒素的种类及毒性。其中，高效液相色谱法（HPLC）广为应用，薄层色谱、色谱-质谱、毛细管电泳、X射线结晶分析法和核磁共振等也在毒素分析中得到应用。这些方法灵敏度高，检出限低，可比性和重复性好，分析速度快，克服了小鼠生物法的缺点而受人们欢迎，但价格昂贵。何家苑等（1999）据红外光谱（FT-IR）、快速原子轰击质谱（FABO-MS）和色谱-质谱联用（GC-MS）分析结果测定出了球形棕囊藻（*Phaeocystis globasa*）溶血毒素结构。

（3）神经受体检测技术的原理是：藻毒素与其受体作用，结合程度的高低可体现在生物活性的大小上，测定活性的大小可检测出毒素的情况。该法针对西加毒素（Giguatoxin，GTX），用^3H标记的STX C 磅蛤毒素（Saxitoxin，STX）与未标记的进行竞争性替换检测。检测快速、灵敏，但不能对毒素进行分类，放射性标记和测定对仪器和费用要求高（宋杰军，毛庆武，1996）。

（4）酶活性抑制检测技术（朱小兵，向军俭，2002）用32P标记酶，与HPLC技术结合，通过藻毒对酶活性抑制程度进行检测，灵敏度非常高。操作简便，廉价，该技术很有潜力。但对酶与毒素的关系如毒素的生物合成代谢以及酶与毒素的反应动力学过程等缺乏了解。

（5）免疫学检测技术利用抗原与抗体专一、特异结合的特点，对毒素进行定性定量的检测。近年来 PSP 毒素测定的免疫学方法的重要进展包括放射免疫技术和酶联免疫技术。免疫测试的灵敏性要比 MBA 或 HPLC 高得多，且专一性强。Allan Cembella 等（朱小兵，向军俭，2002）用抗 GTX 的多抗，对 PSP 反应的特异性进行了测定；Victoria lopez Randans（朱小兵，向军俭，2002）用 PABS 和免疫流式细胞仪技术对原甲藻属（*Prorocentrum* sp.）进行了免疫遗传分析，测定种间的关系，区别形态上相当接近的种。免疫学检测技术的缺点：①抗体的交叉反应性。抗体往往只是针对某一种毒素，对其他毒素表现出较低的交叉反应，不能监测所有的毒素。这对于某一种毒素的监测来说，可能产生假阳性或过高的估计值，但对总的毒性的评价则可能得到较低的估计。②缺乏标准毒素。尽管某些简单的毒素可通过化学法或生物法合成，如 Shimizu 等（1990）对 GTX、PbTX、PbTX-3 合成的研究，但许多标准毒素较难得到。③免疫检测只测定结构表位，而非针对功能，故其类似物有干扰作用，出现假阳性或对毒性估计不准确。这限制了该技术的应用，这些困难也是以后毒素免疫技术研究的方向。

（6）利用生物传感器检测毒素。有的毒素如 PSP 是一种离子通道阻断剂，Cheun 等（1998）用蛙的脂肪膜通过测定加入待测样品前后 Na^+ 的变化检测毒素，可检测到极低浓度的 PSP，如 GTX、STX 等。但此法对电流与毒素之间转换关系的确定、仪器的精确性等的要求较高。

3.6 国内外赤潮研究现状与发展前景

赤潮研究将在以下 8 个方面得到进一步发展（缪锦来等，2002；潘克厚，姜广信，2004）。

（1）深入研究赤潮的发生机制及统计学模型。

（2）研究赤潮藻类的分类学、培养生物学、生活史、营养动力学、生理生态学特性及个体生态学。

（3）研究赤潮藻类的生物化学、分子生物学特征。

（4）研究赤潮毒素的分类及致毒机制。

（5）加强赤潮监测的遥感技术，实现现场参数的快速测定。

（6）研究赤潮的预报预警机制，加强国际合作与交流。

（7）建立赤潮信息管理系统，进一步探索和完善赤潮防治技术。

（8）加强海洋立法，实施依法治海。

可持续发展的赤潮治理方法，应该从水环境自身出发，从水环境自身是一个平衡系统出发。赤潮发生就意味着水环境的平衡状态被打破，科研工作者应该找出导致水环境失衡的环境理化或生物因素加以调整，使其恢复平衡状态，达到治理赤潮的目的。

参考文献

安达六郎．1973b. 赤潮生物と赤潮实态［J］．水产土木，9（1）：31-36.

安达六郎．1972. 赤潮生物の分类学的研究［J］．三重县水产学都纪要，9（1）：9.

安达六郎．1973a. 赤潮の规定［A］．昭和48年度日本海洋会秋季大会讲演旨集.

奥田庚二．赤潮沉淀法［P］．日本特许公报．JP平1-285134，1989. JP平2-86888，1990.

白希尧，白敏冬，周晓见．2002. 羟基药剂治理赤潮研究［J］．自然杂志，24（1）：26-32.

柏仕杰，王慧，郑天凌．2012. 海洋藻类病毒与赤潮防治［J］．应用与环境生物学报，18（6）：1056-1065.

毕远溥，李润寅，宋辛．2001. 赤潮及其防治途径［J］．水产科学，20（3）：31-32.

蔡励勋．2008. 厦门同安湾海域赤潮期间叶绿素变化的若干典型特征［J］．海洋环境科学，27（4）：331-334.

蔡如钰．2001. 基于人工神经网络的夜光藻密度预测模型［J］．中国环境监测，17（3）：52-55.

蔡卓平，段舜山．2010. 基于核心期刊论文分析我国赤潮研究现状［J］．安徽农业科学，38（31）：17966-17968.

崔凯杰，郝洋，王千．2010. 浅析近岸海域富营养化与赤潮［J］．环保前线，5：47-49.

村田寿，王殿坤．1994. 过氧化氢对处于赤潮中鲥鱼的救治效果［J］．国外水产（2）：38-40.

大须贺龟丸．1983. 赤潮处理剂およびの制造方法［P］．日本公开特许公报，JP昭59. 97206.

邓素清．2005. 分析浙江海区赤潮过程中的气象因子［D］．浙江大学硕士论文.

杜乐天．1989. 幔汁流体的重要意义［J］．大地构造与成矿学，13（1）：91-99.

费鸿年．1952. 赤潮发生的原因［J］．学艺，22（1）：1-3.

冯波，卢伙胜，颜云格．2008. 茂名放鸡岛海域浮游植物与赤潮生物研究［J］．海洋通报，27（4）：110-115.

冯剑丰，曲阳，李会民，等．2005. 基于CBR的智能赤潮预测预警系统研究［J］．海洋技术，25（2）：63-66.

福代康夫，高野秀昭，千原光雄，等．1990. 日本の赤潮生物（写真の解说）［M］．东京：内田老鶴圃，1-407.

富田幸雄．1983. 赤潮处理方法［P］．日本特许公报．JP昭59. 97206.

高素兰．1997. 营养盐和微量元素与黄骅赤潮的相关性［J］．黄渤海海洋，15（2）：59-63.

高晓慧，王娟，孟庆凌．2011. 赤潮快速预警研究［J］．海洋开发与管理（7）：74-77.

龚良玉，李雁宾，祝陈坚，等．2010. 生物法治理赤潮的研究进展［J］．海洋环境科学，29（1）：152-158.

谷萩隆嗣，萩原将文，山口亨．2003. 人工神经网络与模糊信号处理［M］．北京：科学出版社.

郭玉洁．1994. 大连湾赤潮生物——赤潮异湾藻［J］．海洋与湖沼，25（2）：211-215.

国家海洋局．2003年中国海洋环境状况公报.

国家海洋局．2008年中国海洋环境状况公报.

国家海洋局．2009年中国海洋环境状况公报.

国家海洋局．2010年中国海洋环境状况公报.

国家海洋局．2011年中国海洋环境状况公报.

国家海洋局．2012年中国海洋环境状况公报.

国家海洋局．2013年中国海洋环境状况公报.

何家苑，施之新，张银华，等．1999. 一种棕囊藻的形态与毒素分析［J］．海洋与湖沼，30（2）：172-178.

洪君超，黄秀清，蒋晓山，等．1993. 嵊山水域中肋骨条藻赤潮发生过程主导因子分析［J］．海洋学报，15（6）：135-141.

洪君超，黄秀清，蒋晓山，等．1994. 长江口中肋骨条藻赤潮发生过程环境要素分析——营养盐状况［J］．海洋与湖沼，25（2）：179-184.

黄长江，齐雨藻，黄奕华，等．1997. 南海大鹏湾夜光藻种群生态及其赤潮成因分析［J］．海洋与湖沼，28（3）：

245-255.
黄良民，钱宏林，李锦蓉. 1994. 大鹏湾赤潮多发区的叶绿素 a 分布与环境关系初探［J］. 海洋与湖沼，25（2）：179-205.
黄琳. 2011. 生物法防治有害赤潮的研究进展［J］. 能源与环境，4：107-108.
黄蓉. 2001. 浙江沿海赤潮状况及防治对策［J］. 环境监测管理与技术，13（5）：29-30.
黄韦艮，毛显谋，张鸿翔，等. 1998. 赤潮卫星遥感监测与实时预报［J］. 海洋预报，15（3）：110-115.
黄伟健，齐雨藻，朱从举，等. 1996. 大鹏湾夜光藻种群动态变化率模型研究［J］. 海洋与湖沼，27（1）：29-34.
霍文毅，郝建华，俞志明，等. 1999. 有害赤潮数值分析研究进展［J］. 海洋与湖沼，30（5）：568-574.
江天久，杞桑. 1994. 广东深圳大鹏湾的桡足类腹刺纺锤水蚤对链状亚历山大藻摄食的研究［J］. 暨南大学学报（自然科学版），15（3）：99-105.
姜广信. 2006. 3 种赤潮藻营养生理研究及典型微藻型赤潮自动监测预警软件研制与应用［D］. 中国海洋大学硕士论文.
矫晓阳，郭皓. 1996. 中国北黄海发生的两次海洋褐胞藻赤潮［J］. 海洋环境科学，15（3）：43-44.
矫晓阳. 2001. 透明度作为赤潮预警监测参数的初步研究［J］. 海洋环境科学，20（1）：27-31.
矫晓阳. 2004. 叶绿素 a 预报赤潮原理探索［J］. 海洋预报，21（2）：56-63.
金相灿. 1990. 中国湖泊富营养化［M］. 北京：中国环境科学出版社.
蓝虹，许焜灿，张世民，等. 2004. 厦门西海域一次中肋骨条藻赤潮与水文气象的关系［J］. 海洋预报，21（4）：93-99.
李锦蓉，吕颂辉，梁松. 1993. 大鹏湾、大亚湾营养盐含量与赤潮生物关系的初探［J］. 海洋通报，12（2）：23-29.
李诺. 浅论赤潮［J］. 1993. 生物学通报，28（8）：7-9.
李天深，李远强，赖春苗，等. 2011. 廉洲湾赤潮自动监测结果与分析［J］. 中国环境监测，27（4）：32-35.
李忠强，王传旭，卜志国，等. 2011. 水质浮标在赤潮快速监测预警中的应用研究［J］. 海洋开发与管理（11）：63-65.
梁舜华，张红标. 1993. 大鹏湾盐田水域赤潮期间水质锰的变化规律［J］. 海洋通报，12（2）：13-15.
梁松，钱宏林，齐雨藻. 2000. 中国沿海的赤潮问题［J］. 生态科学，19（4）：44-50.
林琼芳. 1988. 国外赤潮调查研究概况［J］. 海洋环境科学，7（1）：26-33.
林伟，陈骍. 1998. 微藻与细菌相互关系研究在海水养殖中的重要意义［J］. 海洋科学，4：34-37.
林伟，周名江. 2001. 有毒藻产毒过程中海洋细菌的作用［J］. 海洋科学，21（3）：34-38.
林永水. 1997. 近海富营养化与赤潮研究［M］. 北京：科学出版社.
林昱，洪君超，张开富，等. 1995. 中肋骨条藻赤潮发生过程中微量元素 Fe、Mn 作用的研究［J］. 暨南大学学报（自然科学与医学版），16（1）：131-136.
林昱，林容澄. 1999. 厦门西港引发有害硅藻水华磷的阈值研究［J］. 海洋与湖沼，30（4）：391-396.
林昱，唐森铭，庄栋法，等. 1994. 海洋围隔生态系中无机氮对浮游植物演替的影响［J］. 生态学报，14（3）：324-326.
林昱，庄栋法，陈孝麟，等. 1994. 添加维生素 B_{12} 对围隔生态系浮游植物群落动态影响的初探［J］. 台湾海峡，13（3）：32-36.
林昱，庄栋法，陈孝麟，等. 1994. 初析赤潮成因研究的围隔实验结果［J］. 海洋与湖沼，25（2）：139-145.
林祖亨，梁舜华. 1993. 大鹏湾盐田海域夜光藻赤潮形成与潮汐的关系［J］. 海洋通报，12（2）：37-38.
刘焕平，李娟，文俐. 2004. 一种赤潮实时监测系统的设计［J］. 海洋技术，23（4）：66-68.
刘建康，谢平. 2003. 用鲢鳙直接控制微囊藻水华的围隔试验和湖泊实践［J］. 生态科学，22（3）：193-196.
刘沛然，黄先玉，柯栋. 1999. 赤潮成因及预报方法［J］. 海洋预报，16（4）：46-51.
刘伟. 2010. BP 神经网络在海洋赤潮预测中的应用［J］. 海洋科学集刊，50：93-98.

楼琇林，黄韦艮．2003. 基于人工神经网络的赤潮卫星遥感方法研究［J］．遥感学报，7（2）：125-131.

陆斗定，J. Gobel，王春生，等．2000. 浙江海区赤潮生物监测与赤潮实时预测［J］．东海海洋，18（2）：34-43.

吕颂辉，齐雨藻，钱宏林，等．1994. 湛江港浮游植物与赤潮植物的初步研究［J］．海洋与湖沼，25（2）：190-196.

缪锦来，石红旗，李光友，等．2002. 赤潮灾害的发展趋势、防治技术及其研究进展［J］．安全与环境学报，2（3）：40-44.

木尾原，忠彦，石田祀郎．1989. 赤潮ァテ二タトの防除剂［P］．日本特许公报，JP 平 2-67205.

潘克厚，姜广信．2004. 有害藻华（HAB）的发生、生态学影响和对策［J］．中国海洋大学学报，34（5）：781-786.

彭超．2003. 三株溶藻细菌的初步研究［D］．华中师范大学.

齐雨藻，洪英，吕颂辉，等．1994. 南海大鹏湾海洋褐胞藻赤潮及其成因［J］．海洋与湖沼，25（2）：132-138.

齐雨藻，黄长江，钟彦，等．1997. 甲藻塔玛亚历山大藻昼夜垂直迁移特性的研究［J］．海洋与湖沼，28（5）：458-467.

齐雨藻，钱锋．1994. 大鹏湾几种赤潮甲藻的分类学研究［J］．海洋与湖沼，25（2）：206-210.

齐雨藻，邹景忠，梁松，等．2003. 中国沿海赤潮［M］．北京：科学出版社.

乔方利，袁业立，朱明远，等．2000. 长江口海域赤潮生态动力学模型机赤潮控制因子研究［J］．海洋与湖沼，31（1）：93-100.

秦晓明，邹景忠．1997. N，P，Fe-EDTA，Mn 对赤潮生物锥状斯氏藻增殖影响的初步研究［J］．海洋与湖沼，28（6）：594-598.

石钢德．1992. 日本确认赤潮的发生与硒有关［J］．国外水产，3：48.

宋杰军，毛庆武．1996. 短裸甲藻毒素．海洋生物毒素学［M］．北京：北京科学技术出版社，194-203.

苏纪兰．2001. 中国的赤潮研究［J］．中国科学院院刊（5）：339-342.

苏建强，郑天凌，胡忠，等．2003. 不同 pH 和盐度下海洋细菌对赤潮藻生长和产毒的影响［J］．应用生态学报，14（7）：1161-1164.

苏灵江．2009. 厦门海域血红哈卡藻赤潮的环流形势和水文气象条件分析［J］．福建水产，3：62-65.

孙雷，杞桑．1993. 桡足类刺尾纺锤水蚤（*Acartia spinicauda*）对赤潮生物海洋原甲藻（*Prorocentrum micans*）摄食的研究［J］．暨南大学学报（自然科学版），14（3）：74-79.

藤伊正．1989. 赤潮の防治方法［P］．日本特许公报，JP 平 1-146802.

万肇忠．1984. 赤潮及其研究动向［J］．国外环境科学技术，（3）：14-20.

王东，肖冬荣，职海涛，等．2003. 赤潮监测网络的数据库建模和系统实现［J］．海洋预报，20（3）：40-46.

王军成．1998. 国内外海洋资料浮标技术现状与发展［J］．海洋技术，17（1）：9-15.

王寿松，冯国灿，夏综万，等．1994. 大鹏湾夜光藻赤潮发生要素的结构分析［J］．海洋与湖沼，25（2）：146-151.

王寿松，冯国灿，段美元，等．1997. 大鹏湾夜光藻赤潮的营养动力学模型［J］．热带海洋，16（1）：1-6.

王修林，孙培艳，高振会，等．2003. 中国有害赤潮预测方法研究现状和进展［J］．海洋科学进展，21（1）：93-98.

王正方，张庆，卢勇，等．1996. 氮、磷、维生素和微量金属对赤潮生物海洋原甲藻的增殖效应［J］．东海海洋，14（3）：33-38.

王正方，张庆，吕海燕．2001. 温度、盐度、光照强度和 pH 对海洋原甲藻增长的效应［J］．海洋与湖沼，32（1）：15-18.

吴永胜．2002. 泥沙对富营养化和有害赤潮形成的影响［J］．生态科学，21（3）：274.

吴玉霖，周成旭，张永山，等．2001. 烟台四十里湾海域红色裸甲藻赤潮发生过程及其成因［J］．海洋与湖沼，32（2）：159-167.

夏综万，于斌，史键辉，等．1997. 大鹏湾的赤潮生态仿真模型［J］．海洋与湖沼，28（5）：468-474.

谢镜明，麦志勤，张展霞，等．1994. 深圳湾、大鹏湾海水和底泥中维生素 B_1、B_{12}测定结果及初步分析［J］．海洋与湖沼, 25 (3): 185-189.

徐立, 吴瑜端 . 1995. 有机氮化合物对海洋浮游植物生长的影响 [J] . 厦门大学学报, 34 (5): 824-828.

徐丽娜 . 1999. 神经网络控制 [M] . 哈尔滨: 哈尔滨工业大学出版社.

许焜灿, 暨卫东, 周秋麟, 等 . 2004. 表观增氧量在近岸海域赤潮快速评价与预警中的应用 [J] . 台湾海峡, 23 (4): 417-422.

许妍 . 2005. 大型海藻缘管浒苔 (*Enteromorpha linza*) 对微藻赤潮异弯藻 (*Heterosigma akaskiwo*) 克生作用的实验研究 [D]. 青岛: 中国海洋大学硕士学位论文.

薛存金, 董庆 . 2010. 多海洋参数赤潮 MODIS 综合监测 [J] . 应用科学学报, 28 (2): 147-151.

颜天, 周名江, 钱培元 . 2002. 赤潮异弯藻 *Heterosigma akashiwo* 的生长特性 [J] . 海洋与湖沼, 33 (2): 209-213.

颜天, 周名江, 邹景忠, 等 . 2001. 香港及珠江口海域有害赤潮发生机制初步探讨 [J] . 生态学报, 21 (10): 1634-1641.

杨鸿山, 朱启琴, 戴国梁 . 1990. 长江口杭州湾海区两次赤潮的调查与初步研究 [J] . 海洋环境科学, 9 (1): 23-27.

杨建强, 罗先香, 丁德文, 等 . 2003. 赤潮预测的人工神经网络方法初步研究 [J] . 海洋科学进展, 21 (3): 318-324.

杨宇峰, 费修绠 . 2003. 大型海藻对富营养化海水养殖区生物修复的研究与展望 [J] . 青岛海洋大学学报 (自然科学版), 33 (1): 53-57.

杨钰 . 2007. 浮游植物时空发展的非线性特点与赤潮的关系研究 [D] . 河海大学硕士学位论文.

叶丽娜 . 2007. 赤潮监测预警体系的建设 [J] . 厦门科技, 3: 44-47.

曾活水, 林燕顺 . 1993. 厦门西海域赤潮成因与细菌量相关性的研究 [J] . 海洋学报, 15 (6): 105-110.

曾小苹 . 2001. 幔羽现象与地震电磁流体效应的可能联系——电磁流体效应和平面电流模型 [J] . 地学前缘, 8 (2): 253-258.

张水浸, 杨清良, 邱辉煌, 等 . 1994. 赤潮及其防治对策 [M] . 北京: 海洋出版社.

张涛, 周忠海, 卜志国, 等 . 2006. 赤潮监控预警系统的研究 [J] . 山东科学, 19 (5): 12-15.

张晓辉, 胡建华, 周燕, 等 . 2006. 赤潮预报和防治方法 [J] . 河北渔业, 3: 46-49.

张正斌, 刘春颖, 邢磊, 等 . 2003. 利用化学因子预测赤潮的可行性探讨 [J] . 青岛海洋大学学报, 33 (2): 257-263.

赵明桥, 李攻科, 张展霞 . 2003. 应用因子分析法研究赤潮特征有机物 [J] . 海洋环境科学, 22 (3): 1-6.

赵以军, 刘永定 . 1996. 有害藻类及其微生物防治的基础——藻菌关系的研究动态 [J] . 水生生物学报, 20 (2): 173-181

郑重 . 1978. 赤潮生物的研究——海洋浮游生物学的新动向之一 [J] . 自然杂志, 1 (2): 118-121.

周名江, 朱明远, 张经 . 2001. 中国赤潮的发生趋势和研究进展 [J] . 生命科学, 13 (2): 54-61.

周名江, 朱明远 . 2006. 我国近海有害赤潮发生的生态学、海洋学机制及预测防治研究进展 [J] . 地球科学进展, 21 (7): 673-679.

周名江 . 1994. 两种涡鞭毛藻的周日垂直迁移特性研究 [J] . 海洋与湖沼, 25 (2): 173-178.

周贞英 . 1962. 平潭岛的东洋水束毛藻 [J] . 福建师范学院学报, 4: 75-79.

朱从举, 齐雨藻, 郭昌弼 . 1994. 铁、氮、磷、维生素 B_1 和 B_{12} 对海洋原甲藻的生长效应 [J] . 海洋与湖沼, 25 (2): 168-172.

朱根海, 许卫忆, 朱德第, 等 . 2003. 长江口赤潮高发区浮游植物与水动力环境因子的分布特征 [J] . 应用生态学报, 14 (7): 1135-1139.

朱明远, 杨小龙 . 1991. 三角褐指藻的亚硝酸盐释放及其生态意义 [J] . 青岛海洋大学学报, 21 (2): 83-89.

朱小兵, 向军俭 . 2002. 赤潮藻毒素检测研究进展 [J] . 暨南大学学报 (自然科学版), 23 (5): 110-115.

庄万金 . 1991. 厦门港赤潮发生区溶解氧的时空变化与赤潮生物和环境因子的关系［J］. 海洋环境科学，10（2）：19-25.

庄万金 . 1992. 厦门西海域赤潮发生区海水 pH 的分布与赤潮的关系［J］. 海洋环境科学，11（3）：64-70.

邹淑美，张朝贤 . 1992. 赤潮的主要特征参数和化学环境［J］. 黄渤海海洋，10（3）：73-76.

Brand L E，Sunda W G，Guillard R R L. 1983. Limitation of marine phytoplankton reproductive rates by zinc，manganese and iron［J］. Limnology and Oceanography，28（6）：1182-1198.

Carpenter E J. 1985. Nitrogenous nutrient uptake primary production，species composition of phytoplankton in Carmans River estuary，Long Island［J］. Limnology and Oceanography，30（3）：513-526.

Cheun B S，Loughran M，Hayashi T，et al. 1998. Use of a channel biosensor for the assay of paralytic shellfish toXins［J］. ToXicon，36（10）：1371-1381.

Doucette G J，Kodama M，Gallacher S. 1998. Bacterial interaction with harmful algal bloom species：Bloom ecology，toXigenesis and cytology［M］//Anderson D M，Cembella A D，Hallegraeff G M eds. Physiological Ecology of Harmful Algal Bloom. NATO ASI Series，Vol. G41. Berlin，Heidelberg：Springer-Verlag：619-647.

Doucette G J. 1995. Assessment of the interaction of prokaryotic cells with harmful algal species. //Lassus P，Arzul G，Erard E，Gentien P，Marcaillou C eds. Harmful Marine Algal Blooms. Paris：Lavoisier Science Publish，385-394.

Fitzgerald G P. 1969. Some factors in the competition or antagonism among bacteria，algae，and aquatic weeds［J］. Journal of Phycology，5：351-359.

Fuhrman J A. 1999. Marine viruses and their biogeochemical and ecological effects［J］. Nature，399（6736）

Fukami D，Yuzawa A，Nishijima T，et al. 1992. Isolation and properties of a bacterium inhibiting the growth of Gymnodinium nagasakiense［J］. Nippon Suisan Gakkaishi，58（6）：1073-1077

Geir J，Barbara B P，Raffael V M J. 1997. Fluorescence excitation spectra and light utilization in two red tide dinoflagellates［J］. Limnology and Oceanography，42（5，part 2）：1166-1177.

Glibert P M，Magnien R E，Lomas M W，et al. 2001. Harmful algal blooms in the Chesapeake Bay and coastal bays of Maryland，USA comparison of 1997，1998 and 1999 events［J］. Estuaries，24（6A）：875-883.

Hallegraeff G M. 1995. Harmful Algal Blooms：A Global Overview［M］//Hallegraeff G M，Anderson D M，Cembella A D editors. Manual on Harmful Marine Microalgae. IOC Manuals and Guides. NO. 33，Paris：UNESCO，1-18.

Hasler A D，Jones E. 1949. Demonstration of the antagonistic action of large aquatic plants on algae and rotifers［J］. Ecology，30（3）：359-364.

Hecky R E. 1988. Nutrient limitation of phytoplankton in fresh water and marine environments：a review of recent evidence on the effects of enrichment［J］. Limnology and Oceanography，33：796-822.

Hodgkiss I J，Ho K C. 1997. Are changes in N∶P ratios in coastal waters the key to increased red tide blooms［J］. Hydrobiologia，352：141-147.

Hold G L，Smith E A，Rappe M S，et al. 2001. Characterization of bacterial communities associated with toXic and non-toXic dinoflagellates：*Alexandrium* spp. and *Scrippsiella trochoidea*［J］. FEMS Microbiology Ecology，37：161-173.

Honjo T. 1993. Overview on bloom dynamics and physiological ecology of Heterosigma akashiwo. In Smayda TJ，Shimizu Y eds. Toxic Phytoplankton Blooms in the Sea. Elsevier，New York，33-41.

http：//www. innovacorp. ns. ca/jbiotek/pns. htm.

Hu C M，Muller-Karger F E，Taylor C J，et al. 2005 Red tide detection and tracing using MODIS fluorescence data：a regional example in SW Florida coastal waters［J］. Remote Sensing of Environment，97（3）：311-321.

Huang X Q，Jiang X H，Tao R，et al. 2001. Multivariate analysis of the occurring process of Skeletonema costatum red tide in the Changjiang Estuary［J］. Marine Science Bulltin，3（1）：55-62.

Jordi S，Marta E，Emilio G L. 2006. Biological control of harmful algal blooms：a modeling study［M］. Jounral of Marine

Systems, 1: 213-231.

Keiner L L, Yan X H. 1988. A neural network model for estimating sea surface chlorophy Ⅱ and sediments from thematic mapper imagery [J]. Remote Sens Enviorn, 66: 153-165.

Kirchner M, Sahling G, Uhling G, et al. 1996. Does the red-tide-forming dinoflagellate Noctiluca scintillans feed on bacteria? [J]. Sarsia, 81: 45-46.

Kumar H D. 1964. Streptomycin and penicillin-induced inhibition of growth and pigment production in blue-green algae and production of strains of Anacystis nidulans resistant to these antibiotics [J]. Journal of Experimental Botany, 15.

Lagus A, Suomela J, Weithoff G, et al. 2004. Species specific differences ill phytoplankton responses to N and P enrichments and the N : P ratio in the Archipelago Sea, northern Baltic Sea [J]. Journal of Plankton Research, 26 (7): 779-798.

Lek S, Guegna J F. 1999. Artificial neural network as a tool in ecological modeling, an introduction [J]. Ecological Modeling, (120): 65-73.

Lu D D, Goebel J, Qi Y Z, et al. 2005. Morphological and genetic study of Prorocentrum donghaiense from the East China Sea, and comparison with some related Prorocentrum species [J]. Harmful Algae, 4 (3): 493-505.

Marshall S M, Orr A P. 1949. Further experiments on the fertilization of a sea loch (Loch Craiglin) [J]. Journal of the Marine Biological Association of the UK, 27: 360-379.

Martin J H, Gordon R M, Fitzwater S E. 1991. The case of iron [J]. Limnology and Oceanography, 36 (8): 1793-1802.

Martin J H, Gordon R M. 1988. Northeast Pacific iron distribution in relation to phytoplankton productivity [J]. Deep Sea Research, 35: 177-196.

Mayali X, Docucette G J. 2002. Microbial community interactions and population dynamics of and algicidal bacterium active against Karenia brevis [J]. Harmful Algae, 1: 277-293.

Odum E P. 1971. Fundamentals of ecology [M]. Philadelphia: Saunders.

Pratt D M. 1966. Competition between Skeletonema costatum and Olisthodiscus luteus in Narragansett Bay and in culture [J]. Limnology and Oceanography, 11.

Redfield A C. 1958. The biological control of chemical factors in the environment [J]. American Scientist, 46: 205-222.

Riegman R. 1991. Mechanism behind eutrophication induced novel algal blooms [J]. Netherlands Institut voor Onderzoek Cler Zee, 52, NIOZ-1991-9.

Riemann L, Steward G F, Azam F. 2000. Dynamics of bacterial community composition and activity during a Mesocom Diatom bloom [J]. Applied and Environmental Microbiology, 66 (2): 578-587.

Robert D H, Dennis J M Jr, Richard P S. 2002. Cross-frontal entrainment of plankton into a buoyant plume: the frog tongue mechanism [J]. Journal of Marine Research, 60: 763-777.

Shimizu Y, Gupta S, Chou H N. 1990. Biosynthesis of red tide toxins [J]. Washigton D C: Americal society, 21-28.

Steemann-Nielsen E, Hansen V K. 1959. Light adaptation in marine phytoplankton populations and its interrelation with temperature [J]. Physiologia Plantarum, 12: 353-370.

Takeda S, Kurhara Y. 1994. Preliminary study of management of red tide eater by the filter feeder Mytilus edulis galloprovincialis [J]. Marine Pollution Bulletin, 28 (11): 662-667.

Thomas E. 1970. Effect of ammonium and nitrate concentration on chlorophyll increases in natural tropical pacific phytoplankton populations [J]. Limnology and Oceanography, 15: 386-394.

Turner J T, Anderson D M. 1983. Zooplankton grazing during dinoflagel-late blooms in a Cape Cod Embayment, with observations of predation upon tin-tinnids by copepods [J]. Marine Ecology, 4 (4): 359-374.

Velez P, Sierralta J, Alcayaga C, et al. 2001. A functional assay for paralytic shellfish toxins that uses recombinant sodium channels [J]. Toxicon, 39: 929-935.

Wang H L, Feng J F, Li S P. 2005. Statistical analysis and prediction of the concentration of harmful algae in Bohai Bay [J].

Transaction of Tianjin University, 308–312.

Yamochi S. 1984. Nutrition factors involved in controlling the growth of red tide flagellates: *Prorocentrum micans*, *Eutrephella* sp. and *Ghattonella marina* in Osaka Bay [J]. Bulletin of the Plankton Society of Japan, 31 (2): 97–106.

Yoshinaga L, et al. 1995. Harmful Marine Algae Blooms. In: P Lassus et al., eds., Technique et Documentation–Lavoisier, Intercept Ltd, 687–692.

Yu Z M, Song X X, Zhang B, et al. 1997. The research of clay surface modification effect on red tide creature flocuulation [J]. Journal of Science, 44 (3): 116–118.

Zheng T L, Su J Q. 2003. The role of marine microorganisms in the occurrence and declination of red tide [J]. Acta Hydrobiologica Sinica, 27 (3): 291–295.

第 2 篇
海洋内湾原发型赤潮预警指标体系研究

第4章　赤潮预警研究的必要性

近几十年来赤潮在全球沿岸海域发生越来越频繁，其规模和影响范围不断扩大，危害愈发加重。因此，赤潮已成为当今全球性海洋环境问题，备受各国公众、政府机构和科学界的关注（UNESCO，1996）。我国随着社会经济的迅猛发展，沿岸海域富营养化日趋严重，海洋赤潮已成为我国主要海洋灾害之一。海洋赤潮灾害问题已引起我国政府高度重视和海洋科学家的关注（张水浸等，1994；齐藻雨等，2003；苏纪兰等，2001；郭炳火等，2004）。国务院领导曾对赤潮预防、控制和治理作过重要批示，指出要重视赤潮问题，要科研先行。国家海洋局为落实批示精神，发出了加强赤潮预防控制治理工作的通知。

由于赤潮发生机制十分复杂，人们对赤潮的认识仍有限，因此，为了做好赤潮的预防、控制和治理，在当今情况下，开展赤潮监测和早期预警预测，为后续的赤潮管理行动提供信息，对于减少赤潮危害是十分重要的。目前，国内外对赤潮预警的研究报道不多。赤潮预警首先必须选定预警指标及其量值，对于有毒藻赤潮国内外主要以藻细胞密度或毒素浓度作为预警指标，并提出管理临界值。但是，有毒藻赤潮的管理阈值因藻种、海区（国家）的不同差异很大（UNESCO，1996）；对于无毒藻赤潮，许焜灿等（2004）曾提出以AOI（表观增氧量）作为赤潮预警指标，以AOI值为0.5 mg/dm^3 作为赤潮预警值。除此之外，国内外尚未见其他预警指标的应用。

4.1　赤潮定义

我国不同的学者（张水浸等，1994；齐藻雨等，2003；苏纪兰等，2001）对赤潮的定义略有不同，一般认为海洋赤潮是海洋中某些微小生物（通常为浮游植物），在特定的物理、化学和生物学条件下暴发性增殖或聚集而引起水体变色或对其他海洋生物产生危害的一种有害的生态异常现象。

上述定义包含以下几层意思。

（1）赤潮是由某些微小生物形成的，通常是浮游植物，有时，一些细菌和原生动物也会形成赤潮，但为数很少。可形成赤潮的生物称为赤潮生物。

（2）赤潮的形成与发展，必须具备特定的物理条件（如水温、盐度、气象等）、化学条件（如营养盐）和生物条件（如浮游动物的摄食压力），只有当这些条件的耦合结果有利于赤潮生物暴发性增殖时，赤潮才会发生。

（3）赤潮的发生具有突发性特点，即在发生之前，难以被发觉。

（4）赤潮的形成依赖于浮游植物的增殖和聚集两种过程。浮游植物的暴发性增殖，意味着浮游植物的生长期应处于对数生长期。浮游植物的聚集可分为生物聚集与物理聚集，均为赤潮形成的重要机制。

（5）赤潮的直观表现为水体变色。这是由赤潮藻的颜色造成的。不同的藻具有的色素成分不同，因而赤潮表现的颜色不一样，除了红色外，还有褐色、棕色、绿色，甚至有白色、黄色等。长期以来，人们一直关注水体变色的赤潮，这可能会造成某些失误，因为一些有毒藻在其细胞密度未达到使水体变色的时候，就已造成对海洋生物的危害，对此，应给以警惕。

（6）赤潮是一种有害的生态异常现象。赤潮的危害程度，因赤潮生物种的特性、赤潮强度与规模、危害方式和危害对象不同有很大区别。赤潮的危害，归根结底是生态异常造成的。

国外科学界和国际组织将赤潮称为有害藻华（HAB），并将其定义为：海水中一种或几种有害藻增殖至某一浓度水平而损害海洋生态系、海洋生物资源或毒害人体健康的海洋事件。该定义不把水体变色作为判断该藻华是否为有害藻华的依据，而是以是否对海洋生物或人体造成危害作为依据。根据这个定义，对于无毒藻藻华引起的水体变色，如若不造成缺氧而危害水产资源，则可不把这种藻华归为有害藻华。尽管水体变色会降低海区的美学价值，但这种影响毕竟是短暂的、有限的；对于有毒藻，当其浓度尚未达到使海水变色的程度时，已对海洋生物或对人体健康产生毒害，则应把其归入有害藻华。因此，国际社会对赤潮或有害藻华的关注重点是：①有毒藻产生毒害事件的有毒藻华；②高浓度无毒藻产生缺氧危害事件的赤潮。

由于各藻种的毒性不同，对于赤潮或有害藻华的藻浓度标准因种而异。有些有毒藻在低浓度、海水未变色时，就已产生危害。例如，*Alexandrium tamarense* 藻在 10^3 cells/L 时，在贝类中便可检测出 PSP（麻痹性贝毒素）；有些无毒藻，只有在高浓度、水体变色时，才会显出有害影响。例如，*Gyradimum aureadium* 只有当浓度高于 10^7 cells/L 时，才能使鱼类或底栖动物因缺氧致死。因此，目前尚无理想界定赤潮/有害藻华的藻浓度定量标准。

安达六郎（1973）曾按赤潮藻种的个体大小提出了不同个体大小藻种的赤潮判断浓度值。例如：对于藻体长小于 10 μm，其赤潮藻密度为高于 10^7 cells/L；对于藻体长大于 10～29 μm 时，其赤潮藻密度则为高于 10^6 cells/L，等等。我国目前采用这些浓度标准来判别赤潮事件。张水浸等（1994）指出此标准存在的缺点，认为细胞体长不能代表细胞的整体大小，各种细胞的色素体及其含量也不一样，因此，在采用这些指标判断赤潮时应谨慎。

4.2 海洋内湾原发型赤潮预警指标体系研究

面对赤潮灾害在全球范围内肆虐，如何减轻、控制赤潮带来的损失与危害，是当前摆在环境学家面前的一项挑战性任务。正如其他自然灾害的防灾、减灾工作一样，预防和减轻赤潮带来的损失与危害的最直接、最有效的途径是开展赤潮的预警、预测、预报，而为达到此目的，首先必须研究并建立赤潮的预警预测预报方法。虽然许多赤潮重大研究项目和合作计划均把赤潮预测预报作为研究目标之一，但是，迄今为止，文献中尚未见到可供应用的赤潮预警预测方法，故其研究难度之大显而易见。尽管如此，许多研究者仍在为此作出不懈的努力，并应用环境特征参数和生物特征参数，提出了不少的赤潮预测预报方法，其中有：①透明度法（矫晓阳，2001）；②水温、盐度法（张水浸等，1994）；③气压差法（张水浸等，1994）；④赤潮藻自然增殖速率法（张水浸等，1994）；⑤叶绿素 a 法（庄宏儒，2006；孙沛雯，1989）；⑥溶解氧法（王正芳等，2000）；⑦光合活性法（Fukazawa et al.，1980）；⑧多样性指数法（林永水等，1997）；⑨多元回归法（林祖享等，2002）；⑩生态数值模型法（齐雨藻等，1991）等。然而，这些方法多数处于探索阶段，许多方法没有预警指标值，不能用于赤潮预警；有的方法费时、费力，难以用于赤潮预警；有的方法仅适用于特定海区赤潮预报，对其他海区不具普遍意义；多数方法属单因子预报方法，难以进行准确预报。总之，已提出的赤潮预测预报方法离实际应用还有很长的距离，继续深入研究赤潮预警预测方法仍十分必要。为此，我们提出了“海洋内湾原发型赤潮预警指标体系研究”课题。其主要目的是研究并建立一个较符合客观实际，具有较强可操作性的赤潮预警指标体系。

限定以内湾原发型赤潮为研究对象系基于以下考虑：①赤潮发生机制很复杂，外海海区与内湾海区的地理环境条件差别很大，其赤潮发生的条件明显不同；同一海区的赤潮发生源也有不同，有原发型的，也有外源型的，其赤潮发生条件也各不相同。因此，研究工作必须明确适用的海区类型和赤潮发生源类型，以提高研究效益。②河口内湾是我国赤潮发生最频繁的区域，也是海洋水产品和生物资源受害最严重的区域，目前，是我国赤潮重点监控区。同时，内湾的赤潮主要与富营养化有关，多数属于原发型赤潮。因此，选择以内湾原发型赤潮为对象，开展赤潮预警理化指标研究，不仅具有典型性，对我国赤潮监控也具有重要意义。

之所以将赤潮预测预报的指标研究限定在预警层次上，主要基于以下理由：①赤潮的成因太复杂，已有的赤潮机理研究成果尚难用于提出赤潮预报的有效模式。如果将赤潮预报的难度从低至高分为预警、预测、预报三个层次，预警属于较低层次。所以将目标设定在预警层次，旨在希望利用已有的赤潮机理研究成果，能获得具有实际应用价值的成果。②赤潮预警研究成果可为赤潮预报研究提供必要的基础，具有十分重要的科学意义。③赤潮预警方法的提出与应用，能为预防、减轻赤潮灾害提供早期信息，具有明显的现实意义。

国内外有关赤潮的研究表明，赤潮的发生与海区的赤潮藻和环境条件密切相关，因此，应通过对已有赤潮观测资料的收集、分析，充分吸收国内外有关赤潮研究成果，加深对赤潮发生规律、形成机制的认识。在此基础上，研究并建立赤潮预警指标体系的框架，此后，利用有关赤潮现场观测资料开展实验室模拟实验，研究赤潮发生过程中有关生物参数和化学参数的变化模式，提出预警与判定赤潮的生物指标和化学指标。

建立赤潮预警体系的难点与关键点：被提出的赤潮预警指标必须能在赤潮发展初期指示某种藻赤潮正在孕育中，海区未来可能发生赤潮。为此，要求指标参数与赤潮藻生物量之间在赤潮形成过程中必须存在明显的相关关系，即指标值能反映藻生物量。同时，在赤潮发展初期，指标值能敏锐反映出浮游植物群落生物量已偏离正常状况，从而可预示某种藻赤潮正在发展中。为此，要求回答：浮游植物群落的正常生物量是多少？至少偏离多少才可认定生物量已偏离正常状态？偏离值又该如何计算？这些问题是该研究的难点，也是该研究能否成功的关键所在，更是赤潮预警体系研究必须首先解决的问题。迄今为止，人们很少观察到完整的赤潮发展过程，几乎都是在赤潮发生后，才进行监测，从已发表的赤潮研究报告很难收集到完整的赤潮过程相关资料，这就增加了赤潮预警体系研究的难度。为解决上述难点，我们根据海洋浮游植物光合作用理论原理和氧的海洋生物地球化学过程，提出了“表观增氧量”（AOI）概念，并通过对赤潮形成时，海水中表观增氧量与藻细胞密度的相关模式研究，较好地回答了正常状态下浮游植物群落生物量的量值、界定赤潮发展初期的临界生物量及其计算方法等问题，从而为预警指标体系的建立提供了重要的科学依据。

第5章 赤潮预警指标体系构建的科学基础

5.1 赤潮过程

一般认为，一个完整的赤潮发生发展过程，与浮游植物的理想生长曲线相似，分为四个阶段，即起始阶段、发展阶段、维持阶段和消亡阶段（张水浸等，1994）。

5.1.1 起始阶段

通常情况下，海域中存在各种不同种类的赤潮生物，它们的生长繁殖受海区的理化条件，如光照、水温、营养盐等影响很大。当海区的理化环境基本能满足赤潮藻生长繁殖时，具有较强竞争力的藻类呈现一定程度增殖。由于各种赤潮藻对环境条件的要求不尽相同，究竟哪一种在初始阶段更具竞争力，取决于那一种生物更适合当时的环境条件，或者更能适应当时环境条件变化的幅度。然而，通常的情况是，在这阶段呈现生物量小幅增殖的赤潮藻生物种不止一种，可能有若干种，这意味着它们的竞争力在这阶段尚难于区分。赤潮起始阶段，相当于藻生长曲线的延迟阶段的后期，此时，浮游植物细胞大部分处于高活性状态，为转入赤潮发展期准备了生物条件（Riley，Chester，1971）。

5.1.2 发展阶段

在赤潮的发展阶段，海区的生物、化学和物理条件处于最有利赤潮藻指数增殖和聚集状态，例如，以赤潮种为饵料的捕食压力低，水温、盐度、光、营养盐及组成处于满足该赤潮种生长、增殖的最适范围。在此条件下，原先共存的优势种，多数被抑制或消失，仅存的赤潮生物呈指数式增长，水文、气象条件有利于藻生物的聚集，便迅速形成赤潮。在这一阶段任何环境因素朝着不利于赤潮生物迅速生长繁殖或聚集方向的改变都可能阻碍、推迟或终止赤潮形成。这一阶段的显著特征是，赤潮藻数量迅速增加，浮游植物多样性指数迅速下降，营养盐浓度呈明显下降。水中溶解氧含量、叶绿素a含量、pH值和浊度等明显升高。这一阶段相当于浮游植物生长曲线的对数生长期。藻细胞分裂速度很快，通常平均不到2 d可分裂一次，不到7 d可增殖1 000~10 000倍。在赤潮发展阶段后期，细胞生长速率将明显降低，这可能是由几个因素造成的，包括：①营养盐的缺乏；②有毒或限制生长物的产生对藻生长的限制；③藻大量繁殖引起的遮掩作用。通常认为营养盐缺乏是导致藻生长速率降低的主因。若它是限制因子，那么，赤潮发展期末尾最大细胞数将与初始营养盐浓度成正比关系（Riley，Chester，1971），因而，据此可以利用营养盐浓度估算赤潮强度。

5.1.3 维持阶段

此阶段指赤潮现象出现后，保持高赤潮生物量的时段。其持续时间长短，取决于水体的物理稳定性，各种营养盐的消耗和补充状况。若水文气象条件继续有利于使水体保持稳定，且能获得必要的营养盐补充，以满足维持高藻生物量的需要，则赤潮可能持续较长时间，否则，可能快速转入消亡期。

这个阶段的特征是：藻生物量高，且较稳定；营养盐浓度很低，尤其是限制性营养盐的含量已低至阻碍赤潮继续发展，且 N/P 比值明显偏离正常范围。该阶段赤潮藻生长处于生长曲线的停滞期。

5.1.4 消亡阶段

消亡阶段指赤潮生物量急剧下降，赤潮现象消失阶段。引起赤潮消亡原因可能有：水文气象条件急剧改变，不利于藻生物增殖与聚集；营养盐耗尽，又不能获得必要补充；捕食压力增强；藻生物活性明显降低。这阶段赤潮藻生长处于生长曲线的消失期。

这阶段末期的特征是：赤潮藻生物量很低，营养盐浓度急剧回升，浮游动物量高，底层水溶解氧含量可能较低或很低。

赤潮消亡过程，经常是赤潮对渔业危害最严重阶段，尤其是发生重度赤潮时。大量赤潮生物死亡后，其尸体分解耗去水中大量溶解氧，造成水体缺氧，尤其是底层出现严重缺氧，使大量水产生物因缺氧而大量死亡。

对于无毒赤潮的危害，其最主要出现在赤潮消亡过程，对于浅水内湾的危害，尤其应给予关注。

5.2 影响赤潮形成的因素

赤潮的发生是一个复杂的生态过程，是物理、化学和生物等诸多因素综合作用的结果，其发生机理很复杂，目前尚未搞清楚。但是，有理由认为，赤潮发生的实质是生态系调控机制失控的结果，也就是说赤潮的形成过程是生态系控制机制正常—削弱—失控的过程。这种过程与各种浮游植物种的生理需求和生态特征有关，也与环境条件及其变化有关。由于浮游植物种类很多，其生理需求和生态特征各不相同，且受环境因素的组合和变化的影响，而各海区的环境条件及其变化又差别很大。因此，要预测赤潮是否会发生，特别是预测某种藻赤潮的发生是十分困难的事。目前的国内外研究成果虽然还不足以达到预报之目的，但在赤潮成因及其影响因素研究方面已有长足进步。

赤潮的形成以两种方式达到必需的赤潮藻种群密度：一种是赤潮藻增殖；另一种是赤潮藻聚集。但是，赤潮通常是上述两种方式共同作用的结果。

5.2.1 赤潮藻增殖

赤潮形成时赤潮藻处于指数生长期，其生物量按指数函数增加，可以下式表示：

$$N_2 = N_1 e^{\mu(t_2 - t_1)} \tag{5.1}$$

式中：

N_1——赤潮藻在初始时刻（t_1）的细胞密度（cells/L）；

N_2——赤潮藻在一定时间后（t_2）的细胞密度（cells/L）；

t_2-t_1——赤潮藻增殖经历的时间（d 或 h）；

μ——赤潮藻的增殖速率（或生长速率）。

上述公式表明，赤潮形成时，某一时刻的生物量，不仅与初始生物量（N_1）有关，而且受赤潮生物的增殖速率（μ）重大影响。

μ 值的大小直接关系到赤潮能否形成。μ 值愈大，愈有利于赤潮形成；反之，则赤潮形成缓慢，甚至不能形成。

赤潮藻增殖速率（μ）一般以单位时间分裂次数表示，即为（次/d）。

已有的研究表明，藻增殖速率因种而异，且受其所处的环境条件影响。在近似最佳生长条件下，一般认为，硅藻类，具有较快分裂速率，通常每天分裂2次以上；甲藻类分裂速率较慢，一般1 d分裂2次以下，多数学者认为其为1 d分裂1次。

同一藻种在不同的光、水温、盐度、营养盐、生物环境条件下，其生长速率变化很大；在现场海洋环境条件下，藻增殖速率还受捕食、沉降、稀释扩散与聚集等影响。

总之，现场条件下赤潮藻的增殖速率，受生物条件、化学条件和水文气象条件的综合影响。

5.2.2 环境条件对赤潮形成的影响

赤潮藻多数是自养生物，它靠自身的色素体（主要是叶绿素a）的光合作用，将水中CO_2转化为有机碳水化合物，其基本反应式为：

$$CO_2+H_2O \xrightarrow[\text{叶绿素}]{\text{光}} (CH_2O)+O_2-119\ \text{kcal}^{*} \tag{5.2}$$

与此同时，从水中吸收N、P、S等元素合成蛋白质。

显然，光合作用是赤潮藻赖以生存、繁殖的基础。光、CO_2和叶绿素是藻生物完成光合作用过程的三大基本要素，它们的状况与变化直接影响光合作用的强度与速率，进而影响藻生物的生长速率与生物量。然而，藻生物的光合作用还受其他环境因素影响，其中，主要因素为营养盐、水温和盐度。这些因素与光合作用基本要素构成藻生物生长的主要控制因子，因此，在探讨环境因素对赤潮形成的影响时，首先必须考虑这些因素。在海洋环境中，藻生物还因浮游动物的捕食和水动力的变化，影响藻生物的增殖速率，因此，这些因素对赤潮形成的影响也是重要因素。

概括起来，赤潮藻是赤潮主体，其生理需求是影响赤潮形成的内在因素，环境条件是外因，当环境变化到满足赤潮藻生理需求的最佳条件时，赤潮藻便迅速增殖，有利于形成赤潮。

5.2.2.1 生物因素

对赤潮形成起着重要影响的生物因子主要有：浮游植物、浮游动物和细菌。

1）浮游植物

藻种单一化有利于赤潮形成。在海区未发生赤潮时，众多藻种共存，它们互相依存，相互制约，但在形成赤潮过程中，种类朝单一化方向发展，藻种数目逐渐减少，个别藻种急剧增殖，演变为绝对优势种，并形成赤潮。显然，藻种单一化（即多样性指数下降）是赤潮形成的重要生态特征和条件。单一化将有利于赤潮藻对营养盐的竞争利用和减轻或消除其他藻产生的抑制作用，从而促使赤潮形成。

单一化现象的原因很复杂，但是种间竞争显然是重要原因之一。这种种间竞争源于各种藻不同的生理需求和对环境适应能力的差异。研究表明，当生物所处的环境处在其忍受的范围边界或靠近边界时，其竞争能力就会被削弱，并最终被淘汰（Riley，Chester，1971）。显然，环境变化越剧烈、越频繁，就越会加速这种种间竞争过程。

藻类的种间竞争，不仅是藻种单一化的原因，而且也会导致赤潮种的演替。研究表明，前一种藻赤潮，往往为后一种藻赤潮准备条件，并促进自身消亡，导致后一种藻发展为赤潮，使赤潮连续

* 1 kcal=4.18 kJ。

发生。

藻增殖速率对赤潮的影响很大。赤潮藻增殖速率（μ）大小直接关系到赤潮形成快慢，直至关系到能否形成。藻增殖速率（μ）因种而异，且受其所处环境条件影响，在近似最佳生长条件下，μ 值越大的藻种，越易形成赤潮。

藻聚集也对赤潮产生影响。赤潮藻聚集是赤潮发生的一项重要机制。如果赤潮藻具备一定的增殖速率，再加上聚集因素，就可能使赤潮发生几率大为增加。人们在赤潮现场观察到的赤潮呈条带状、片状、斑状等现象，就是赤潮生物聚集现象的有力证据（曾江宁等，2004）。

赤潮藻聚集可区分为生物性聚集（也可称为主动性聚集）和物理性聚集（也可称为被动性聚集）两种。

生物性聚集主要依靠藻的运动能力和趋向性来实现。不同种类赤潮藻的运动速度是不一样的，它们的趋向性也因其生理、生态需求而不同。生物性聚集的成因很复杂，人们对其认识仍很有限。目前，研究较多的是有关甲藻的垂直迁移。海洋甲藻普遍存在周日垂直迁移现象，即在一天中有规律地白天上浮和夜里下沉。这种现象可认为是甲藻趋光性和趋营养性的结果。甲藻在白天停留于表层水，有利于进行光合作用，在夜里，甲藻沉降到富有营养盐底层水，进行暗吸收，为翌日光合作用做物质准备。因此，甲藻的这种垂直迁移，不仅有利于其生长与分裂，而且白天在表层的聚集，会在一定程度上影响其赤潮形成与强度。

物理性聚集，是受外力推动，使浮游植物向某方向或某区域聚集，这些外力主要是风、浪、流等，但是，一些河口羽状带、向岸风驱动辐合、潮锋中的表面辐合也都可使赤潮生物在水体表层产生物理聚集而导致赤潮发生（华泽爱，1990）。

然而，生物性聚集和物理性聚集常难以区分，藻聚集作用又时常与纯粹性增殖一起施加影响，目前，欲分清聚集作用和纯粹性增殖对赤潮的影响尚有难度。

2）浮游动物

赤潮藻和其他藻类一样，是浮游动物（尤其是草食性的）饵料，受浮游动物捕食，赤潮藻的增殖速度和种群动态必然受到明显影响，这种影响通常称为“摄食压力”。一般而言，当摄食压力降低时，赤潮形成的可能性就会增加；反之，形成赤潮的可能性就会减少，或者发生时间会推迟，或者严重程度会削弱。因此，摄食压力的增加对抑制赤潮发生是有利的。通常，随着赤潮的发展，藻生物量增加，浮游动物生物量也随之升高，对藻生物的摄食压力也随之升高，在赤潮发展阶段末期，成为赤潮转入停滞期的重要因素。

不同种类的浮游动物对藻类的摄食是有一定的选择性的，它们通常分别摄食不同大小的藻类。因此，如果被摄食的是一种赤潮生物的竞争对象，那么，摄食作用会为该种赤潮生物形成赤潮创造良好条件，当摄食压力强烈时，很可能形成赤潮。

另外，浮游动物的代谢产物，能为藻类提供养分，有利于赤潮藻的增殖。

3）细菌

细菌活动对赤潮藻增殖有一定程度的影响：①将入海有机物和各种生物尸体矿化分解，为藻类提供大量N、P营养盐和许多赤潮藻增殖的促进物，如维生素 B_{12}、B_1 等。海水中的N、P主要依靠细菌分解有机物而产生，而维生素 B_{12}、B_1 等藻类增殖促进物也来源于细菌的分解产物，它们对增殖有重要影响。②为某些兼养和异养赤潮藻提供食物，例如金藻、夜光藻常以摄食细菌为生。因此，赤潮前期细菌大量繁殖可为赤潮形成提供丰富的物质基础。

5.2.2.2 化学因素

影响赤潮的化学因素主要有：微量营养盐、痕量金属元素和维生素类。它们的含量及其存在形式对赤潮藻的增殖与赤潮发生具有十分重要影响。

1）微量营养盐

无机氮和无机磷是浮游植物生长繁殖必需的要素，对于硅藻类来说，可溶性硅酸盐也是其必需元素。它们的含量与存在形式对赤潮藻的增殖与赤潮发生影响重大。

营养盐的主要来源为河流输入、底质释放、沿岸污水排放、养殖污水排放、上升流输入。

营养盐浓度对赤潮藻的生长速率有明显影响。这种影响因营养盐和藻种的不同而不同，但有一个共同特点，即各种藻对营养盐的吸收都存在一个所谓的临界浓度，在这个临界浓度以下，赤潮藻的生长速率随营养盐的增加而升高，至临界浓度时，赤潮藻达到最大生长速率。这种关系可用下式表达：

$$k = \frac{k_{\infty} C}{C + K_2} \tag{5.3}$$

式中：

k——藻生长速率；

k_{∞}——藻最大生长速率；

C——营养盐浓度；

K_2——以浓度表示的一个常数，在数值上等于一半最大生长速率时相应的营养盐浓度。

从式（5.3）可见，在临界浓度以下的范围内，营养盐浓度愈高，愈有利于赤潮发生。在营养盐缺乏的情况下，藻生长速率很低，因而不利于赤潮形成。这就可以解释近岸富营养化海域为什么容易发生赤潮。

通常认为可能发生赤潮的营养盐浓度阈值，P 为 0.015 mg/dm^3，N 为 0.30 mg/dm^3。应该指出的是，并非营养盐丰富的水体就一定会发生赤潮，因为赤潮藻的生长还取决于其他因素，如光、水温等条件。

不同藻种具有不同的 K_2 值，如大洋种的 K_2 比浅海种低。K_2 值越小的藻种，越有利于对营养盐的摄取。

海水中某一营养盐如果其现存含量不足以维持赤潮生物的生长与发展，便成为赤潮形成的限制因子。也就是说，营养盐对赤潮的影响主要取决于该元素。判别限制元素的方法，目前，多采用海水中元素的含量比值。就 N、P 而言，一般认为，N、P 比值大于 16 时，P 为限制元素，N/P 比值小于 16 时，N 为限制元素。总之，当水中两种营养盐比例大于赤潮生物生长最佳比例值时（如 N：P=16：1），其后者为限制元素；反之，则前者为限制元素。例如，香港海域大多数赤潮生物生长最佳的 N/P 值为 6~15（华泽爱，1990），说明该海域 N 是限制因子。不同海区的限制因子可能不一样，同一海区在不同季节，其限制因子也可能有变化，例如降雨，不仅会增加海水中营养盐，而且会改变 N/P 比值。水体中 N/P 比值的明显变化，可能会导致水体浮游植物种群结构改变。而且，可能决定了赤潮发生种的类别。例如，有研究者（Hodgkiss，Ho，1997）对香港海域 N/P 比值与赤潮的关系进行研究，结果表明，随着 N/P 比下降，海域浮游植物优势种非硅藻种代替了硅藻种，而且发生赤潮的几率也高了。

当赤潮发展主要受营养盐限制时，赤潮藻最高生物量，即赤潮强度，与赤潮发生时限制性营养盐元素的初始浓度成正比，因而，有可能利用限制性营养元素的初始浓度估算赤潮可能强度，这就提供了预警预测赤潮是否可能发生和可能达到的强度的基础。但是，由于各种赤潮藻对营养盐的需求有差别，因此，在一定营养盐条件下，不同藻种获得的生物量可能不一样。尽管如此，利用营养盐浓度资料，毛估赤潮生物量还是可以实现的。

营养盐形态对赤潮藻摄取亦会产生影响。一般认为赤潮藻对有机、无机的N、P都可以摄取，但主要摄取可溶性无机氮和无机磷。对N而言，海水中存在铵氮、硝酸氮和亚硝酸氮，但亚硝酸氮含量很低，因此，铵氮和硝酸氮对赤潮藻的影响更为重要。由于铵氮的原子价较低，因此，在低光照条件下，比硝酸氮更容易被摄取。当环境缺乏无机氮和无机磷时，赤潮藻也能不同程度地利用有机氮、有机磷。

在环境中营养盐较丰富时，赤潮藻常常出现过量吸收并积累于体内的“库存”现象，该库存待其欠缺时再加以利用。这种“库存”的大小，与细胞在此之前的营养状态有关。对饥饿或缺乏N、P的细胞，储存量可能更大些；饥饿或缺乏N、P的细胞，在营养盐丰富的环境条件下，对N、P的吸收率大于同化率，其生长速率与环境浓度的相关性会较差，而与体内浓度呈线性关系。

当水中营养盐耗尽，细胞可继续利用体内营养用于生长，即“内耗”。在此时，随着体内营养的消耗，其体内生理、生化相应发生变化，使光合作用速率不断下降，生长受到限制，最终，导致赤潮生物死亡。赤潮藻在发展阶段，若因外界营养盐减少或贫乏使细胞内的营养盐缺乏，此时若注入新的营养盐，细胞将会快速摄取，支持继续生长繁殖（Hodgkiss，Ho，1997），有利于赤潮的形成。人们常观测到雨后天晴易发生赤潮，或在赤潮发生后，遇到下雨，其后又使赤潮延续下去，可能与此有关联。

2）痕量金属与有机物

赤潮的发生除需N、P等营养物质外，还需要一些微量物质，如Fe、Mn、Cu等以及藻类自身不能合成而需要从外界摄取的有机化合物，如维生素B_{12}等。这些物质有些是营养物，有些是促进因子，目前，对这些物质的研究仍然很有限，在赤潮预警中难以用作预警预测因子。

5.2.2.3 物理因素

1）光

光是藻生物生长繁殖的能量来源。光的波长和强度对藻生长影响很大。

一般而言，波长400~720 nm为生长适宜波段，紫外光对藻有危害，特别是320 nm以下的短波长的危害尤为明显。主要有两种危害：DNA损伤和光合抑制。可表现为营养吸收与分裂能力降低，细胞变形、大小不一、死亡，以至种群增长率下降。

因此，滤去紫外辐射对植物保护具有重要意义，太阳光的紫外辐射一般占总辐射的9%，由于臭氧层的屏蔽作用，到达海面时，其辐射强度剩下1%~5%，紫外光在水体中具有很强的穿透能力，相对于海面而言，50%~75%紫外光可到达水深5 m处。因此，在无云的夏季，阳光中的紫外线对植物的危害是明显的。一个明显的例证是，由于臭氧层的破坏，在南极海域，10 m以浅水体中可能有25%的植物被紫外光危害死亡。

不同赤潮藻都有其适宜的光强度，只有在合适的光强范围，才有较高的光合作用速率和生长速率。这就提出了所谓“饱和光强（I_k）”概念。这意味着，光照在饱和光强以内，光合作用速率随光强度增加而增加。根据不同藻种饱和光强，大体可分为“适阴型”和“适阳型”，饱和光强数值前者较低，后者较高。在饱和光强以下，光合作用率与光强的关系，一般呈正相关。当光强趋近饱和值时，这种关系逐渐失去。在达到饱和值时，光合作用速率不再随光强增加而增加，这时的光合作用主要受酶促反应速率所控制。光强继续增加，细胞中的酶将被光分解，甚至导致死亡。

太阳光对现场海域的影响，主要取决于太阳的高度和天空的云量以及海水深度。其高度因季节和周日而变化，高度与云量均影响阳光强度，同时光强随水深而减弱，被减弱程度因光的波长不同而不同，波长长的光削弱更显著。

因此，可以认为，对于具体海区，在赤潮多发季节发生的赤潮，主要与云量有关。一般而言，光强愈大，越易发生赤潮。

2）水温

水温是赤潮藻生命活动的基本条件，它影响细胞中酶的活性，支配着生物体的代谢作用，对藻的生长繁殖具有极为重要作用。

海水水温变化主要因太阳照射和水团交换引起。就全球而言，从极地到热带海域的水温范围均可供浮游植物生存，但不同种具有各自的适温范围和最适范围，在各自的适温范围内都具有相同的光合温度依赖性，即随着温度增高，光合作用和增殖速度明显加快，也就是说，赤潮藻在其适温范围内，越是高温，越有利于它的增殖。但是，当水温超过其适温范围的上限，增殖速度便急剧下降，表现了过高温度对藻类生理活动的障碍。

各个藻种的适温范围的现场数据较少，且其适温范围还会受营养盐浓度影响，因此，现场记录的某些藻的适温范围常有不一致之处。通常，为了解藻的温度适宜性，将各种藻划分为：广温种、窄温种、暖水种、温水种、冷水种、偏冷水种。

研究表明，各种藻在其适温范围内，其增殖速度往往表现为高温种比低温种更快。这意味着，水温愈高，愈有利于赤潮的发生。其明显的例证是全球赤潮多数发生于暖水海域。就我国而言，赤潮发生在南方海域的次数远大于北方海区。据统计，我国南海、东海赤潮占全国赤潮数约80%，而渤海、黄海只占约20%，这显然与南方海域水温高于北方有关。

尽管各种赤潮藻生长有其最佳的适温范围，在其各自的最适水温范围，最有利其形成赤潮。但总体而言，在我国发生的赤潮中，多数赤潮发生在水温20~28℃，高于28℃，或低于20℃水温时，则很少发生赤潮，说明我国海洋赤潮原因藻种的最佳适温范围处于这个温度区间，而这个温度区间通常与我国海域在春、夏季水温基本一致。这就可以解释我国海洋赤潮多发于春、夏季，而低水温的冬季和高水温的秋季赤潮发生几率明显减少的原因。统计数据表明，我国海洋赤潮发生期呈由南向北逐渐推迟趋势，即南海多发期为3—5月，东海为5—7月，黄海、渤海为7—9月。这种赤潮发生期的南北差异，与各海区季节升温过程有关。南海区纬度低，水温升至最适赤潮生物水温快，而黄海、渤海区纬度高，水温升至该范围慢，因而形成南北海区赤潮多发期差别。

此外，由于藻种存在适温上限，当温度超过这个高温限，增殖速率便急剧下降，因此，当海域水温从低温到高温的过程中，如果水温变化幅度很大，将会抑制低温种的生长繁殖，使藻种朝有利于高温种的单一方向发展，促进赤潮的形成。

许多现场赤潮观测表明，赤潮发展期间，常伴随一个水温急剧升高过程，在几天内，表层水温可升高2~3℃，日升幅达0.5~0.8℃。上述现象意味着，赤潮的发生不仅要求水温与赤潮藻生长最适温度相匹配，而且也与水温的升幅有关。对于后者促进赤潮形成可能的原因有：①水温升高，可增强赤潮生物生长速度，从而促进赤潮形成；②表层水温急速升高，扩大了表层、底层水的温度梯度，提高了水体垂直稳定度。例如，张水浸等（1994）报道1987年5月厦门西港发生短角弯角藻赤潮时，在4 d时间内，表层水温由20.5℃急升至23.5℃，平均日温升约0.8℃。与此同时，该海区水温层化现象明显，表层、底层温差达1.4~3.3℃，说明水体稳定性好。水体稳定，可明显提高赤潮藻贮存量，对赤潮的形成是极为重要的。因此，赤潮发生与表层水温急升相伴随，便不难理解。

海水表层水温急剧升高，系源于气象稳定。许多赤潮现场观测常发现，赤潮易发生于闷热天气之时，此时，气压低、湿度大，表层海水吸收的太阳能不易散失，使水温急剧升高。因此，赤潮发生时，表层海水急剧升温，常伴随着低气压过程，其气压甚至可低至990 hPa。总之，表层水急剧升温，实际上是气象稳定的结果，它对赤潮的影响，主要是提高赤潮生物贮存量。因此，表层水急剧升温和大气压状态有可能成为预警预测赤潮的重要参数。

3）盐度

盐度是赤潮藻正常生理活动的重要条件，它和水温一样，在赤潮藻生长繁殖过程中起着调控作用，影响其生长繁殖。各种赤潮种都有其适宜的盐度范围，通常将各赤潮藻对盐度的适宜性粗略分为高盐种、低盐种、河口半咸水种、近岸种、外洋种等。

一般海区盐度的变化对赤潮藻的生理活动影响不是十分明显，但在河口区，由于其盐度变化剧烈，导致藻种演替。例如，在东海赤潮多发区，夏季受长江冲淡水影响，赤潮种以高温低盐种为主，秋季则由高温低盐种向低温高盐种过渡。

盐度对赤潮的影响，还表现在引起水体稳定性变化，若表层水为高温、低盐水，底层水为低温、高盐水，可能形成水体分层，有利于赤潮藻在表层聚集。

4）其他物理因素

这里主要指水文因素和气象因素。

水文因素包括浪、潮、流、锋面等，这些因素对赤潮的影响，主要是带来赤潮生物源，营养物质，改变赤潮藻生长繁殖的理化条件和赤潮藻的聚集与扩散条件。这些影响在一定程度上受地理环境制约，如封闭、半封闭内湾比沿岸海域的水文条件更有利于赤潮形成。

气象因素包括降雨、风速、风向、气温和气压。

降雨，通常，在赤潮发生前期伴有降雨过程，对赤潮的发生起着重要影响，其影响是多方面的。①降雨会降低表层海水盐度，有利于提高水体垂直稳定性。②输入大量营养物质，为赤潮生物大量繁殖提供更丰富的物质。这时候的营养物的注入往往起到至关重要作用，因为此时海区存活的浮游植物数量较多，而营养盐已显得相对缺乏，营养盐的补充对激活藻细胞活性，提高生长速率，增加生物量是相当有益的。③雨后，往往有助于闷热天气的形成。这三方面的作用均有利于赤潮形成。

若在赤潮峰值期下雨，可能因伴随着降温而使赤潮消失，但也可能因营养盐的及时补充，使赤潮得以持续，甚至继续增殖。例如，张水浸报道（1993），1987年5月在厦门西港发生的短角弯角藻赤潮于5月16日达到高峰，此时，水中P、Si被消耗殆尽，赤潮生物开始衰败，但随后遇到3天阴雨（降雨量为80 mm），水中营养盐再度回升，于5月25日形成第二次赤潮高峰。

风向对赤潮的影响表现在海面风向的改变可能对上升流产生影响，对赤潮生物的朝岸聚集与向外扩散也会有影响。

风速对赤潮的影响表现在海面风速增大，不利于赤潮藻聚集，而有利于其扩散或消失。相反，风速愈小，则有利表层水体升温和赤潮藻的贮存、积累，有利赤潮形成。在闷热天气条件下，易形成赤潮，与该条件下风速很低是有关的。

气温、气压的变化对赤潮形成的影响，目前现场研究仍不多，一般认为高气温、低气压有利于赤潮发生。

总之，影响赤潮的因素是错综复杂的，各因子之间又相互影响，因此，在观察赤潮时，必须依具体海区的环境条件，进行综合分析。

第6章　赤潮预警指标体系框架的构建

6.1　赤潮预警含义

赤潮预警系指对海区未来可能发生赤潮发出警告信息。预警之目的在于让公众事先了解赤潮形成的动态，以便采取有效措施，预防和减轻赤潮危害。

显然，赤潮预警必须在赤潮发生之前作出，从防范的角度看，越早预警，防范的时间越充裕，但时间越长，预警信息的可信度变差。因此，预警的时间选择必须同时考虑既要留有适当的防范时间，又要尽可能保持信息的可信度。

为及时提供赤潮预警信息，要求数据采集必须尽可能快速，也就是说获取信息的手段尽可能简易快速，最理想的方法是采用现场自动测定法。

为保证赤潮预警信息的可靠性，应尽可能采用多因子获取预警信息；对有若干等价参数可选用的因子，应尽可能采用测定精确度高的参数。

为便于公众对赤潮预警信息的理解，赤潮预警信息应尽可能简明、易懂，尽可能反映赤潮形成的动态及有关信息，如赤潮的预期强度，是否有毒性等。

6.2　构建赤潮预警指标体系框架

赤潮是赤潮生物增殖过程和聚集过程的综合结果，它受海区生物条件、化学条件和水文气象条件的综合影响，因此，有效的赤潮预警必须采用多指标才能使预警具有较高的可信度。有学者认为，赤潮预警预测也可采用单一指标，显然，这样会削弱赤潮预警的可信度，它只能在监测手段受到某些限制的情况下采用。为此，构建一个科学、合理、实用的赤潮预警指标体系很有必要。

6.2.1　赤潮预警指标选择的基本原则

由于赤潮形成过程复杂，影响因素很多，如何从众多的影响因素中科学合理地选取指标，以构建赤潮预警指标体系，尚无前人的经验可借鉴。根据赤潮预警的内涵、要求和赤潮形成的生物、化学、物理条件，我们认为选取赤潮预警指标应遵循以下原则。

1）综合性与代表性相结合

赤潮的形成是诸多生物、化学和物理因素综合影响的结果，各因素在赤潮形成过程中的作用与地位不同，因此，选择赤潮预警因子时必须对各因子进行统筹考虑，根据其作用与地位进行科学合理的归类和层次划分；同时，分析各因子影响的重要性，选择具有典型代表性因子。因此，选择的预警因子必须包括各类别综合性强的代表因子，从而既能提高预警的可信度，又能突出重点，减少工作量。

2）科学性与可操作性相结合

选取预警指标不仅应考虑指标在赤潮形成中的重要性，又要考虑数据的可获得性，即数据的获取应尽可能简便快速准确。

3）定性与量化相结合

对预警指标，理想的情况下应是量化的，但因赤潮是十分复杂的，一些研究也尚待深入，因此，完全采用量化指标尚不现实。但是，在预警指标中，必须有量化指标，以减少主观性。因此，对一些关键的基础指标必须是量化的，而其他的指标可以采用定性的或描述性指标。

4）可比性原则

某些指标随时间、海区而变化，因而其适用性较差，因此应尽可能选用具有时空可比性的因子作为预警指标，以提高适用性。

5）现状与趋势性相结合的原则

赤潮预警旨在告知某种藻类赤潮正在形成中、未来可能发生赤潮，因此，预警指标必须既包括反映赤潮形成初期的现状，又包含预测将来可能发生赤潮的动态性的定性或描述性指标。

6.2.2 赤潮预警指标体系构建

赤潮预警指标体系的构建尚无前人经验可借鉴。影响赤潮形成的因子很多，因此，构建赤潮预警指标体系时，我们首先对各因子在赤潮发生过程中的功能与地位及其相互间的关系作系统考虑，将各因子分为三类：①浮游植物种群指标；②基础物质指标；③促发因子。浮游植物指标中，又分为浮游植物生物量指标、浮游植物多样性指标和光合活性指标；基础物质指标主要是营养盐指标；促发因子指标分为痕量金属、微量有机物、其他海洋生物、海洋水文与气象。各分指标中，又包含若干子指标。上述分类构成了层次清晰的赤潮预警指标系统（见表 6.1）。然后，在此基础上，对各赤潮预警指标作进一步分析比较，根据选取原则，提出可信度高、操作性强和有代表性的赤潮预警指标体系框架。

表 6.1 赤潮预警指标系统

浮游植物种群指标			基础物质指标	促发因子指标				
浮游植物生物量	浮游植物多样性	光合作用活性	营养物质	痕量元素	微量有机物	其他海洋生物	海洋水文	气象
细胞密度 叶绿素 a 表观增氧量（AOI） pH 化学需氧量（COD）	多样性指数 优势度	光合作用活性	无机氮 活性磷酸盐 活性硅酸盐	Fe Mn	维生素 B_1 维生素 B_{12}	浮游动物 细菌	水温 盐度 海流 潮汐	光照 风速 降雨 气压

6.2.2.1 浮游植物种群指标

浮游植物种群是发生赤潮的主体，它是赤潮预警必须考虑的要素。赤潮预警首先必须根据浮游植物种群的状态，判断赤潮是否处于发展过程中，其判断依据主要有 3 种指标，即浮游植物生物量、浮游植物多样性和光合作用活性。

1）浮游植物生物量

当浮游植物量达到一定量值时，可能表明某一种或两种浮游植物正处于形成赤潮过程中。由于赤潮形成初期，赤潮生物与其他种浮游植物共存，并未显现出特别的优势，况且，赤潮形成过程中存在激烈的种间竞争，最终哪种赤潮生物发展为赤潮尚难定论，因此，赤潮预警的生物量指标以总量计。赤潮能否发生，与初始的生物量关系密切，而且其测量技术较简易，因此，生物量是赤潮预警的必不可少的重要指标。

浮游植物生物量最科学、直接的表达方法是用其含碳量来表示，然而其测量须采用高技术的POC测定方法（Fu et al.，1992；Strickland et al.，1972），方法技术要求高，耗时，也不能区分活体藻和死亡藻，因此，在赤潮研究的实际工作中，并没有被采用。

目前，被认为可用作浮游植物生物量量度的参数主要有5个，即浮游植物细胞密度、叶绿素a、表观增氧量（AOI）、pH和COD。

（1）浮游植物细胞密度。浮游植物细胞密度是量度浮游植物生物量最经典的参数，在其他生物量量度参数发展前，它是唯一可用的参数。细胞密度系用显微镜鉴定计数获取，较费时、费力，也难以实现现场测定，从赤潮预警对时间要求看，其数据的获取速度偏慢。然而，在显微镜鉴定时，可获取有关种群信息，可为预测形成赤潮的藻种毒性提供某些依据。由于各种藻的细胞大小差别很大，即使同一种，在其生长过程中个体大小也发生变化，同时，不同藻种的叶绿素a含量差别也不小，且用细胞密度来表征浮游植物生物量，常难与其他生物量参数获得的结果相一致，因此，使用这一参数预警赤潮应该慎重。

（2）叶绿素a。浮游植物光合作用主要依赖于其体内的叶绿素a，浮游植物生物量与叶绿素a含量密切相关。因此，叶绿素a常被用于初级生产量的估算（赖利，斯罗基，1982），在赤潮预报的研究中，也受到关注。叶绿素a测定主要有荧光法和分光光度法两种方法。这两种方法相对较简便、快速，也能实现现场实时测定。因此，在赤潮预警中，叶绿素a可以作为浮游植物生物量量度的良好指标。然而，各藻种个体的叶绿素a含量有差异，而且，单位量叶绿素a所反映的碳量变化很大，通常叶绿素c处于（1∶20）～（1∶100）之间，使其生物量估算会产生某些偏差；其次，叶绿素a的荧光法和分光光度法可能存在方法间的系统误差，导致赤潮预警的叶绿素a指标值的确定和应用产生某些困难；相对于AOI的溶解氧测定，叶绿素a的测定方法准确度和精密度均较差，也会影响叶绿素a预警指标值的确定和应用。

（3）表观增氧量（AOI）。浮游植物的光合作用过程释放出氧气，其氧释放量与浮游植物生物量存在定量关系。许多赤潮研究表明，赤潮发生期间，海水中溶解氧含量与赤潮藻生物量存在密切的正相关关系，因而认为有可能利用溶解氧作为赤潮预报的参数（张正斌等，2003）。然而，海水中溶解氧含量受海水的温度和盐度明显影响，也受水体中的生物呼吸作用和有机物的降解影响，海水中实测的溶解氧实际上是浮游植物光合作用和上述诸因素综合作用的结果。因此，直接利用实测溶解氧作为浮游植物生物量的量度会产生较大偏差，若用作赤潮预警预报，其可信度会较低。为解决这个问题，我们引入了“表观增氧量”（AOI）概念（许焜灿等，2004）。该概念假定，赤潮生物产生的氧等于现场实测的氧量扣除大气溶入水体的氧量的增量，由于该增量还受呼吸作用和有机物降解作用的影响，因此，将增氧量冠上“表观”二字。但是，一般情况下，其影响不显著。我们的研究已表明，AOI与浮游植物细胞密度的对数呈密切的正相关关系，因而可用它作为赤潮预警与评价的浮游生物量指标。由于溶解氧测定常规方法系采用碘量滴定法，可获取准确结果，且可实现现场测定，可达到赤潮预警与快速评价之目的，因而，AOI是赤潮预警的生物量的良好指标。

（4）pH值。C是浮游植物生长繁殖最基本的生源要素。浮游植物通过光合作用摄取水中CO_2，构成自身肌体。水中CO_2与其他碳形态在一定条件下，处于动力学平衡状态，并直接与海水的pH相联系。海水pH值因浮游植物光合作用消耗CO_2而升高，因水生生物呼吸作用和有机物降解释放CO_2而下降。因此，当浮游植物光合作用使CO_2消耗量明显大于呼吸作用和有机物降解产生的量时，海水的pH值将明显上升。一些研究者观察到（庄万金，1993），在赤潮发生期间，随着浮游植物生物量的增加，海水pH也随之升高，并呈良好的正相关关系，表明pH值可作为浮游植物生物量估算的指标。据此，有专家提出利用pH值作为赤潮预报指标的想法。由于海水中pH值测定简便、易普及，且有可能实现在线监测，因此，利用pH值作为赤潮预警的生物量指标是可行的。

（5）化学需氧量COD。有研究者发现（张水浸等，1988），赤潮期间，随着浮游植物生物量的升高，COD也随之增加，且存在良好的正相关关系，因而提出了有可能利用COD作为赤潮预报的生物量指标。我们认为利用COD作为赤潮预警的生物量指标尚存在欠缺。首先，方法的灵敏度较差，其精密度受操作条件影响较大，COD测定难以区分浮游植物有机物和非浮游植物有机物，因而，利用COD作赤潮预警生物量指标难以反映赤潮发生动态。因此，目前尚不宜采用COD作为赤潮预警指标。

2）浮游植物多样性

正常情况下，水体中众多浮游植物种共存，不存在明显的优势种，其多样性指数高，优势度低。但是，如果浮游植物种群发生明显变化，少数几种浮游植物演替为优势种，则多样性指数降低，优势度升高，表明水体存在发生赤潮的危险，因此，浮游植物多样性是赤潮预警的重要参数。利用多样性作为赤潮预警预测指标已受到关注（林永水，1997）。我们的研究表明，浮游植物的多样性指数和优势度能较好地反映赤潮的形成过程，并借此提出了赤潮的预警和评价指标值。利用浮游植物多样性作为赤潮预警指标的优点在于它从种群结构的角度指示赤潮是否处于形成过程中以及发展程度，然而，由于浮游植物多样性数据的获取必须借助浮游植物种类的鉴定与计数，费时、费力，难以在第一时间提供赤潮预警信息，不过将它们作为赤潮预警的辅助指标仍是十分有益的。

3）浮游植物光合活性

赤潮生物处于对数增殖期，其光合作用活性显著提高，曾有人借此预报赤潮的发生（Fukazawa，1980），但预报时间只有一天。利用光合活性作为赤潮预警是有可能的，但是光合活性与赤潮生物增殖的关系尚未弄清楚，因此，目前利用其作为预警指标仍不现实。

6.2.2.2 基础物质指标

无机碳和营养盐是浮游植物生长繁殖必不可少的生源物质，浮游植物通过光合作用摄取水中的无机碳和营养盐并转化为自身肌体的有机物，缺乏它们，浮游植物生长繁殖将受到限制，因此。它们是赤潮发生的物质基础和必要条件。海水中无机碳含量很高，浮游植物大量繁殖时，不可能导致碳的缺乏而对浮游植物生长产生限制作用。营养盐，包括DIN、活性磷酸盐和活性硅酸盐，它们在海水中含量很微，浮游植物的大量繁殖常导致含量缺乏，使生长繁殖受到限制。因此，赤潮预警时，营养盐是必须关注的环境因子，称为营养物质指标。对特定海区来说，浮游植物对三种营养盐一般按相对稳定的比例摄取，三者在海水中的含量比例往往与摄取比例不匹配，因此，产生限制的营养盐通常只有一种元素，活性硅酸盐在海水中的含量较高，常不足以引起限制作用，但在某些情况下，可与N或P起共同限制作用。DIN和活性磷酸盐是最常见的限制因子，当水中N/P（原子比）大于16∶1摄取比例时，表现为P限制，反之，则为N限制。多数情况下，我国内湾海区为P限制。总之，N和P是赤潮预警中最重要的物质基础因子。有研究指出（Hecky et al., 1988），海水中营养盐的相对比例能强烈促使浮游植物种自然选择，改变其种群结构，并影响单位限制性营养盐可获取的生物量，因此，了解海区的N、P比例，确定限制性元素，对于赤潮预警预测是极为重要的。但到底采用哪一营养因子作预警因子，则因具体海区而定。

营养物质指标的预警功能在于赤潮预警时，提供该营养因子的现存含量是否足以满足达到赤潮临界生物量的需要，只有满足需要时，赤潮才可能会发生，同时，也可根据限制营养盐含量，估算赤潮可能强度。因此，营养盐是赤潮预警预测的必要因子。

6.2.2.3 促发因子指标

当赤潮处于发展初期，具限制性的营养盐含量足以满足赤潮形成之需要时，赤潮最终能否暴发还需要其他因子与之匹配，这些条件越满足，赤潮暴发的可能性越大。我们将这些环境条件称为促发因子，其促发的方式主要有两种：①提高赤潮生物的光合活性，提高生长速率，从而有利于赤潮的形成；②提高赤潮生物的聚集，包括生物聚集和物理聚集，或减少扩散程度，从而在短时间内提高赤潮生物现存量，促进赤潮的形成。因此，促发因子在赤潮预警预测中是一类重要的指标，然而，对赤潮起促发作用的环境因子很多，包括痕量金属、微量有机物、海洋生物、海洋水文和气象等要素，每个要素中又包含若干因子。对于赤潮预警来说，引入众多的促发因子，既不必要，也不太可能，因为它们当中，有些因子相对来说并不重要，有些因子之间有因果关系，有些则测定方法繁杂，因此，在赤潮预警预测时，重要的是从这些因子中优先选择最重要的、具有综合性的、有可操作性的因子。由于促发因子的作用十分复杂，现场研究工作很难，也很薄弱，因此，与浮游植物种群指标和营养物质指标相比较，本类型指标多属半定量的指标，或为经验性的，描述性指标。

1）痕量金属

浮游植物所摄取的微量元素有几种，但是，通常认为促进赤潮生物生长的元素是Fe和Mn。初步研究表明，它们的促进作用因藻种、元素的化学形态不同而不同。目前对于具有生物活性的化学形态并不完全清楚，例如，有研究者认为浮游植物对Fe的吸收主要是自由离子态，而非总铁，有的则认为络合铁也具有很强的生物效应。由于海水中Fe、Mn含量很低，对其进行化学形态分析有较大难度，许多监测实验室不具备条件，再加上两元素对赤潮生物的促进作用尚未有深刻认识，因此，目前不宜将它们用作赤潮预警因子。

2）微量有机物

目前，认为海水中某些微量有机物对浮游植物的生长繁殖有促进作用，其中，业已被认识的有机物有维生素B_1和B_{12}，但研究尚很初浅，其测定步骤也较繁琐，因此，利用维生素B_1和维生素B_{12}作为赤潮预警因子目前尚不成熟，可以不考虑。

3）其他海洋生物

目前，被认为对赤潮形成有促进作用的海洋生物有两类：①细菌；②浮游动物（张水浸，1994），它们通过对浮游植物的选择性摄食、分解作用和协同作用来控制赤潮生物和其他藻类的种群变化，从而促进赤潮的形成。由于这些影响目前尚难于定量，也考虑到细菌和浮游动物的生长繁殖均滞后于浮游植物的生长繁殖，例如，细菌和浮游动物的峰值期均在浮游植物繁盛峰值期之后，因而，可以推测，在赤潮发展期，细菌和浮游动物对赤潮形成的促进作用通常可能是有限的。此外，细菌和浮游动物的鉴定、计数较麻烦，需耗费较多时间，因此，目前可不将其列为赤潮预警的必测因子。

4）水文因子

影响赤潮形成的水文因素，主要有水温、盐度、潮流和潮汐等。水温高低及其变化是赤潮发生的关键因子之一。水温主要影响浮游植物的生长繁殖，许多研究表明，短时间内急剧的温升可能因刺激赤潮生物细胞的大量繁殖而发生赤潮。短时间温升而易发生赤潮的另一个原因，可能是它促进水体的稳定，减少藻生物的稀释扩散而暴发赤潮。水温测定简易，也可实现现场测定，因此，可以作为赤潮预警的重要因子。但是，水温作为预警因子时，必须能提供温升的趋势和温升的梯度，这是今后研究的重点。

对于赤潮预警来说，盐度和潮流因子相对不重要，因为从预警至发生赤潮时，其变化不一定显著，故暂时不考虑作为预警因子。

将潮汐作为预警因子则是应认真考虑的。已有研究表明，潮汐的作用主要是增强赤潮生物的聚集，因而赤潮常发生在产生弱流的潮汐周期和低潮时。各海湾的潮汐规律很容易由该海湾的潮汐表查得，因此，将潮汐作为预警的辅助因子可能是有价值的。

5）气象因子

可促进赤潮形成的气象因子主要有：光照、降雨和气压。

光是浮游植物光合作用的基本条件，在暗的条件下，光合作用极弱或不会进行。但是，光学过程与浮游植物生态过程之间的关系极为复杂，不同种类的赤潮生物对光强弱的反应有很大差别，而同一种赤潮生物对光强弱的反应则受温度影响。至目前为止，尚不能确定光与浮游植物生态过程的定量关系，因此，目前欲利用光条件作为赤潮预警预测因子条件还不成熟。

降雨，特别是暴雨容易造成表层水体盐度急降，并导致营养盐的增加，从而促使赤潮生物在短期间内大量繁殖而形成赤潮。因此，降雨过程的出现，往往是随后发生赤潮的征候之一。然而，降雨量与赤潮之间尚未找到定量关系。就预警而言，降雨作为预警因子的功能可由生物量因子和营养盐因子担负，因此，不必考虑将降雨作为预警因子。

气压对赤潮生物生长的作用，尚无确切的结论，但许多赤潮观测表明，赤潮常发生在低气压条件下，这意味着赤潮发生过程与气压有密切关系。通常在风速小、气温高、湿度大和阳光充足条件下形成较低的气压，故低气压有利于表层水温的急剧升高和水体稳定度升高，从而有利于赤潮生物的急剧增殖和聚集。尽管气压与赤潮之间定量的关系尚未确定，但定性的关系却是明显的，因此，利用气压作为赤潮预警的辅助因子是有价值的。气压观测较简便，也可通过气象部门获取资料，因而，将气压作为辅助因子也是可行的。

根据上述分析，提出了赤潮预警指标体系框架（见表 6.2）。

表 6.2 赤潮预警指标体系框架

类型	浮游植物群落指标	基础物质指标	促发因子指标
优先指标	浮游植物生物量 （AOI、浮游植物细胞密度、叶绿素 a、pH）	限制性营养盐 ［溶解无机磷（DIP）、溶解无机氮（DIN）］	水温
辅助指标	浮游植物多样性 （多样性指数、优势度）		潮汐
			气压

第7章　赤潮预警预测指标研究

有关赤潮预警预测指标的定值研究，包括了以下内容：AOI、叶绿素a、pH，表征浮游植物多样性的多样性指数和优势度以及限制性营养盐的赤潮预警值、赤潮判别值和赤潮强度分级标准的研究。

对于赤潮预警指标的定值，可借助两种途径实现：①赤潮现场观测，通过对获取的相关资料的统计分析，确定赤潮预警的指标值；②实验室模拟实验，通过对赤潮的实验室模拟，获取相关资料的统计分析，确定赤潮预警的指标值。

相对而言，利用赤潮现场观测数据来确定预警指标，其结果更能反映客观情况，获取可信的指标值，但难度较大，其原因：①捕获赤潮暴发前的信息较难；②影响指标定值的因素多，如果对影响因素考虑不周，可能影响指标值的可信度；③捕获一个赤潮形成过程的数据往往要花费很大的人力、物力，成本很高。因此，利用实验室模拟来确定赤潮预警指标值应该是一个不错的选择。不过，对于水文、气象指标的定值，却难以用实验模拟观测来实现，利用现场观测数据对赤潮预警的水文、气象指标定值乃是目前唯一的选择。鉴于赤潮形成期水文、气象观测数据采集的困难，其可用的替代方法是以已有的赤潮事件作为标尺，从海区的水文、气象部门中收集相关的水文、气象资料，进行回顾性分析来实现。

赤潮预警的生物量、多样性和营养盐指标可借助实验模拟方法定值。生态模拟实验的方法有多种，如实验室内控光条件下的模拟实验（Michael et al.，2004），现场或陆基的围隔生态实验（Harrison et al.，1987）等，后者被认为是最接近现场海区环境条件的生态模拟，因而普遍被用于海洋生态实验。然而，围隔生态实验，不论是中型或小型，均要求有较复杂的实验设施，花费的人力、物力、经费也较多。为克服这方面的困难并根据赤潮预警指标研究的实际要求，本研究采用微型围隔生态实验方法对赤潮预警的叶绿素a、pH、生物多样性和营养盐指标进行定值研究。所谓微型围隔实验生态实验系指实验水样采自现场水体，并分盛于若干玻璃瓶中，构成样品系列，将其运回陆地并置于室外水池中，在自然光和现场水温条件下进行实验，按一定时间间隔从样品系列中抽取样品，对相关参数进行检测。而赤潮预警的AOI指标则用赤潮现场调查数据统计定植，并经微型围隔生态实验验证。

7.1　赤潮预警预测的表观增氧量（AOI）指标研究

我们在赤潮预警指标体系研究中根据浮游植物光合作用基本原理和O的生物地球化学过程，提出了“表观增氧量”（AOI）概念，并利用赤潮调查监测的现场资料，研究赤潮发生期间海水中“表观增氧量”与赤潮藻细胞密度的相关模式，探讨“表观增氧量”作为赤潮藻生物量量度的可能性。研究结果显示，“表观增氧量”与赤潮藻细胞密度的对数呈密切的线性正相关关系，充分说明“表观增氧量”可较准确、客观地反映赤潮生物量，可作为具有光合作用能力藻的赤潮评价与预警指标，在此基础上，提出了赤潮评价与预警的AOI指标值，并将赤潮强度划分为轻度、中度、重度三个等级。

7.1.1 AOI的概念

海水中溶解氧来源于大气中氧的溶入和浮游植物光合作用的生成，而生物的呼吸作用和有机物的生化降解将使溶解氧被消耗，因此，海水中溶解氧含量及其变化主要取决于这些生物化学和物理过程综合作用的净结果。此外，水体的移流与混合和氧向大气逸出对溶解氧含量变化也会有一定影响。

许多赤潮监测资料显示，在赤潮开始形成至暴发期间，溶解氧浓度总是明显上升，且与浮游植物生物量呈密切正相关关系。显然，此时增加的氧量主要是由浮游植物光合作用贡献的。因此，如果能够从氧的实测总量中定量地求出赤潮生物贡献的量值，就有可能研究该量值与赤潮藻生物量的关系，进而用于赤潮评价。我们引入“表观增氧量”的概念，就是假定：赤潮开始形成时，水体与大气中的O处于平衡状态；赤潮暴发时，水体中的O含量增加，其增加值系由赤潮藻光合作用产生的。根据这些假设，将“AOI”用下式表示：

$$AOI=C(\mathrm{O})-C(\mathrm{O}') \tag{7.1}$$

式中：

AOI——表观增氧量（mg/dm^3）；

C（O）——现场测得的氧浓度（mg/dm^3）；

C（O′）——现场水温、盐度条件下O的饱和浓度（mg/dm^3）。

然而，现实的情况往往与假定的条件不同。赤潮开始形成时的水体并不完全与大气处于平衡状态；赤潮发生时，浮游植物光合作用产生的O，也会部分被生物呼吸作用和有机物矿化分解而被消耗，因而，使增氧量偏离浮游植物光合作用真实的产氧量。考虑了这些原因，我们将增氧量冠上“表观”两字，就是承认上述影响的存在，但是，在一般情况下，其影响并不显著，因而可以利用AOI估算赤潮生物量。

7.1.2 AOI与赤潮藻细胞密度的相关模式

为了确定AOI能否用作量度赤潮生物量的参数，必须研究现场AOI与赤潮生物量的相关关系，只有当二者确实存在密切的相关关系时，AOI才能用来作为量度赤潮生物量的参数。

浮游植物群落生物量通常用单位体积水样的浮游植物总重量或总体积来表示。目前，我国通常用单位水样的细胞数，即细胞密度来表示赤潮藻的生物量。由于不同的赤潮生物，其个体大小不一定相同，因此，用细胞密度衡量赤潮生物量时，必须考虑个体大小的影响。由于我国赤潮监测的生物量资料均以细胞密度表示，故本书拟通过研究AOI与赤潮发生时的藻细胞密度的相关关系，揭示AOI与藻生物量的关系。为尽可能消除个体差异的影响，该研究选用个体处于10~29 μm资料进行统计。为使模式具有较强的区域适用性，选用资料时，还考虑了参与统计样本的海区代表性与广泛性以及浮游植物细胞密度与AOI范围，因此，该研究除了利用我们在厦门海域的赤潮监测资料外，还从相关文献中引用了其他海区的赤潮监测资料（蔡燕红等，2002；刘玉等，2002；汤坤贤等，2003；蔡燕红，项有堂，2002）。该模式研究的样本选自长江口至珠江口广阔海域，其浮游植物细胞密度为9.9×10^5~1.2×10^8 cells/L，AOI量值为0.63~11.0 mg/dm^3。共6次赤潮11次监测的资料，其浮游植物密度实测资料和AOI值，列于表7.1。细胞密度与AOI的相关关系按式（7.2）进行拟合，即：

$$AOI=a+b\lg N \tag{7.2}$$

式中：

a ——常数；

b ——系数；

N——浮游植物细胞密度（cells/L）。

拟合结果如下：

$$AOI=-24.2+4.28\lg N \quad (n=11, r=0.860, p>99\%) \tag{7.3}$$

由拟合的结果可见，AOI与赤潮藻细胞密度之间存在密切的正相关关系，表明AOI可作为客观反映赤潮生物量的一种指标。

为评价AOI模式的可信度，分别研究了赤潮藻细胞密度实测值与估算值的偏离度和AOI实测值与估算值的偏离度。

表7.1列出了利用AOI模式计算的参与统计的样本中赤潮藻细胞密度估算值。

表7.1 浮游植物细胞密度AOI模式估算值与实测值

序号	监测海区	监测时间	赤潮生物	细胞密度实测值 N_i/（cells/L）	AOI/（mg/dm^3）	细胞密度估算值 N'_i/（cells/L）
1	舟山	2000年5月	具齿原甲藻（*Prorocentrum dentatum*）	1.2×10^8	9.13	6.1×10^7
2	珠江口	1996年7月	中肋骨条藻（*Skeletonema costatum*）	9.9×10^5	1.22	8.7×10^5
3	福建东山	2002年1月	中肋骨条藻（*Skeletonema costatum*）	5.1×10^7	10.95	1.6×10^8
4	厦门	1987年5月	短角弯角藻（*Eucambia zoodiacus*）	2.4×10^6	3.25	2.6×10^6
				3.5×10^6	2.23	1.5×10^6
				2.1×10^6	0.63	6.3×10^5
				3.4×10^6	5.86	1.0×10^7
5	厦门	2003年6月	地中海指管藻（*Dactyliosolen editerranneus*）	1.7×10^7	8.00	3.3×10^7
				5.9×10^7	5.50	8.7×10^6
				1.1×10^7	7.12	2.1×10^7
				9.4×10^7	9.13	6.1×10^7

由表7.1可以看出，浮游植物细胞密度估算值与实测值存在一定偏差，其偏差的总体情况，可用赤潮生物细胞密度实测值（N_i）对估算值（N'_i）的平均相对偏离系数表示，并按下式计算：

$$\bar{V}_N=\frac{\sum_{i=1}^{n}\frac{|N_i-N'_i|}{N'_i}}{n} \tag{7.4}$$

式中：

$\sum_{i=1}^{n}\frac{|N_i-N'_i|}{\hat{N}_i}$——实测值与估算值的相对偏差系数；

n ——样本数。

计算得 $\bar{V}_N$ 为1.20，即实测值对估算值的平均相对偏差约120%。导致其偏差原因很多：细胞计数本身的误差；氧向大气逸出、呼吸作用与生化耗氧造成氧的损失；植物细胞个体大小差异；植物叶绿素含量差异、生长发育阶段和种类组成不同等。然而，总体上看，浮游植物细胞密度估算值与实测值的偏差程度与浮游植物细胞计数本身存在的偏差处于相同的数量级，因而是可以接受的。

AOI 实测值与由赤潮藻细胞密度的估算值之间也存在偏差，其总体偏离程度可用 AOI 实测值 $(AOI)_i$ 对估算值 $(AOI)_i$ 的平均相对偏差系数 $\overline{V}_{AOI}$ 表示，并由下式计算：

$$\overline{V}_{AOI}=\frac{\sum_{i=1}^{n}\frac{|(AOI)_i-(AOI')_i|}{(AOI')_i}}{n} \tag{7.5}$$

式中：

$\frac{|(AOI)_i-(AOI')_i|}{(AOI)_i}$——实测值与估算值的偏差系数；

n——样本数。

计算得 $\overline{V}_{AOI}$ 为 0.30，即 AOI 实测值对估算值的相对偏差为 30%，可以认为该平均相对偏差是比较小的，因而，从另一个侧面说明 AOI 可以较客观定量地反映赤潮生物量。

为检验 AOI 是否也能客观反映生物个体小于 10 μm 或大于 29 μm 情况下的赤潮生物量，我们对发生于厦门海域的一次角毛藻（*Cheatoceros*）赤潮（个体小于 10 μm）和一次发生于烟台海域的红色裸甲藻（*Gymhodinium*）赤潮（个体介于 54~60 μm）（吴玉霖等，2001）进行验证。厦门海域的角毛藻赤潮的细胞密度为 9.3×10^6 cells/L 和 7.3×10^6 cells/L 时，其 AOI 值分别为 1.94 mg/dm^3 和 0.62 mg/dm^3；烟台红色裸甲藻细胞密度为 1.67×10^6 cells/L 和 5.4×10^5 cells/L 时，AOI 值分别为 7.39 mg/dm^3 和 4.68 mg/dm^3。由于生物量用细胞总体积表示，对于相同的生物量，不仅与细胞密度有关，而且与个体大小有关。因此，为检验 AOI 值能否客观反映这两次赤潮生物量，必须将其细胞密度的实测值校正到个体为 10~29 μm 时的可比值。根据安达六郎（1973）提出的赤潮判断标准，认为赤潮生物个体分别为<10 μm、10~29 μm、30~99 μm 时，其赤潮临界细胞密度分别为 1.0×10^7 cells/L、1.0×10^6 cells/L 和 3.0×10^5 cells/L。这就意味着，这时它们的生物量相等。也就是说，若要将小于 10 μm 时的细胞密度校正到与 10~29 μm 时可比，须将实测值除以 10；若要将 30~99 μm 时的细胞密度校正到与 10~29 μm 时可比，须将实测值除以 3/10。经过校正，厦门海域角毛藻赤潮细胞密度为 0.93×10^6 cells/L 和 0.73×10^6 cells/L，烟台海域的红色裸甲藻赤潮细胞密度为 5.56×10^6 cells/L 和 1.8×10^6 cells/L。用 AOI 估算出的角毛藻细胞密度分别为 1.26×10^6 cells/L 和 0.63×10^6 cells/L，红色裸甲藻的细胞密度估算值分别为 24×10^6 cells/L 和 5.6×10^6 cells/L。这些校正后的细胞密度与 AOI 的估算结果颇为接近，表明 AOI 可以较准确、客观地反映不同个体大小的赤潮生物量。上述研究表明，AOI 可以作为具有光合作用能力赤潮生物量的度量参数。

7.1.3 赤潮判断与预警的 AOI 值

赤潮是由赤潮生物大量繁殖或聚集引起的有害生态异常现象，到底达到多少生物量才可以认定为发生赤潮？对于这个问题，至今仍无较统一的标准。尽管如此，为了管理上的需要，我国目前通常以日本安达六郎（1973）提出的“不同生物体长的赤潮生物密度”作为赤潮判断的参考标准。为使判断结果与我国已有的赤潮监测评价资料具有可比性，我们在确定赤潮判断 AOI 标准值时也利用安达六郎的判断标准作为参考标准，由于 AOI 与赤潮生物密度相关式［式(7.3)］是在生物体长为 10~29 μm 条件下建立的，因此利用该条件下赤潮藻细胞密度的标准值 1.0×10^6 cells/L 代入式(7.3)，计算求得的 AOI 值为 1.5 mg/dm^3，此值即为判断赤潮发生的 AOI 临界值。

但是应该指出，由于 AOI 模式存在不确定度，求得的赤潮判断的 AOI 值必然存在不确定性。本文前面关于 AOI 实测值对由浮游植物细胞密度估算的 AOI 估算值的平均偏离系数为 0.30。按这个偏离系数计算，上述赤潮判断的 AOI 值应落在 1.95~1.05 mg/dm^3 之间；若按 2 倍平均偏离系数计算，则赤潮判断的 AOI 值应该在 2.4~0.6 mg/dm^3 之间。为了使赤潮判断具有较高几率，又能满足赤潮管理的需要，我们认为赤潮判断的 AOI 标准值以 2.0 mg/dm^3 为宜，即当 AOI 值达到 2.0 mg/dm^3 时，判定为赤潮。为方便起见，选用 AOI 值为 0.5 mg/dm^3 作为预警值，此时，赤潮存在的几率虽小，但溶解氧已明显高于饱和状态，表明此时浮游植物生物量已明显增加，某种赤潮藻可能正处于形成赤潮的过程中。当海区 AOI 值达到此值时，意味着未来的很短时间内可能发生赤潮，应增加时空监测密度。

为便于对赤潮的管理，我们根据 AOI 值将赤潮强度分三级评价，并提出了相应的标准（表 7.2）。

表 7.2　赤潮强度评价 AOI 值标准

赤潮强度	AOI/（mg/dm^3）
轻度	2.0≤AOI≤5.0
中度	5.0<AOI≤10.0
重度	10.0<AOI

上述赤潮强度评价标准系以 10~29 μm 个体的赤潮生物细胞密度值为参照，轻度赤潮的 AOI 值相当于 1.0×10^7 cells/L 以下，中度赤潮相当于 1.0×10^7~1.0×10^8 cells/L，重度赤潮相当于超过 1.0×10^8 cells/L。

7.1.4　AOI 作为赤潮预警指标研究的小结

（1）AOI 可客观准确地反映赤潮期间浮游植物生物量，可以作为赤潮预警与评价的指标。

（2）利用 AOI 代替浮游植物细胞密度评价赤潮，可减少不同赤潮藻个体大小差异引起的评价误差，使评价效果更客观。此外，AOI 因消除了大气溶入氧的影响，因此，比利用溶解氧实测值评价赤潮更准确。

（3）该研究提出了赤潮评价的 AOI 标准：预警值为 0.5 mg/dm^3，赤潮判断标准值为 2.0 mg/dm^3；赤潮强度分三级评价，轻度赤潮为 2.0 mg/dm^3≤AOI≤5.0 mg/dm^3，中度赤潮为 5.0 mg/dm^3<AOI≤10.0 mg/dm^3，重度赤潮为 AOI>10.0 mg/dm^3。

（4）利用 AOI 进行赤潮评价，仅须测定水温、盐度和溶解氧含量即可，甚至可实现现场测定或自动测定（如浮标），因而，不仅可达到快速评价与预警之目的，也便于推广应用。

（5）该研究提出赤潮预警与评价标准可为研究制定其他参数的赤潮预警与评价指标作参照。

（6）该研究以 AOI=0 作为浮游植物生长平衡点，相当于赤潮起始阶段与发展阶段的结合点，这就为其他赤潮预警指标的定值提供科学参照。

7.2　赤潮预警指标研究的微型围隔生态实验

海洋生态模拟实验是海洋生态研究的重要手段。

本工作采用的微型围隔生态实验技术，不添加营养盐，也不人为改变现场水体的浮游植物种群结构和浮游动物与细菌的种群结构，因此，基本上保留海区现场的自然生态系。虽然实验水样脱离现场水体，实验结果不能反映水体海流等条件的稀释扩散影响，但对赤潮预警的生物量、多样性和营养盐指标的定量研究结果不构成实质性的扭曲。本实验技术操作简易、快速，花费的人力、物力和经费少。

7.2.1 材料与方法

1）采样站位

水样采集站位分别设于厦门西港的宝珠屿附近海域和九龙江口外侧的青屿附近海域。两海域水质条件有明显差别。宝珠屿海域受地形影响，来自九龙江的河水影响较小，盐度较低，属弱流区。该海域接纳大量城市污水，并受水产养殖业影响，营养盐含量较丰富，浮游植物生物量较高，是赤潮多发区；青屿海域流速较大，受九龙江水影响显著，盐度明显低于宝珠屿海域，硝酸盐含量较高，磷酸盐含量较低，浮游植物生物量中等，未见发生过赤潮。采样站位如图 7.1 所示。

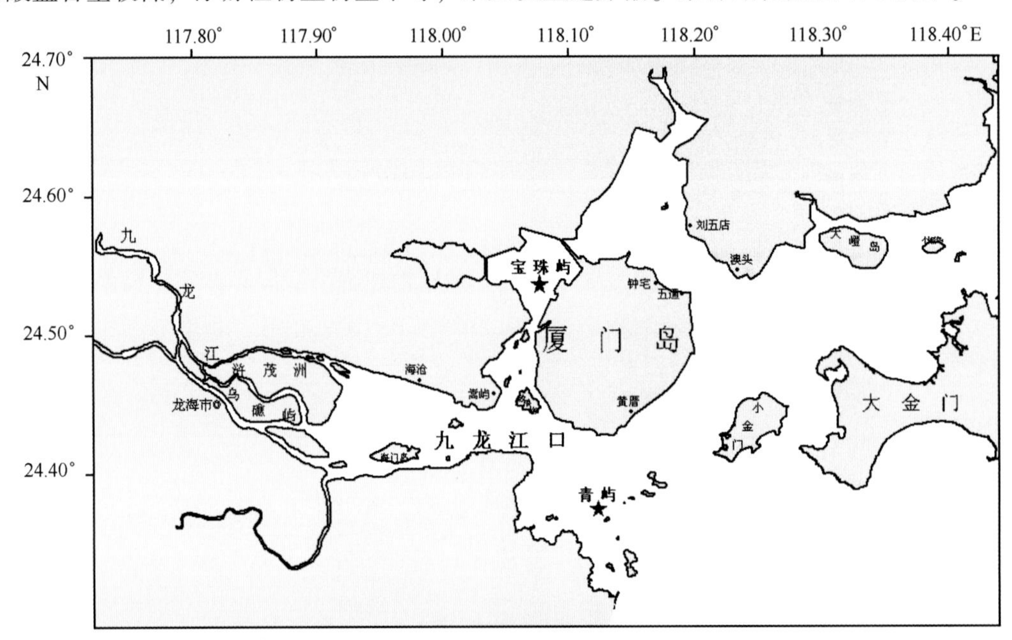

图 7.1　采样站位图

2）采样时间

水样采于 2005 年 7 月 1 日，属夏季气候，水温较高。此期间为厦门海域赤潮多发期。

3）培养瓶

采用体积为 500 cm^3 带磨口的硼硅玻璃瓶，经 50% HNO_3 溶液浸泡 2 d，用水清洗净后，晾干。

4）水样采集

用泵从现场抽取海水样品注入大桶中，再分别装入一组培养瓶中至满，密闭后，运回陆地实验室。两站位样品各成一组。

5）培养实验

将盛有水样的培养瓶，置于水深约 1 m 的室外水池中，以保持培养瓶水温在实验期间基本稳定。直接用太阳光作光源，不作任何光强调节，光强随昼夜变化。实验期间天气晴朗，每天光照时间和强弱变化基本一致。

6）样品测定

按一定的培养时间间隔，从两组中各取一瓶水样测定水温、盐度、pH 值、溶解氧（DO）、硅酸盐 SiO_3^{2-}-Si、硝酸盐 NO_3^--N、亚硝酸盐 NO_2^--N、铵盐 NH_4^+-N、PO_4^{3-}-P、叶绿素 a，鉴定浮游植物种类并计数。

各参数测定方法均采用《海洋调查规范》（GB 12763.4—2007）和《海洋监测规范》（GB 17378.7—2007）推荐的方法。

7.2.2 结果与讨论

7.2.2.1 实验结果

实验测得的浮游植物数据列于表 7.3 和表 7.4。

表 7.3 宝珠屿海域水样实验浮游植物鉴定与计数结果

	培养时间/h									
	0		39		63		87		111	
	细胞数/(×10^4 cells/L)	百分比(%)	细胞数/(×10^4 cells/L)	百分比(%)	细胞数/(×10^4 cells/L)	百分比(%)	细胞数/(×10^4 cells/L)	百分比(%)	细胞数/(×10^4 cells/L)	百分比(%)
骨条藻属	40.5	28.5	180	45.8	212	45.2	26	3.5	37	5.8
海链藻属	12.9	9.1	45	11.4	109	23.2	500	66.9	400	62.7
尖刺拟菱形藻	10.5	7.4	90	22.9	67	14.3	100	13.3	140	21.9
细弱角毛藻	19.5	13.7	15	3.8	9	1.9	83	11.1	0	0
旋链角毛藻	19.8	13.9	0	0	6	1.3	0	0	0	0
日本星杆藻	3.9	2.7	12	3.1	16	3.4	2	2.7	0	0
异角角毛藻	11.1	7.8	0	0	6	1.3	0	0	0	0
短孢角毛藻	1.2	0.8	0	0	0	0	0	0	0	0
冕孢角毛藻	0.9	0.6	0	0	4	0.9	0	0	0	0
柔弱根管藻	0.6	0.4	0	0	0	0	0	0	0	0
卵形藻	0	0	0	0	3	0.6	0	0	0	0
舟形藻一种	0	0	0	0	1	0.6	2	2.7	0	0
菱形海线藻	0	0	0	0	0	0	2	2.7	8	1.3
其他	21.1		51		36		32		53	
细胞总数	142		393		469		747		638	
多样性指数	0.74	0.51	0.6			0.52			0.37	

表 7.4　青屿海域水样实验浮游植物鉴定与计数结果

	培养时间/h									
	0		39		63		87		111	
	细胞数 /(×10^4 cells/L)	百分比 (%)	细胞数 /(×10^4 cells/L)	百分比 (%)	细胞数 /(×10^4 cells/L)	百分比 (%)	细胞数 /(×10^4 cells/L)	百分比 (%)	细胞数 /(×10^4 cells/L)	百分比 (%)
骨条藻属	5.6	14.6	369	53	270	56	206.6	41.3	195	39.4
海链藻属	3.8	9.8	81	11.6	67.5	14	50	10	52	10.5
尖刺拟菱形藻	1	2.5	15	2.2	36	7.5	100	20	80	16.2
细弱角毛藻	5.3	13.8	96	13.8	3.8	0.8	5	1	46	9.3
旋链角毛藻	3.9	10.1	36	5.2	0	0	0	0	0	0
日本星杆藻	0	0	9	1.3	6.8	1.4	8.3	1.7	8	1.6
异角角毛藻	3.4	8.8	15	2.2	0	0	0	0	4	0.8
短孢角毛藻	0	0	0	0	0	0	0	0	4	0.8
冕孢角毛藻	1.7	4.5	0	0	0	0	0	0	0	0
柔弱根管藻	1.6	4.3	15	2.2	6	1.2	6.6	1.3	7	1.4
地中海指管藻	0	0	9	1.3	6.8	1.4	0	0	0	0
舟形藻一种	0	0	0	0	12	2.5	23.3	4.7	0	0
菱形海线藻	0.5	1.5	0	0	0	0	8.3	1.7	10	2
牟勒氏角毛藻	0	0	6	0.8	0	0	0	0	0	0
丹麦细柱藻	0	0	0	0	6.3	1.7	0	0	0	0
斯氏根管藻	0	0	0	0	4.5	0.9	0	0	0	0
圆筛藻属	0	0	0	0	0	0	10	2	0	0
菱形藻属	0	0	0	0	0	0	0	0	4	0.8
其他	12.2		49		20		82		85	
细胞总数	39		700 *		482		500		495	
多样性指数	0.72		0.61		0.53		0.53		0.6	

注：带 * 号的数值为异常值。

实验测得的理化数据列于表 7.5。

表 7.5　理化参数测定结果

采样	培养时间	水温	盐度	pH	SiO_3^{2-}-Si	PO_4^{3-}-P	∑N	DO	叶绿素 a	AOI
海区	/h	/℃			/(μmol/dm³)	/(μmol/dm³)	/(μmol/dm³)	/(μmol/dm³)	/(μg/dm³)	/(mg/dm³)
宝珠屿	0	29.2	24.76	8.08	42.1	0.9	38.6	7.18	9.45	0.56
	39	27.2	24.64	8.39	25.2	0.25	27.4	9.76	43.5*	2.9
	63	27	24.72	8.44	33.9	0.31	30.1	9.91	13.6	3.04
	87	27	24.71	8.54	28.6	0.08	21.6	11.74	36.4	4.87
	111	27.2	24.72	8.49	12.8	0.08	19.6	11.71	35.2	4.86

续表

采样	培养时间	水温	盐度	pH	SiO_3^{2-}-Si	PO_4^{3-}-P	∑N	DO	叶绿素 a	AOI
海区	/h	/℃			/(μmol/dm³)	/(μmol/dm³)	/(μmol/dm³)	/(μmol/dm³)	/(μg/dm³)	/(mg/dm³)
青屿	0	28.2	20.27	8.19	80.2	0.37	49.4	7.27	3.5	0.37
	39	27.2	18.51	8.24	87.4	0.27	50	8.61	11.3	1.52
	63	27	18.75	8.53	75.7	0.11	43	10.15	18.6	3.05
	87	27	18.74	8.64	71	0.05	41	11.02	25.9	3.91
	111	27.2	18.5	8.60	67.6	0.06	37.5	11.28	27.9	4.19

注：带 * 的数值为异常值。

7.2.2.2 培养期间浮游植物的生长与种群结构特征

由表7.3和表7.4可见，在实验期间，浮游植物数量明显升高，种群结构变化明显，宝珠屿与青屿两组水样的变化规律相似。

对于宝珠屿海域水样，实验开始时，浮游植物细胞密度为1.4×10⁶ cells/L，随后数量逐渐上升，至86 h时达最高值7.5×10⁶ cells/L，111 h时，处于6.4×10⁶ cells/L水平。

对于青屿海域水样，实验开始时，浮游植物细胞密度为0.39×10⁶ cells/L，随后，在39 h时，突增至7.0×10⁶ cells/L，增殖18倍。往后，浮游植物细胞密度略有下降，86~111 h时，稳定在5.0×10⁶ cells/L水平。我们认为，39 h时的浮游植物细胞密度7.0×10⁶ cells/L的数值似乎偏高。从细胞分裂速度看，在39 h内，浮游植物混合种群的平均分裂速率达到2.8次/d，可能偏高；从水化学参数DO、pH、SiO_3^{2-}-Si、ΣN、PO_4^{3-}-P的变化趋势看（见表7.5），在39 h时的数值并无异常出现，因此，可以认为该数值属偏高值。

实验结果也显示，实验期间浮游植物种群结构呈较显著改变，向种类单一化方向发展。

对于宝珠屿水样，实验开始时，鉴定了10种浮游植物，组成的比例较均匀，不存在绝对优势种，生长量最大的骨条藻属占细胞总数的比例也仅有28.5%，另外3种优势种，其占总数比例介于9.1%~13.9%之间。上述4种优势种细胞数之和占总细胞数的65.2%，随后，种类逐渐减少，优势种的优势增大。在39 h时，骨条藻和尖刺拟菱形藻的数量之和便占总数的68.7%。至86~111 h时，则由海链藻属占主导，其细胞数占总数62.7%~66.9%，其次为尖刺拟菱形藻。二者的细胞数之和，占总数的80%~84%。

对于青屿水样，实验开始，鉴定了9种藻类，组成的比例相当均匀，不存在绝对优势种，数量最多的4种藻其细胞数比例均在10%~15%之间，它们之和占总数的比例仅为48.3%。随后，优势种的优势进一步扩大。在39 h时，骨条藻属占主导地位，其数量占总细胞数的53%，其次，细弱角毛藻占13.8%，海链藻属占11.6%，居前两位的藻类的细胞数之和，占总数的66.8%；至63 h时，骨条藻属占的比例升至56%，居第二位的海链藻属占14%，二者之和占总数的70%；至86~111 h时，依然是骨条藻属占居首位，但其占的比例已下降至40%左右，列居前两位的藻数量之和，仅占总数的55.6%~61.3%。根据上述分析，并参照目前普遍采用的赤潮判定标准，我们认为本实验浮游植物生长过程反映了赤潮形成的三个阶段，即起始阶段、发展阶段和停滞阶段的生态特征。

7.2.2.3 培养期间理化参数变化特征

由表7.5可见，在培养实验期间，水温和盐度基本保持稳定，其余理化参数均发生明显变化，pH、DO、AOI和叶绿素a随实验时间推移呈上升趋势，并趋于稳定；PO_4^{3-}-P、ΣN和SiO_3^{2-}-Si则呈相反趋势，随实验期间推移呈下降趋势，并趋于稳定。宝珠屿水样与青屿水样均呈现相似的规律。上述变化规律均主要是由浮游植物生长繁殖产生的，它们的量值变化范围，也从另一个侧面反映了实验期间两水样均形成了赤潮，并经历了起始阶段、发展阶段和停滞阶段。

从初始水样（0时）的理化参数测值，可以看出宝珠屿海区和青屿海区的水质存在明显差异。宝珠屿的盐度为24.76，SiO_3^{2-}-Si为42.1 μmol/dm^3，青屿的盐度为20.27，SiO_3^{2-}-Si为80.2 μmol/dm^3，表明青屿水质明显受河口水影响。宝珠屿的叶绿素a为9.45 μg/dm^3，青屿为3.5 μg/dm^3，但是，其PO_4^{3-}-P分别为0.90 μmol/dm^3和0.37 μmol/dm^3，表明宝珠屿水域明显受城市污水和养殖业影响，营养盐含量较丰富，浮游植物生物量高。因此，采用这两种水质不同的水样进行赤潮预警指标研究实验，具有典型意义。

在表7.5中，宝珠屿水样第39小时叶绿素a测值为43.5 μg/dm^3，根据叶绿素a和AOI的相关性分析，表明该数据明显偏离相关曲线，属异常值，故予以剔除。

7.3 表观增氧量（AOI）赤潮评价预警指标的微型围隔生态实验检验

利用AOI作为赤潮预警与评判指标，具有准确、快速、简便等优点，有望在实际赤潮监测中获得普遍应用。然而，该研究结果系根据我国有关赤潮现场观测资料获得的，尚未从实验室实验获得支持，因此，本文拟利用微型实验生态围隔技术进行赤潮模拟实验，检验AOI估算赤潮生物量的准确性以及预警与评价的合理性。

7.3.1 材料与方法

参见第7.2.1节“材料与方法”。

7.3.2 结果与讨论

引用数据参见“赤潮预警指标研究的微型围隔生态实验”的实验结果见表7.3至表7.5。

7.3.2.1 利用AOI估算赤潮藻生物量的可靠性

我们在第7.1节表观增氧量（AOI）“赤潮预警预测的指标研究”中提出了AOI概念，建立了AOI与赤潮藻生物量之间相关关系的定量模式，认为AOI可以作为赤潮藻生物量估算的度量指标。

该研究指出，AOI由式（7.1）计算：

$$AOI = C\ (O) - C\ (O') \tag{7.1}$$

式（7.3）建立了AOI与赤潮藻细胞密度之间的定量关系：

$$AOI = -24.2 + 4.28 \lg N \tag{7.3}$$

为检验实验期间赤潮形成过程中，AOI能否准确表征藻生物量，我们根据实验测得的水温、盐度和溶解氧数据，按式（7.1）计算了各样品的AOI，再将求得的AOI值代入式（7.3），求得藻细胞的估算值（N），最后，由式（7.6）求估算值（N）对于实测藻细胞密度（N_0）的相对偏差（R_V）$_0$。

$$[R_V]_0=\frac{N-N_0}{N_0} \tag{7.6}$$

式中：

$[R_V]_0$——藻细胞密度相对偏差（%）；

N_0——实测藻细胞密度（cells/L）；

N——藻细胞密度估算值（cells/L）。

由AOI估算藻生物量的结果列于表7.6。表7.6中，藻细胞密度实测值（N_0）为各藻种实测值之总和，赤潮藻细胞密度实测值（N_1）为细胞密度超过1×10^6 cells/L的藻种的细胞密度之和。

表7.6 AOI估算藻生物量的准确性

采样海区	培养时间/h	AOI/(mg/dm³)	藻细胞密度估算值N/($\times10^6$ cells/L)	藻细胞密度实测值N_0/($\times10^6$ cells/L)	赤潮藻细胞实测值N_1/($\times10^6$ cells/L)	藻细胞密度相对偏差$[R_V]_0$(%)	赤潮藻细胞密度相对偏差$[R_V]_1$(%)
宝珠屿	0	0.56	0.61	1.4		-52	
	39	2.9	2.15	3.9	1.8	-45	19
	63	3.04	2.31	4.7	3.11	-50	-26
	87	4.87	6.2	7.5	6	-17	3.5
	111	4.86	6.15	6.4	5.4	-4	14
青屿	0	0.37	0.55	0.39		41	
	39	1.52	1.02	7	3.7	-85	-72
	63	3.05	2.33	4.8	2.7	-51	-14
	87	3.91	3.7	5	3.06	-25	21
	111	4.19	4.3	5	2.7	-14	59

表7.6显示，除青屿水样培养39 h时的估算值偏低较多外（上文已指出藻生物量实测值偏高），AOI估算的藻细胞密度（N）与实测的藻细胞密度（N_0）相对偏差介于4%~52%之间。这种偏差程度完全处于浮游植物细胞计数本身可能产生的偏差范围内。

上述结果表明，AOI与藻细胞密度的相关模式［式(7.3)］是稳定的、可信的，AOI可用作浮游植物生物量的量度指标。

7.3.2.2 赤潮预警的AOI指标值的合理性

赤潮是赤潮藻处于一定生物量的基础上发展起来的，也就是说赤潮能否最终形成，与赤潮藻进入赤潮发展初期的生物量水平有关。因此，对于赤潮预警，赤潮藻生物量是一项关键指标。一般说来，赤潮藻生物量愈大，离发生赤潮的时间愈短，其发生赤潮的几率愈高，但因从预警至赤潮发生的间隔时间短，不利于对赤潮的防范。若在生物量小时，对赤潮作预警，虽发生赤潮的机率较小，却能为赤潮防范留出较长的时间。因此，赤潮预警的生物量指标必须具有较高的预警几率，又能为防范赤潮预留足够长的时间。但是，赤潮发展初期，一般为多种藻共存，何种藻能在后期的种间竞争中，发展为赤潮难以定论。此外，尽管在此时期，可能会存在具有较大优势的生物种，但由于缺乏各种的生长率资料，难以分别制定各种赤潮藻的赤潮预警的生物量指标。因此，制定各藻种的赤潮预警生物量指标尚不现实。克服这一困难的现实途径是采用总浮游植物生物量作为预警指标。

根据上述考虑，我们在提出了以表观增氧量（AOI）表征浮游植物生物量，并以 AOI 值为 0.5 mg/dm^3 作为赤潮预警值。当 AOI 值为 0.5 mg/dm^3 时，表明浮游植物生物量已明显升高，但赤潮生物量未达到赤潮判断标准，即尚未发生赤潮。同时，浮游植物生物量的明显升高，意味着各种藻均进入高生物活性状态，可能其中某一赤潮藻正处于形成赤潮过程中。因此，采用 AOI 值为 0.5 mg/dm^3 作为赤潮预警指标，有利于对赤潮的准确预警，又可为赤潮防范留下一定的时间。

根据赤潮预警指标研究的微型围隔生态实验的实验资料（表 7.3 至表 7.5），以 AOI 值为 0.5 mg/dm^3 作为赤潮预警指标值的合理性进行研究验证，结果表明该指标值是合理的，其理由如下。

（1）当本实验 AOI 值约为 0.5 mg/L 时，浮游植物生物量较高，但赤潮尚未发生。实验初始，青屿水样与宝珠屿水样的 AOI 值分别为 0.37 mg/dm^3 和 0.56 mg/dm^3，此时，其浮游植物生物量分别高达 0.39×10^6 cells/L 和 1.4×10^6 cells/L，两组样品都存在较多优势种种类，组成比例较均匀，不存在绝对优势种，其中，藻细胞密度最高的骨条藻属仅分别为 0.056×10^6 cells/L 和 0.4×10^6 cells/L，远未达到赤潮水平。

（2）当本实验初始 AOI 值约为 0.5 mg/dm^3 时，青屿水样和宝珠屿水样的最大优势种骨条藻属在随后均继续发展，并于 39 h 时其生物量分别达 3.7×10^6 cells/L 和 1.8×10^6 cells/L，达到或超过赤潮判断值而形成赤潮。这表明，当 AOI 为 0.5 mg/dm^3 时，确实表明浮游植物处于高生物活性状态，某种赤潮藻正处于赤潮形成过程中。因此，用 AOI 为 0.5 mg/dm^3 作为赤潮预警值，其预警准确率较高。

（3）两组实验均在培养时间 39 h 时形成赤潮，这表明若以 AOI 为 0.5 mg/dm^3 进行赤潮预警，至少可为赤潮防范留下 1.5 d 的时间。由于实验室与现场水动力条件截然不同，现场条件下存在水动力对赤潮藻的稀释扩散作用，若考虑现场水动力条件影响，赤潮形成时间往往会推迟。因此，当赤潮生物生长繁殖条件相同时，现场赤潮形成的时间将比实验室条件更长。

上述分析表明，以 AOI 值为 0.5 mg/dm^3 预警赤潮将具有较高准确率，并可为赤潮防范留下一定的时间。

7.3.2.3 判断与评价赤潮的 AOI 指标值的合理性

采用赤潮藻的细胞密度值判断赤潮（安达六郎，1973）是我国目前通用的方法，然而，该方法存在不同赤潮藻个体大小差异引起评价误差，且计数工作较繁杂。因此，我们利用 AOI 与藻细胞密度的密切相关关系，提出以 AOI 值为 2.0 mg/dm^3 作为判断赤潮标准（表 7.1）。

表 7.3 至表 7.5 的实验结果显示，在培养时间 39 h 时，宝珠屿水样的 AOI 值升至 2.90 mg/dm^3，超过 AOI 值为 2.0 mg/dm^3 的评价标准。此时，该样品达到赤潮标准的藻类是骨条藻属，其密度达到 1.8×10^6 cells/L，已超过细胞密度 1.0×10^6 cells/L 标准。故可以认为以 AOI 值为 2.0 mg/dm^3 作为判别赤潮标准是可行的。

应该指出，AOI 值度量的是浮游植物的总量，而赤潮发生时，特别是轻度赤潮，形成赤潮的赤潮藻数量仅占总数的一定比例。在我们的实验中，若以单种藻赤潮计算，一般占 40%～67%；若以双种藻赤潮计算，一般占 55%～84%。因此用 AOI 评价赤潮程度的真实性如何，是值得进一步探讨的问题。

为此，我们将AOI估算的藻细胞密度N，与已达到赤潮判别标准的赤潮藻细胞密度N_1（若有多种藻达到赤潮标准，则以其之和计算）作比较，结果见表7.6。

结果显示，除青屿水样39 h估算结果明显偏低（上文已指出该水样的藻生物量偏高）外，其余相对偏差落在4%~52%之间，平均相对偏差为22.3%，这种偏差程度完全处于藻细胞计数的偏差范围内，表明由AOI估算的藻生物量与实测的赤潮藻生物量相当吻合，因此，可以认为AOI可用作赤潮强度的评价。特别应指出的，当赤潮强度较轻时，未达到赤潮标准的藻种的数量仍占相当大的比例，用AOI表示则可将非赤潮藻的生物量包括进来，从而可更客观反映赤潮可能产生的缺氧危害。

7.3.3 实验核验AOI作为赤潮评价预警指标的研究小结

（1）利用微型围隔生态实验能较好地模拟现场水质条件下，浮游植物形成赤潮过程和种群变化特征。

（2）微型围隔实验显示，AOI估算的藻生物量与实测值偏差介于4%~52%之间，证实了AOI与藻细胞密度的相关模式是稳定的、可信的，AOI可用作浮游植物生物量的量度指标。

（3）微型围隔实验表明，用AOI值为0.5 mg/dm^{3}作为赤潮预警指标是合理的，不仅预警的准确率会较高，且为赤潮的防范留下一定的时间。

（4）微型围隔实验表明，用AOI值为2.0 mg/dm^{3}作为赤潮判别标准以及用AOI作为赤潮强度的评价标准均是可行的。

（5）AOI反映的生物量，除赤潮藻生物量外，还包括非赤潮藻的生物量，从而可更客观地反映赤潮（特别是轻度赤潮）可能产生的缺氧危害。

7.4 赤潮预警与评价的叶绿素a指标研究

浮游植物生物量指标是赤潮预警预测指标体系中最基本、最重要的指标，因为赤潮是从一定生物量发展起来的，赤潮的判定、评价也是根据其生物量大小而定的。因此，在赤潮预警预测指标体系研究中，对生物量指标应给予优先考虑。叶绿素a是浮游植物光合作用的主体，它与浮游植物同化碳量之间存在一定比例关系，因此，常被用作浮游植物生物量的量度指标。与其他生物量指标比较，叶绿素a作为生物量的量度更为直接，其测定方法较简便，且可以实现现场测定和航空遥感测定。因此，研究利用叶绿素a作为预警预测指标具有现实意义。最近，判定赤潮的叶绿素a指标研究已受到关注，认为叶绿素a值取8 μg/dm^{3}为赤潮发生的临界指标，但是赤潮预警的叶绿素a指标尚未见报道。

在这项研究中，利用微型生态实验对赤潮预警与评价的叶绿素a指标作进一步探讨。

7.4.1 材料与方法

参见赤潮预警指标研究的微型围隔生态实验的第7.2.1节“材料与方法”。

7.4.2 结果与讨论

引用数据参见7.2节“赤潮预警指标研究的微型围隔生态实验”的实验结果（表7.3至表7.5）。

7.4.3 叶绿素 a 指标值确定

7.4.3.1 参照指标选择

目前，可用于赤潮预警与评价的叶绿素 a 指标值确定的参照指标只有二个：①浮游植物细胞密度指标；②表观增氧量（AOI）指标。浮游植物细胞密度指标系将赤潮生物的个体大小分为 4 个个体等级，并分别确定各个体等级赤潮生物的赤潮判定值。这个指标是我国判别赤潮的惯用指标，其优点是生物量表达直观，但藻生物的鉴定与计数较繁杂。该指标尚无赤潮预警指标值可利用。表观增氧量（AOI）指标系假定赤潮开始形成时，水体与大气中氧处于平衡状态，水中氧的生产与消耗相抵消。赤潮形成过程中，水中的氧增加量系由赤潮藻光合作用产生的。AOI 指标的优点在于溶解氧测定较为简易、快速、准确、易掌握，也易实现现场测定，对于大气溶入水体溶解氧量的校正，也较简便。

因此，将利用这二个指标作为确定赤潮预警与评价的叶绿素 a 指标值的参照。

7.4.3.2 叶绿素 a 与浮游植物细胞密度和 AOI 的相关模式

为利用浮游植物细胞密度和 AOI 的赤潮预警与判别指标作为确定叶绿素 a 指标的参照，须研究叶绿素 a 与浮游植物细胞密度和 AOI 的相关模式。

1）叶绿素 a 与表观增氧量（AOI）的相关关系

图 7.2 显示，随着水体中 AOI 含量的增加，叶绿素 a 含量也随之增加，它们之间存在密切的正相关关系：

$$[\text{Chl-a}] = 1.35 + 6.45\,[AOI] \qquad (n=9,\ r=0.951,\ p<0.01) \tag{7.7}$$

式中：

[Chl-a] ——叶绿素 a 含量（$\mu g/dm^3$）；

[AOI] ——表观增氧量（mg/dm^3）。

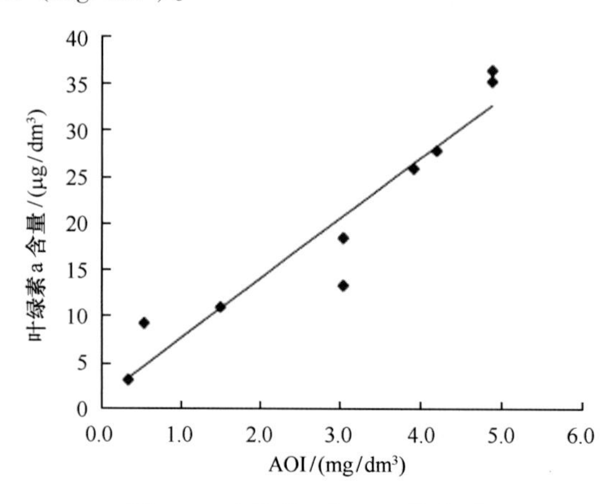

图 7.2 叶绿素 a 与 AOI 的关系

上述结果表明，尽管叶绿素 a 含量和 AOI 受许多因素影响，例如，无光合活性的叶绿素降解产物对叶绿素 a 测定的干扰；AOI 含量受海洋生物呼吸作用和有机物降解过程的影响等，但是，从宏观上看，它们之间仍存在密切的相关性，因而式（7.7）可用于相互间量的换算。

2）叶绿素 a 与浮游植物细胞密度的相关关系

图 7.3 显示，随着浮游植物细胞密度的增加，叶绿素 a 含量随之增加，它们之间呈现密切的正相关关系：

$$[\mathrm{Chl\text{-}a}] = -130 + 23.2\ \lg N \quad (n=8,\ r=0.840,\ p<0.01) \tag{7.8}$$

式中：

[Chl-a] ——叶绿素 a 含量（$\mu g/dm^3$）；

N——浮游植物细胞密度（cells/L）。

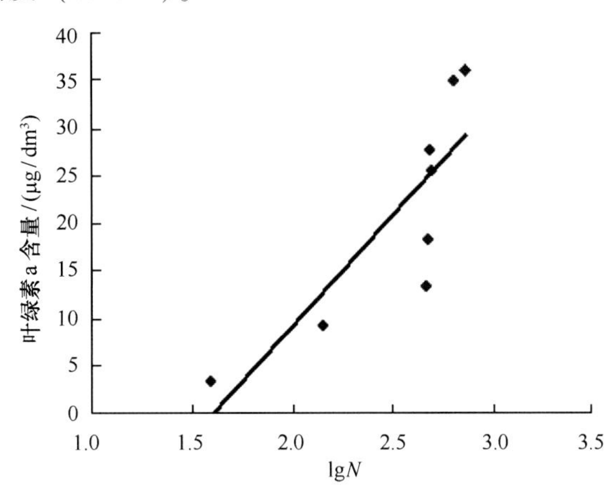

图 7.3 叶绿素 a 与浮游植物细胞密度的关系

上述结果表明，尽管不同藻种的细胞，其叶绿素 a 含量有差异，同一种藻在生长过程中和不同环境中，叶绿素 a 含量也会有变化，但从宏观上看，它们之间仍存在良好的相关性，因而式（7.8）可用于二者间量的换算。

7.4.3.3 赤潮预警与评价的叶绿素 a 指标值确定

1）赤潮预警的叶绿素 a 指标值确定

目前，可供确定赤潮预警叶绿素 a 指标值的参照指标只有 AOI 指标。我们通过 AOI 与赤潮藻细胞密度的相关模式研究，提出了 AOI 以 0.5 mg/dm^3 为赤潮预警值。该指标值意味着水体的溶解氧已明显高于饱和状态，此时浮游植物生物量已明显增加，可能某种赤潮藻正处于赤潮形成过程中。我们在微型围隔生态实验中，进一步证实了该指标值是合理的。

基于此用 AOI 作为确定叶绿素 a 的赤潮预警指标的参照，将 0.5 mg/dm^3 AOI 代入式（7.7），得叶绿素 a 值为 4.7 $\mu g/dm^3$，该值为赤潮预警的叶绿素 a 指标。

我们前面已建立了 AOI 与浮游植物细胞密度的相关公式［见式（7.3）］，即：

$$AOI = -24.2 + 4.28\lg N \tag{7.3}$$

如果以这个公式，求得 AOI=0.5 mg/dm^3 时的浮游植物细胞密度作为赤潮预警的藻细胞密度，再将此值作为参照，以式（7.8）求得叶绿素 a 的赤潮预警值，即得叶绿素 a 值为 4.8 $\mu g/dm^3$。

上述结果显示，用两种途径求得的叶绿素 a 预警值十分一致，为便于应用将 5 $\mu g/dm^3$ 叶绿素 a 定为赤潮预警指标值。

2）赤潮评价的叶绿素 a 指标值确定

确定赤潮评价的叶绿素 a 指标值时，可用 AOI 和浮游植物细胞密度作为参照。

以 AOI 为参照时，将 1.5 mg/dm^3 和 2.0 mg/dm^3 分别作为赤潮发生 AOI 临界值和赤潮判定值，将其分别代入式（7.7），得赤潮发生叶绿素 a 临界值为 11 $\mu g/dm^3$，判定值为 14 $\mu g/dm^3$。

以浮游植物细胞密度的评价标准为参照时，选用浮游植物细胞密度为 1×10^6 cells/L 为赤潮判别的临界值，将其代入式（7.8），得赤潮发生的叶绿素 a 临界值为 9.2 $\mu g/dm^3$。此值略高于文献报道的 8 $\mu g/dm^3$。

上述结果显示，用赤潮发生的 AOI 或浮游植物细胞密度临界值指标求得的叶绿素 a 指标值十分接近，分别为 11 $\mu g/dm^3$ 和 9.2 $\mu g/dm^3$。这个结果与张水浸（2004）以前的观察结果一致，他认为厦门海域赤潮发生时，叶绿素 a 含量通常超过 10 $\mu g/dm^3$。

综合上述情况，将赤潮发生的叶绿素 a 临界值定为 11 $\mu g/dm^3$。考虑到不确定因素的存在，我们认为赤潮判断的叶绿素 a 指标值应定为 14 $\mu g/dm^3$。

参照赤潮强度的 AOI 划分等级，并利用赤潮强度评价的 AOI 指标值，由式（7.7）分别求得轻度、中度和重度赤潮的相应叶绿素 a 指标值，轻度赤潮为 14 $\mu g/dm^3 \leqslant$ 叶绿素 a $\leqslant 34$ $\mu g/dm^3$，中度赤潮为 34 $\mu g/dm^3 <$ 叶绿素 a $\leqslant$ 65 $\mu g/dm^3$，重度赤潮为叶绿素 a >65 $\mu g/dm^3$。

7.4.4 叶绿素 a 作为赤潮预警与评价指标的研究小结

（1）叶绿素 a 与 AOI 和浮游植物细胞密度均存在密切的正相关关系，表明叶绿素 a 可以作为估算浮游植物生物量的量度指标。

（2）叶绿素 a 可作为赤潮预警与评价指标。赤潮预警的叶绿素 a 指标值为 5 $\mu g/dm^3$，赤潮判断的临界值为 11 $\mu g/dm^3$，判定值为 14 $\mu g/dm^3$。轻度赤潮为 14 $\mu g/dm^3 <$ 叶绿素 a $\leqslant$ 34 $\mu g/dm^3$，中度赤潮为 34 $\mu g/dm^3 <$ 叶绿素 a $\leqslant$ 65 $\mu g/dm^3$，重度赤潮为叶绿素 a >65 $\mu g/dm^3$。

7.5 赤潮预警与评价的 pH 指标研究

在一定条件下，浮游植物生物生产量与水中无机碳的消失量和氧的释放量之间存在定量关系，这种定量关系奠定了初级生产力估算的碳法和氧法的理论基础。海水中无机碳以 CO_2、H_2CO_3、HCO_3^- 和 CO_3^{2-} 形态存在，在一定条件下处于动力学平衡状态，这种平衡状态主要受控于浮游植物光合作用对 CO_2 的摄取和水生生物呼吸作用和有机物降解 CO_2 的补充，并直接与海水的 pH 相联系。当 CO_2 因浮游植物光合作用被消耗时，海水 pH 将升高；当 CO_2 因水生生物呼吸作用和有机物分解而升高时，pH 将下降。因此，当浮游植物光合作用使 CO_2 的消耗量远大于呼吸作用和有机物降解产生的 CO_2 量时，海水的 pH 值将明显升高，此时，对于特定海区而言，就有可能利用 pH 作为估算初级生产量的指标。

在赤潮观察中，有研究者观察到，随浮游植物生物量的增加，海水中 pH 值也随之升高，并呈现良好的正相关关系。据此，这些研究者提出利用 pH 作为赤潮预警预测指标的设想，但是后续研究并未进行。由于海水中 pH 测定简便，易普及，且有可能实现在线监测，因此，利用 pH 作为赤潮预警预测指标有良好前景，值得深入研究。

在我们进行的研究中，采用微型围隔生态实验技术，对赤潮预警的 pH 指标进行初步探讨。研究了厦门湾浮游植物生物量与 pH 的定量关系以及水体初始 pH 的影响，进而提出赤潮预警的 pH 指标值。

7.5.1 材料与方法

参见第 7.2.1 节“材料与方法”。

7.5.2 结果与讨论

引用数据参见第7.2节“赤潮预警指标研究的微型围隔生态实验”的实验结果（表7.3至表7.5）。

7.5.2.1 浮游植物细胞密度变化

实验期间宝珠屿和青屿两组水样的浮游植物细胞密度随培养时间的延长不断升高。宝珠屿水样由初始的 1.4×10^6 cells/L，至实验末期（111 h）上升至 6.4×10^6 cells/L；青屿水样则由 0.39×10^6 cells/L 上升至 5.0×10^6 cells/L。两组水样的浮游植物密度变化趋势示于图7.4。根据赤潮评价的浮游植物细胞密度判定标准，在实验末期，两组水样的浮游植物细胞密度均超过赤潮判定值，即属于赤潮状态。

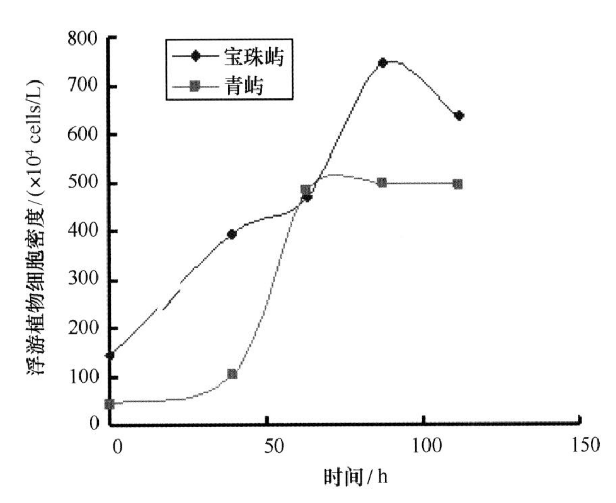

图7.4　浮游植物细胞密度随时间变化

青屿水样39 h时的浮游植物细胞密度似为明显偏高的异常值。从细胞分裂速度看，在39 h时间内，细胞密度由 0.39×10^6 cells/L 增至 7.0×10^6 cells/L，其浮游植物混合种群的平均分裂速度达2.8次/d，似乎不太可能；从水化学参数的变化趋势看，39 h时的DO、pH值并未明显偏高，ΣN、PO_4^{3-}-P并未明显偏低（见表7.4、表7.5）。因此，我们认为39 h时的浮游植物细胞密度值为异常值（图7.4中，其数值改用AOI的换算值）。

7.5.2.2 表观增氧量（AOI）的变化

实验期间，宝珠屿与青屿两组水样的AOI值分别由0.556 mg/dm³ 升至4.86 mg/dm³ 和由0.37 mg/dm³ 升至4.19 mg/dm³，其变化趋势见图7.5。比较图7.4和图7.5，可见AOI和浮游植物细胞密度的变化其实基本一致。

7.5.2.3 pH变化

实验期间，宝珠屿与青屿两组水样的pH分别由8.08升至8.49，和由8.19升至8.60，其变化趋势见图7.6。

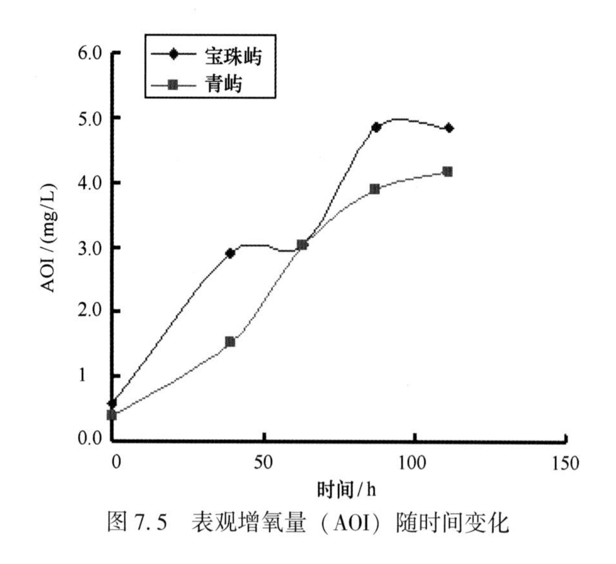

图 7.5　表观增氧量（AOI）随时间变化

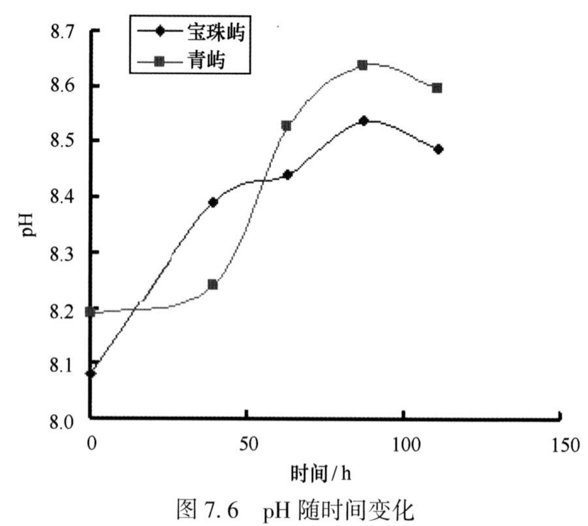

图 7.6　pH 随时间变化

将图 7.6 与图 7.4、图 7.5 作比较，可以看出 pH 与浮游植物细胞密度和 AOI 的变化趋势基本一致。

7.5.2.4　pH 与浮游植物细胞密度的关系

根据实验测得的数据，探讨 pH 值和浮游植物细胞密度之间的相关关系（青屿水样在 39 h 时的浮游植物细胞密度值异常，改用 AOI 换算值），结果见式（7.9）和式（7.10）。

宝珠屿：　$\mathrm{pH}=4.22+0.629\lg N \quad (n=5,\ r=0.996,\ p<0.01)$　（7.9）

青　屿：　$\mathrm{pH}=5.93+0.369\lg N \quad (n=5,\ r=0.963,\ p<0.01)$　（7.10）

式（7.9）和式（7.10）中，N 为浮游植物细胞密度（cells/L）。

上述统计结果表明，pH 与浮游植物细胞密度的对数之间呈现明显的正相关关系，意味着在一定条件下 pH 可以指示浮游植物生物量。

式（7.9）与式（7.10）的常数项，可以粗略认为是在没有浮游植物存在下水体的 pH。对两式的常数项作比较，可以看出式（7.9）明显小于式（7.10）。这意味着，假如没有浮游植物影响时，宝珠屿水体的 pH 比青屿低，因而可以推断，宝珠屿水体的 CO_2 浓度高于青屿水体。

比较式（7.9）与式（7.10）的系数可以看出，式（7.9）的系数远高于式（7.10），这就意味着宝珠屿水样浮游植物增殖时的 pH 变化率大于青屿水样。其原因可能有以下两种。(1) 受初始 pH 影响。若单个浮游植物细胞光合作用摄取的碳量相同，则其引起的 pH 变化受初始 pH 影响。初始 pH 值愈低者，引起的 pH 变化愈小；反之亦然。实验表明，宝珠屿水样的初始 pH 值小于青屿水样，理应宝珠屿水样的 pH 变化应小于青屿水样，但结果却与此相反，这说明水样初始 pH 不是影响式（7.9）和式（7.10）系数差别的主要原因。

(2) 受单个浮游植物细胞光合作用摄取碳量不同的影响。若初始 pH 相同，则摄取碳量多者，引起的 pH 变化大；反之亦然。宝珠屿水样的初始 pH 低，其单位浮游植物增殖量引起的 pH 变化却大于初始 pH 高的青屿水样，这就表明宝珠屿水样的浮游植物对碳的摄取能力远高于青屿，从而导致其 pH 变化率大。

总之，虽然浮游植物增殖产生的细胞密度变化与水体 pH 变化有密切关系，但不同海区水样的浮游植物个体光合作用摄取的碳量却有明显差别，从而导致 pH 变化的海区差别。因此，以 pH 来指示浮游植物细胞密度会有较大误差。

7.5.2.5 pH与表观增氧量（AOI）的关系

我们研究了AOI与浮游植物细胞密度的关系，认为在赤潮形成期可以指示浮游植物生物量。因此，在研究中探讨了pH与AOI的关系。

根据宝珠屿水样和青屿水样的实验数据，研究pH与AOI的相关关系，结果见式（7.11）和式（7.12）。

宝珠屿：$pH=8.07+0.097\ AOI \quad (n=5, r=0.954, p<0.01)$ （7.11）

青　屿：$pH=8.11+0.126\ AOI \quad (n=5, r=0.974, p<0.01)$ （7.12）

由式（7.11）与式（7.12）可见，pH与AOI之间存在密切的正相关关系，进一步说明pH有可能作为浮游植物生物量的指标。

式（7.11）与式（7.12）表明，宝珠屿水样的pH与AOI关系式的常数项和系数，与青屿水样有一定的差异。

常数项系为AOI=0时水样的pH值。

AOI=0，意味着水样中浮游植物光合作用产生的氧刚好弥补由于水生生物呼吸作用和有机物降解消耗的氧。此时，海水中浮游植物生物量不太高。根据式（7.11）与式（7.12），当AOI=0时，宝珠屿与青屿水样的pH分别为8.07和8.11，前者略小于后者，这意味着宝珠屿水体CO_2浓度高于青屿。

二个式子的系数也存在差别，式（7.11）的系数为0.097，式（7.12）为0.126，前者小于后者，也就是宝珠屿水样的pH变化率小于青屿。其原因之一，可能与水样AOI=0时的pH有关。当浮游植物光合作用对碳的摄取量与AOI值等当量时，pH的变化率与AOI=0时的pH有关，此时的pH愈小，pH变化率便愈小，反之亦然。由于宝珠屿在AOI=0时的pH值（8.07）小于青屿水样（8.11），故其pH变化率小于青屿是符合上述分析的。

7.5.3 利用pH预警赤潮指标值探讨

实验结果显示，pH与浮游植物细胞密度和AOI均呈现密切正相关关系，因此，pH有可能用作预警赤潮的生物量指标。

确定pH预警赤潮的预警值，必须有一个反映浮游植物正常生物量的pH值作参考，然后在此基础上提出pH预警值。利用pH与AOI的关系来研究pH预警值最为合适。这是因为：①AOI=0时，其pH可作为反映浮游植物正常生物量的pH参考值；②赤潮预警的AOI预警值已经提出，可以作为确定pH预警值的参照；③AOI反映的浮游植物生物量比利用细胞密度更合理。

我们在“赤潮预警预测的表观增氧量（AOI）指标研究”（7.1节）中提出了赤潮预警AOI值为0.5 mg/dm^3，赤潮AOI判定值为2.0 mg/dm^3。应用这些标准值，借助式（7.11）和式（7.12），可分别得出宝珠屿海域与青屿海域的赤潮预警pH指标值和赤潮pH判定值。具体计算如下。

（1）赤潮pH预警值：

宝珠屿　$pH=8.07+0.097\times0.5=8.12$

青　屿　$pH=8.11+0.126\times0.5=8.17$

（2）赤潮pH判定值：

宝珠屿　$pH=8.07+0.097\times2.0=8.26$

青　屿　$pH=8.11+0.126\times2.0=8.36$

上述结果显示，受有机物污染较轻的水域，其赤潮预警与判断的 pH 指标值较高，较重的水域则较低。

由式（7.11）和式（7.12）可以看出，赤潮预警与判断的 pH 指标值计算是由两部分组成，其一是 AOI 为“0”时的 pH 值，其二为 AOI 变化的 pH 响应值。而后者又与前者相联系。因此，确定 AOI=0 时的 pH 值，对于确定海区赤潮预警与判别的 pH 指标值十分重要。一般说来，在浮游植物生物量较低的情况下（以 AOI=0 为参照），我国海湾的海水 pH 介于 7.90~8.20。pH=7.90~8.00 时，一般为有机污染严重水体；pH=8.00~8.10 时，为有机污染较重水体；pH=8.10~8.20 时，为有机污染较轻水体。

因此，对有机污染较重水体，赤潮的预警指标值可定为 8.12，赤潮判别的 pH 值可定为 8.26；对于有机污染较轻的水体，赤潮预警和判别的 pH 值可分别定为 8.17 和 8.36。对于有机污染严重水体，由于缺乏必需的实验资料，尚未能确定其赤潮的预警与判别 pH 值，但是，可以推定，其预警值和判别值将分别小于 8.12 和 8.26。

显然，海区的有机污染程度对于赤潮预警与判别 pH 值有明显影响。因此，在此研究中提供的赤潮预警与判别 pH 值是按有机污染的等级划分。为此，对具体海区来说，应用这里提供的 pH 指标值，必须先确定该海区的有机污染状况。其途径可采用近期调查资料，或采用本书的实验方法，求得 AOI=0 时的 pH 值，再决定采用何种指标值。

上述的 pH 指标值属较为精细的指标值划分，为便于日常工作，可将 pH 指标的适用性适当放宽。于是我们提出了可适用于有机污染中等至较轻水体的 pH 指标。

具体做法是对宝珠屿与青屿水样实验的 pH 值和 AOI 值数据进行回归统计，求得其相关关系式，再用赤潮预警与判别的 AOI 值，计算赤潮预警与判别的 pH 指标值。结果如下：

$$\mathrm{pH}=8.11+0.103\,AOI \quad (n=10,\ r=0.892,\ p<0.01) \tag{7.13}$$

赤潮 pH 预警值：

$$\mathrm{pH}=8.11+0.103\times 0.5=8.16$$

赤潮 pH 判定值：

$$\mathrm{pH}=8.11+0.103\times 2.0=8.32$$

根据上述结果，我们认为对于一般水体，即有机污染中等程度以下水体，其赤潮预警 pH 值可采用 8.16，赤潮判别值采用 8.32。虽然应用这两种指标值对赤潮进行预测与判别会有较大误差，但较容易应用。利用赤潮强度分级的 AOI 指标值由式（7.11）至式（7.13），进一步求得相应的轻度、中度和重度赤潮的 pH 指标值。结果如下：

宝珠屿：

轻度赤潮　$8.26\leqslant \mathrm{pH}\leqslant 8.55$

中度赤潮　$8.55<\mathrm{pH}\leqslant 9.00$

重度赤潮　$\mathrm{pH}>9.00$

青　屿：

轻度赤潮　$8.36\leqslant \mathrm{pH}\leqslant 8.70$

中度赤潮　$8.70<\mathrm{pH}\leqslant 9.40$

重度赤潮　$\mathrm{pH}>9.40$

综 合：

轻度赤潮	8.32≤pH≤8.60
中度赤潮	8.60<pH≤9.14
重度赤潮	pH >9.14

7.5.4 pH作为赤潮预警与评价指标的研究小结

（1）pH与AOI和浮游植物细胞密度对数之间存在密切的正相关关系，因而pH的变化可以表征浮游植物生物量的变化。

（2）推荐pH 8.16为赤潮预警指标值，赤潮的pH判定值为8.32。

轻度赤潮	8.16≤pH≤8.60
中度赤潮	8.60<pH≤9.14
重度赤潮	pH >9.14

7.6 海洋浮游植物对N、P营养盐的摄取作用研究

海水中N、P是浮游植物生长不可缺少的营养元素，浮游植物从水中摄取所需的N、P以满足其生理需求，以支持其生长（张水浸等，1994；赖利等，1982）。大量的调查结果显示，当今赤潮在全球沿岸海域不断扩展，与大量的含N、P营养物质排入海中，导致水体富营养化有密切关系，丰富的N、P含量是赤潮发生与发展的必要条件。然而，由于赤潮发生机制的复杂性，人们至今对下列问题尚无一致的答案：①在多大营养负荷下，赤潮才有可能发生？②对于特定的营养盐负荷，可能发生多大强度的赤潮？由于赤潮的形成与发展受营养盐限制因子控制，因此，为回答特定海区的这些问题，首先，必须判断该海区浮游植物是受N限制或P限制。

有研究指出（Hecky et al.，1988；Michael F. Pichler et al.，2004），赤潮的生物量与营养盐浓度，特别是限制因子的浓度有关，它决定了赤潮最后可能达到的生物量，因此，欲了解特定海区赤潮发生的强度，除了了解海区的营养盐水平，还得知道该海区浮游植物天然种群对营养盐的需求。

目前，最常见的用于营养盐限制因子的判别标准是Redfield比值（即N∶P=16∶1）（Redfield，1958）。当水中N/P>16时，即认为该海区为P限制；反之，则为N限制。然而由于Redfield比值是在大洋环境下获得的，对于浮游植物群落结构和N、P含量与大洋有明显差异的沿岸水环境，该比值是否普遍适用是值得质疑的；对于浮游植物对N、P摄取量与获得的生物量之间的关系，至今尚无定量模式可以借鉴。

基于这个缘故，在我们的研究中应用微型围隔生态实验，对采自厦门湾天然水样进行时间系列培养，根据浮游植物天然种群对水中N、P的移出作用，探讨该海区浮游植物对N、P的摄取比例和浮游植物增殖量与营养盐移出量之间的相关模式，以期为该海区的赤潮预警与评价提供依据。

7.6.1 材料与方法

参见第7.2.1节“材料与方法”。

7.6.2 结果与讨论

引用数据参见第7.2节“赤潮预警指标研究的微型围隔生态实验”的实验结果（表7.3至表7.5）。

7.6.2.1　实验期间浮游植物的生物量变化

图7.7显示，培养期间宝珠屿水样与青屿水样浮游植物生物量随时间推移呈急剧增长趋势，并在第3.5~4.5 d时达到稳定高值。对于宝珠屿水样，浮游植物生物量由初始时的0.61×10^6 cells/L，至4.5 d时升至6.15×10^6 cells/L，增殖10倍；对于青屿水样，浮游植物生物量由初始时的0.37×10^6 cells/L，至4.5d时升至4.30×10^6 cells/L，增殖11.6倍。这些结果表明，在本实验期间，两组水样的浮游植物生长过程包含了指数增长期和停滞期二个阶段。

7.6.2.2　实验期间浮游植物生物量与磷酸盐浓度的关系

由于浮游植物对P的摄取作用，不管是宝珠屿水样或青屿水样，磷酸盐含量均随浮游植物增殖呈急剧下降趋势（见图7.8）。前者由0.90 μmol/dm^3降至0.08 μmol/dm^3，下降90%；后者由0.37 μmol/dm^3降至0.05 μmol/dm^3，下降86%。

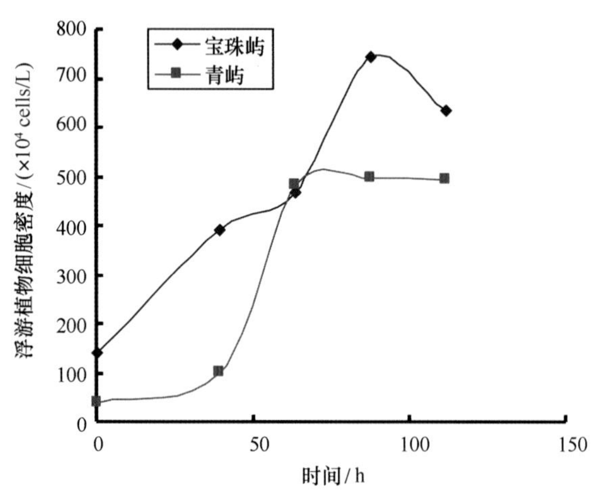

图7.7　浮游植物细胞密度随时间变化

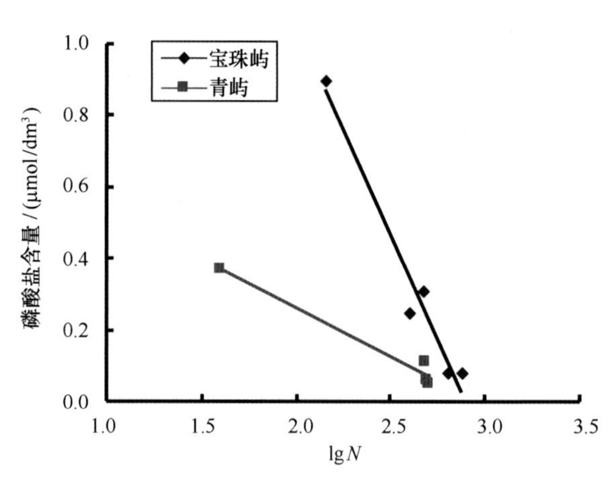

图7.8　磷酸盐与浮游植物生长的关系

统计结果显示，宝珠屿水样和青屿水样的磷酸盐与浮游植物细胞密度的对数存在显著的负相关关系［见式（7.14）和式（7.15）］。

宝珠屿水样：　$C_{PO_4} = 5.348 - 0.783\lg N$　($n=5$, $r=-0.962$, $p<0.01$)　(7.14)

青屿水样：　$C_{PO_4} = 2.483 - 0.369\lg N$　($n=5$, $r=-0.992$, $p<0.01$)　(7.15)

式中：

C_{PO_4}——水样中磷酸盐浓度（μmol/dm^3）；

N——水样中浮游植物的细胞密度（cells/L）。

式（7.14）和式（7.15）意味着，浮游植物生长增殖对水中磷酸盐的摄取是非线性的。即在浮游植物生长过程中，随生物量的增加，每个细胞从水中摄取磷酸盐的量越来越小。其原因可能是：①与细胞外P浓度有关。浮游植物对营养盐的摄取，首先依赖于吸附过程，当细胞外的浓度愈高，吸附于细胞外壁的量就愈大，就越有利于浮游植物对它的摄取。在培养实验初始，浮游植物密度较小，水中磷酸盐浓度较高，因而有利于磷酸盐在细胞外壁的吸附，此时，细胞个体对P摄取量就较高；随着浮游植物增殖，生物量增高，水体中磷酸盐浓度下降，因而细胞个体对P的摄取量便减少。这样就造成了浮游植物繁殖过程中，其细胞个体对P的摄取量随生物量升高而不断减少。②与细胞个体叶绿素a含量变小有关。我们的实验显示，随着浮游植物生长增殖，由于细胞的分裂，其个体将逐渐变小，个体内的叶绿素 a 含量随之减少，显然这将使细胞个体对 P 的摄取量减少。

上述结果表明，在浮游植物的生长增殖过程中，如果没有外界 P 的有效补充，细胞个体对 P 的摄取量逐渐下降，细胞内的 P 含量将逐渐降低。

从式（7.14）和式（7.15）可以看出，宝珠屿水样浮游植物对磷的摄取系数为 0.783，青屿水样的摄取系数为 0.369，前者为后者的 2.1 倍。这表明，宝珠屿水样的浮游植物种群对 P 的摄取能力比青屿水样高得多。这也意味着，对于获取相同生物量，青屿水体所需的 P 量明显少于宝珠屿水体。

7.6.2.3 实验期间浮游植物对 N 的摄取

浮游植物生长繁殖对水样中 N 的浓度影响，与 P 的情况相似（见图 7.9）。

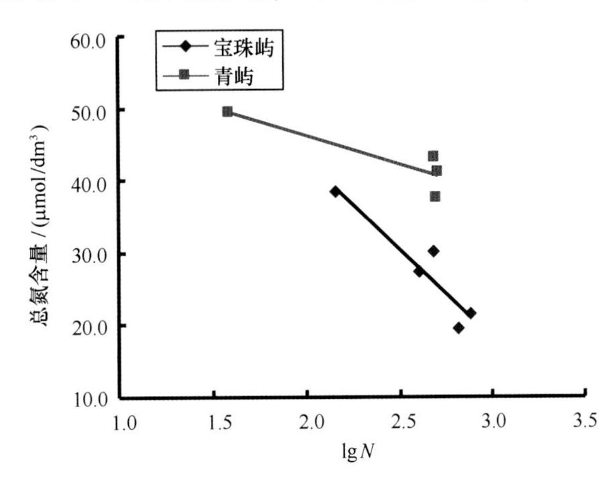

图 7.9 总氮与浮游植物生长的关系

图 7.9 显示，宝珠屿与青屿水样的 N 含量均随浮游植物的生长繁殖呈急剧下降趋势。宝珠屿水样 N 浓度由 38.6 $\mu mol/dm^3$ 降至 19.6 $\mu mol/dm^3$，青屿水样氮含量则由 49.4 $\mu mol/dm^3$ 降至 37.5 $\mu mol/dm^3$。前者下降 49%，后者下降 24%。统计结果显示，两水样中 N 与浮游植物细胞密度对数均存在显著负相关关系，其相关方程如下：

宝珠屿水样： $C_{\Sigma N}=142-17.86\lg N$ （$n=5$，$r=-0.983$，$p<0.01$） （7.16）

青屿水样： $C_{\Sigma N}=128.3-13.4\lg N$ （$n=5$，$r=-0.943$，$p<0.01$） （7.17）

式中：

$C_{\Sigma N}$——水样中总氮浓度（$\mu mol/dm^3$）；

N——水样中浮游植物细胞密度（cells/L）。

式（7.16）和式（7.17）表明，在培养过程中，浮游植物对氮的摄取，也是与磷一样，呈非线性关系，即随生物量的递增，细胞个体对氮的摄取量越来越小。这结果表明，在浮游植物生长繁殖过程中，如果没有氮的有效补充，细胞个体对 N 的摄取量将逐渐下降，体内的 N 含量将逐渐减少，并趋于贫乏，直至限制进一步生长。

式（7.16）和式（7.17）也表明，宝珠屿水样浮游植物对 N 的摄取系数为 17.86，青屿水样为 13.4，前者为后者的 1.3 倍，这意味着，宝珠屿水样的浮游植物种群对 N 的摄取能力高于青屿水样。

7.6.2.4 浮游植物摄取 N 与 P 的比例

通常认为，浮游植物按 Redfield 比例从海水中摄取 N 和 P，且将该比值广泛用作营养盐限制因子的判别标准和营养盐再生计算。然而，该比值是在大洋环境状态下获得的，对于污染严重的近岸海域是否适用，值得质疑。

为揭示宝珠屿水样和青屿水样浮游植物对 N 与 P 摄取的比例，分别对实验过程中，两组水样的 N 与 P 浓度进行相关分析，结果见式（7.18）和式（7.19）。

宝珠屿： $C_{\Sigma N}=20.5+21.3\ C_{PO_4}\quad (n=5,\ r=0.955,\ p<0.01)$ （7.18）

青　屿： $C_{\Sigma N}=38.1+35.1\ C_{PO_4}\quad (n=5,\ r=0.920,\ p<0.01)$ （7.19）

结果显示，在实验过程中，由于浮游植物的摄取，宝珠屿水样与青屿水样的 N 和 P 含量之间存在显著的正相关关系。宝珠屿水样浮游植物摄取 N 与 P 的比值为 21∶1，而青屿水样为 35∶1。结果表明，厦门海域浮游植物对 N、P 摄取的比值不仅明显大于 Redfield 比值（16∶1），而且湾内和湾外侧海区也存在明显差异。

7.6.3 讨论

7.6.3.1 以 AOI 表示浮游植物对 N、P 的摄取系数

式（7.14）至式（7.17）分别探讨了宝珠屿海区和青屿海区浮游植物对 N、P 的摄取，然而，这些公式系以浮游植物细胞密度表示浮游植物生物量，其获取的摄取系数较难用于实际工作中。表观增氧量（AOI）被认为可以作为浮游植物生物量的估算指标，在赤潮评价中具有实用性，因此，当用 AOI 作为浮游植物生物量指标时，可得出以下的相关方程：

宝珠屿水样：

$$C_{PO_4}=0.917-0.183\ [\mathrm{AOI}]\quad (n=5,\ r=-0.962,\ p<0.01)\tag{7.20}$$

$$C_{\Sigma N}=41.0-4.16\ [\mathrm{AOI}]\quad (n=5,\ r=-0.983,\ p<0.01)\tag{7.21}$$

青屿水样：

$$C_{PO_4}=0.408-0.088\ [\mathrm{AOI}]\quad (n=5,\ r=-0.987,\ p<0.01)\tag{7.22}$$

$$C_{\Sigma N}=52.6-3.15\ [\mathrm{AOI}]\quad (n=5,\ r=-0.920,\ p<0.01)\tag{7.23}$$

上述公式的单位与符号均与前面相同，[AOI] 表示为表观增氧量，单位为 mg/dm^3。

利用上述公式，分别对宝珠屿与青屿水域浮游植物对 N、P 的摄取系数作比较，结果显示，宝珠屿水域浮游植物对 P 的摄取系数为青屿水域的 2.1 倍；对 N 的摄取系数为青屿水域的 1.3 倍。此结果与以浮游植物细胞密度作为生物量的计算结果相一致，这从一个侧面说明 AOI 可以作为浮游植物生物量指标。式（7.20）至式（7.23）的摄取系数可以分别作为估算宝珠屿水域和青屿水域浮游植物对氮和磷摄取需求的参考。

7.6.3.2 厦门湾浮游植物对 N、P 摄取比值偏离 Redfield 比值原因的初步分析

海洋浮游植物群落是由各种种群构成的，各个种群对 N、P 都有其最佳的比值需求，且差别很大（Hecky，Kilham，1988）。例如有的种群 N、P 比值需求仅为 7，有的则高达 87。当海水中 N、P 比值愈接近某种生物的最佳比值时，愈有利于该种生物的生存与生长，从而导致天然浮游植物种群的强烈竞争，例如，有研究者认为海水中 N、P 比越高于 Redfield 比值时，越有利于硅藻的生长；反之，则有利于非硅藻的生长。总之，海水中 N、P 比值的变化，将影响海域的浮游植物种群结构的种类组成。由于海洋浮游植物对 N、P 摄取比值实际上是各种生物摄取比值的平均值，因此，海水中 N、P 比值的状况，将对浮游植物对 N、P 的摄取比值产生影响。

我们认为，厦门湾浮游植物对 N、P 摄取比值之所以明显高于 Redfield 比值，是由于该海域接

纳了大量的工农业废水和生活污水，导致海水受N、P污染，N、P比例失调的结果。我们曾在1986年对宝珠屿附近海域作过周年营养盐调查，发现该海域水体中N、P比值多数情况下介于20~80之间；本实验对水样中N、P的分析结果，经浮游植物生物量校正后，获得宝珠屿附近海域水中N、P比值为43，青屿附近海域的N、P比值为128。这表明，厦门湾水体中N、P比例长期失调是导致浮游植物对N、P摄取比例偏离Redfield比值的重要原因。显然，对于沿岸受污染的海域，一律采用Redfield比值作为浮游植物对N、P的摄取比值不一定合适。

7.7 赤潮发生的N、P限制研究

氮、磷营养盐是浮游植物生长繁殖的必要元素，是赤潮发生的物质基础，其含量的丰歉制约着赤潮的发生和发展。一般认为，当海水中N、P比值大于16时，P是限制因子；小于16时，N为限制因子。对特定海域而言，赤潮的发生受制于海区的营养盐限制因子，只有当其浓度达到赤潮的临界浓度时，赤潮才会发生。因此，确定限制因子及其临界浓度对预测赤潮的发生极为重要。

厦门湾是赤潮多发海区，特别是厦门西港的宝珠屿海域。在全国赤潮控制工作中，厦门湾被列为赤潮控制重点海区。因此，研究厦门海域赤潮发生的N、P限制具有现实意义。

此研究利用微型围隔生态实验技术，对厦门湾赤潮发生的N、P限制进行研究。

7.7.1 材料与方法

参见第7.2.1节“材料与方法”。

7.7.2 结果与讨论

引用数据参见“赤潮预警指标研究的微型围隔生态实验”的实验结果（表7.3至表7.5）。

实验期间的浮游植物细胞密度、表观增氧量（AOI）、总氮（∑N）和磷酸盐的实验结果分别示于图7.4、图7.5、图7.10、图7.11。

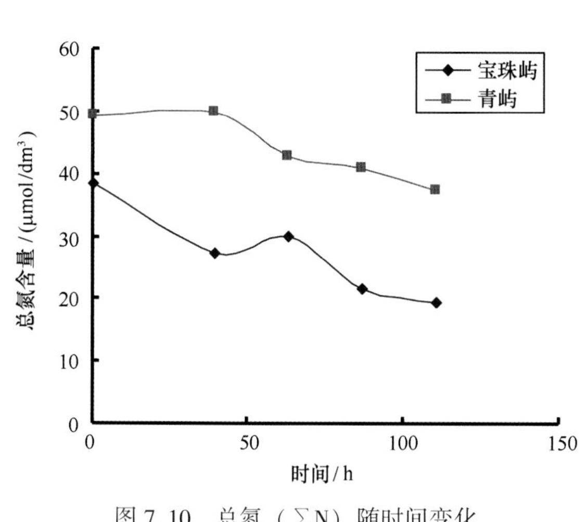

图7.10 总氮（∑N）随时间变化

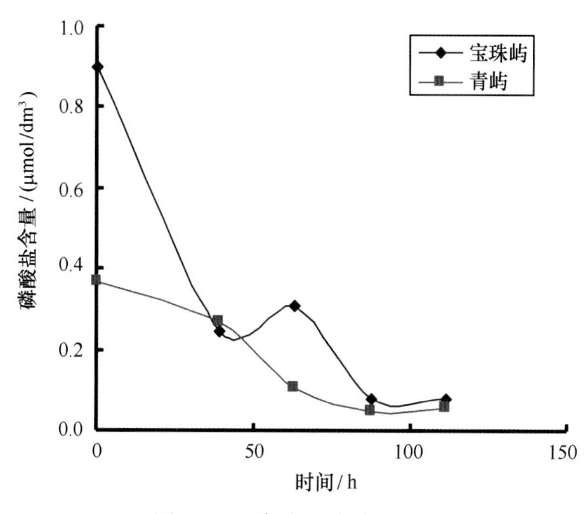

图7.11 磷酸盐随时间变化

7.7.2.1 *浮游植物*

实验期间宝珠屿和青屿水样的浮游植物细胞密度均呈上升趋势（见图7.4），两组水样的变化规律相似。

对于宝珠屿水样，实验开始时的浮游植物细胞密度为 1.4×10^6 cells/L，随后数量逐渐上升，至 87 h 时达最高值 7.5×10^6 cells/L，至 111 h 时，处于 6.4×10^6 cells/L 水平。

对于青屿水样，实验开始时的浮游植物细胞密度为 0.39×10^6 cells/L，至 87 h 增至 5.0×10^6 cells/L，至 111 h 时，稳定在 5.0×10^6 cells/L 水平。

根据赤潮的浮游植物密度判别标准（安达六郎，1973），宝珠屿和青屿水样在 87~111 h 时，浮游植物细胞密度已超过赤潮判别临界值，且大约稳定在一个水平上。故可认为在这个期间，两水样处于赤潮的维持阶段。

7.7.2.2 表观增氧量（AOI）

实验期间，宝珠屿和青屿水样的 AOI 值均呈上升趋势，两组水样的变化规律相似（见图 7.5）。

宝珠屿水样的 AOI 由实验初的 0.56 mg/dm^3，至 87 h 时，升至 4.87 mg/dm^3，111 h 时，为 4.86 mg/dm^3。

青屿水样的 AOI 由初始的 0.37 mg/dm^3，至 87 h 时，升至 3.91 mg/dm^3，111 h 时，为 4.19 mg/dm^3。

根据赤潮的 AOI 的评价标准，两组水样在 87~111 h 时，其 AOI 值均超过赤潮判定值，且稳定在一个水平上，因而进一步说明这期间两水样的浮游植物处于赤潮的维持阶段。

7.7.2.3 总氮（$\sum N$）

宝珠屿与青屿水样的总氮在实验期间均呈下降趋势（见图 7.10）。

对于宝珠屿水样，$\sum N$ 由初始的 38.6 $\mu mol/dm^3$，至 87 h 下降至 21.6 $\mu mol/dm^3$，随后，至 111 h 时，又继续下降至 19.6 $\mu mol/dm^3$。青屿水样的 $\sum N$ 变化规律与宝珠屿相似，但变化幅度较小。实验初始的 $\sum N$ 为 49.4 $\mu mol/dm^3$，至 87 h 时下降至 41 $\mu mol/dm^3$，111 h 时，降至 37.5 $\mu mol/dm^3$。

上述结果显示，在赤潮维持期，宝珠屿和青屿水样还有较高浓度的 $\sum N$。

7.7.2.4 磷酸盐

宝珠屿与青屿水样的磷酸盐均随浮游植物的生长繁殖而迅速下降（见图 7.11）。

对于宝珠屿水样，PO_4^{3-}-P 由初始的 0.90 $\mu mol/dm^3$，至 87 h 时，降至 0.08 $\mu mol/dm^3$，111 h 时，仍保持在 0.08 $\mu mol/dm^3$。青屿水样的 PO_4^{3-}-P 浓度也呈相似的变化规律，初始时，PO_4^{3-}-P 浓度为 0.37 $\mu mol/dm^3$，至 87 h 时，下降至 0.05 $\mu mol/dm^3$，随后，其浓度不再下降，维持在 0.06 $\mu mol/dm^3$。

上述结果表明，在赤潮维持阶段，宝珠屿和青屿水样的 PO_4^{3-}-P 浓度均处于很低水平，已经接近分析方法的检测下限（0.02 $\mu mol/dm^3$）。因此，可以认为此时水中的 PO_4^{3-}-P 基本上已被耗尽。

7.7.3 浮游植物生长的营养盐限制因子

通常，浮游植物生长的营养盐限制因子的判别标准是 Redfild 比值，主要关注 N 与 P。但是，本研究表明，厦门湾的宝珠屿与青屿海域浮游植物对 N、P 的摄取比例并非 16∶1，宝珠屿海域为 21，青屿海域为 35。这说明用 N/P 为 16∶1 来判别 N、P 限制因子不一定可靠，必须采用海区实际的浮游植物对 N、P 的摄取比例，或浮游植物大量繁殖时，哪一元素的含量首先被耗尽来判别。

在实验过程中，随着浮游植物生物量的增加，宝珠屿水样的 N/P 从 43 升至 245，青屿水样从 134 升至 625，均分别超过 21 和 35，表明二海区的限制因子均为 P。在实验末的赤潮维持阶段，宝珠屿和青屿水样的磷酸盐含量均分别降至 0.08 $\mu mol/dm^3$ 和 0.05 $\mu mol/dm^3$，而 $\sum N$ 仍分别高达 19.6 $\mu mol/dm^3$ 和 37.5 $\mu mol/dm^3$，这进一步证实宝珠屿海域和青屿海域的限制因子为 P。

7.7.4 赤潮发生的 P 临界浓度

上述研究已表明，宝珠屿与青屿海域浮游植物生长的营养盐限制因子为 P，因此，磷酸盐的含量高低直接影响赤潮发生的可能性。一些研究认为，赤潮发生的P临界浓度为0.015 mg/dm³，当水中P超过此浓度时，赤潮便容易发生。所谓“临界浓度”，指的是满足浮游植物从某一生物量发展至形成赤潮所需的最小浓度。显然，“临界浓度”值的大小与初始生物量有关，也与浮游植物群落对P的摄取能力有关。然而，已报道的P临界浓度并未给予相关的说明，让人们有理由质疑该数值是否具有普遍意义。因此，继续研究赤潮发生的P临界浓度仍有必要。

由于AOI可以作为浮游植物生物量的度量，故本研究利用P与AOI的关系来研究厦门湾赤潮发生的P临界浓度。

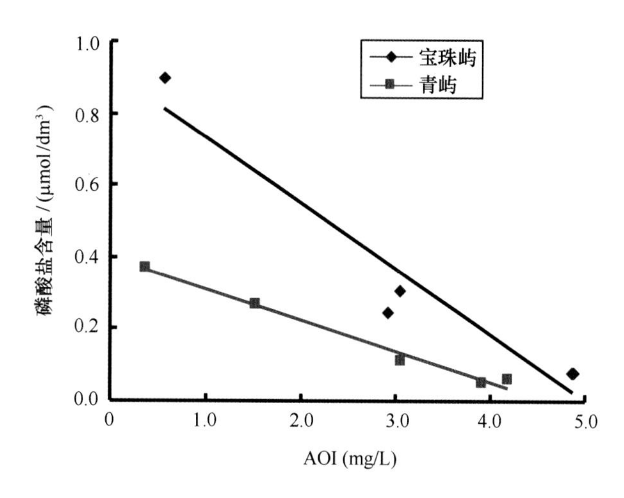

图7.12 磷酸盐与AOI的关系图

图7.12显示，实验期间磷酸盐浓度随AOI增加而下降，并呈显著的负相关关系，其相关模式见式（7.20）和式（7.22），式（7.20）和式（7.22）可分别用于估算宝珠屿和青屿海区赤潮发生的磷酸盐临界浓度。

宝珠屿：

$$C_{PO_4}=0.917-0.183\ [\mathrm{AOI}] \qquad (n=5,\ r=-0.962,\ p<0.01) \qquad (7.20)$$

青　屿：

$$C_{PO_4}=0.408-0.088\ [\mathrm{AOI}] \qquad (n=5,\ r=-0.987,\ p<0.01) \qquad (7.22)$$

估算P临界浓度时，设定AOI为0 mg/dm³的浮游植物估算量作为初始生物量，AOI为2.0 mg/dm³的浮游植物估算量作为赤潮生物量。估算得到的P临界浓度为：宝珠屿海区0.37 μmol/dm³（0.011 mg/dm³），青屿海区0.18 μmol/dm³（0.005 4 mg/dm³）。宝珠屿海区的数值比青屿海区高1倍，但又比文献报道的赤潮发生的P临界浓度（0.015 mg/dm³）略小。这意味着赤潮发生的P临界浓度在不同海区可能存在差别。

7.7.5 赤潮预警的P浓度与赤潮强度预测

上述研究已认识到厦门海域赤潮发生的限制因子为P，其含量的多少直接影响了赤潮的发生与发展。为获得厦门海域赤潮预警的P浓度指标，我们以前文中提出的0.5 mg/dm³ AOI赤潮预警指标为参照，借助式（7.20）和式（7.22），分别估算宝珠屿和青屿海区赤潮预警的最低P浓度，其结果是：宝珠屿海区为0.27 μmol/dm³，青屿海区为0.13 μmol/dm³。这就是说，当海区的浮游植物生物量增至使AOI值达0.5 mg/dm³时，海区的P浓度若低于其预警值时，则可认为赤潮难于发生；

若高于预警值时，则有可能发生赤潮，偏高的程度愈大，越有利于赤潮发生。

显然，若海区实测的AOI值越高，对满足赤潮发生所需的最低P浓度值越小，具体数值可借助式（7.20）和式（7.22）估算。

从获得的宝珠屿与青屿海区赤潮预警的P浓度指标可以看出，不同海区的预警指标值可能相差很大，因此，对于具体海区而言，其预警的磷浓度指标必须借助实验或现场调查研究确定。

式（7.20）和式（7.22）可以分别用来预测宝珠屿和青屿海区赤潮的可能达到的最大强度，也就是说，当海区磷酸盐被耗尽时，可能产生的最大赤潮生物量。根据式（7.20）和式（7.22）分别预测宝珠屿和青屿海区赤潮可能达到的生物量，其结果是：宝珠屿海区AOI值为5.0 mg/dm^3，青屿海区AOI值为4.6 mg/dm^3。按AOI划分赤潮强度级别，宝珠屿与青屿海区的赤潮可能达到的最大强度均属轻度。多年来，宝珠屿赤潮监测结果也显示，其赤潮强度多为轻度赤潮，说明本书的预测与现场赤潮监测结果颇为一致。

7.7.6 赤潮发生的N、P限制研究的小结

（1）采用两种方法判别厦门海域浮游植物生长的N、P营养盐限制因子。①用浮游植物对N、P摄取比例作为判别标准。研究表明，宝珠屿与青屿海区浮游植物对N、P的摄取比例并不是16∶1，而分别是21∶1和35∶1，因此，我们采用海区实际浮游植物对N、P的摄取比例作为判别标准；②根据浮游植物大量繁殖时，哪一元素首先被耗尽来判别。两种方法结合起来的判别结果显示，厦门湾的宝珠屿与青屿海区的限制因子均为P。

（2）以AOI为0 mg/dm^3 作为赤潮发生P临界浓度估算的初始生物量参照，以AOI为2.0 mg/dm^3 作为赤潮发生生物量阈值的参照，求得宝珠屿与青屿海区赤潮发生的P临界浓度分别为0.37 $\mu mol/dm^3$ 和0.18 $\mu mol/dm^3$。说明P限制浓度因海区而异。

（3）以0.5 mg/dm^3 AOI作为赤潮预警生物量参照，以2.0 mg/dm^3 作为赤潮发生生物量阈值参照，分别求得宝珠屿和青屿海区赤潮的磷酸盐浓度为0.27 $\mu mol/dm^3$ 和0.13 $\mu mol/dm^3$。

（4）根据磷酸盐与AOI的相关模式，预测了在当前海区的P浓度水平下，宝珠屿与青屿海区发生赤潮的可能最大强度均属轻度赤潮。

7.8 赤潮预警与评价的浮游植物多样性指标研究

赤潮形成过程是浮游植物生态系统的快速自我调节过程，在这个过程中，生态系统的许多生态因子发生了显著的变化。就浮游植物群落而言，在发生赤潮前，众多藻种共存，它们互相依存，相互制约；在赤潮形成过程中，种间竞争激烈，某些种群的生长被抑制或消失，而另一些种群则被促进，其反复竞争的结果，绝大多数种群退出竞争，仅留下一种或少数几种得以生存、发展，最后成为绝对优势种。显然，赤潮形成过程是种群朝单一化方向发展的过程，其生态指标的多样性指数不断下降，优势度不断上升。尽管对于赤潮形成过程中这种生态特征的产生机制，至今尚未透彻认识，但是，如果能将赤潮发生过程的种群结构变化用生态指标定量表述，则有可能利用多样性指标于赤潮预警与预报。用生态指标可以提供更直观的赤潮形成过程的动态信息，反映赤潮是否处于形成过程中以及发展的程度，因此，利用多样性指标预警与评价赤潮无疑是很有意义的。有学者（林永水，周贤沛，1997）提出可以利用多样性指数对赤潮进行预报，但多缺少实际应用成果报道。直至最近，才有一篇关于多样性指数法的赤潮预报文章报道。因此，继续深入探讨多样性指标法于赤潮预警与评价很有必要。

本研究用微型围隔生态实验，探讨赤潮预警与评价的浮游植物多样性指标法。

7.8.1 材料与方法

参见第7.2.1节“材料与方法”。

7.8.2 生态指数计算模式

在生物指标中，最能反映赤潮形成过程种群结构变化的生态指标是多样性指数和优势度，这里采用的计算模式分别介绍如下。

7.8.2.1 多样性指数

多样性指数采用（Shannon-Wiener）的计算模式（GB 17378.7—1998）：

$$H' = -\sum_{i=1}^{s} P_i \lg P_i \tag{7.24}$$

式中：

H'——种类多样性指数；

s——样品中的种类总数；

P_i——第 i 种的个体数（N_i）与总的个体数（N_T）的比值（N_i/N_T）。

在GB 17378.7中，取对数时，采用以2为底的对数，为了计算方便，本书采用以10为底的对数。该模式涵盖了种类数和个别种生物量所占的份额。

一般认为，正常环境下生物量较低，种类数多，各种生物的生物量较均匀，因此，多样性指数（H'）高；受有机和营养物质污染水体，生物量高，种类数下降，各种生物的生物量差别大，多样性指数（H'）低，因此，多样性指数（H'）常用作水体营养程度的量度指标。从宏观角度看，用 H' 评价富营养化程度，其结果无疑是可以接受的。然而，对于同一海域短时间的浮游植物赤潮发展，也会导致种类数不断减少，优势种的优势度增加，H' 下降。这种短时间的 H' 下降，并不意味着富营养化程度的提高，而只是浮游植物繁殖过程生物组成结构的变化，它直接与赤潮发展过程中的生物量变化相联系。

7.8.2.2 优势度

优势度采用以下计算式：

$$D_2 = (N_1 + N_2) / N_T \tag{7.25}$$

式中：

D_2——优势度；

N_1——样品中第一优势种的个体数；

N_2——样品中第二优势种的个体数；

N_T——样品中的总个体数。

该模式以最优两种的个体数之和与总个体数的比值表示优势度，它反映了个体数在种类中的集中性，其指数值介于0~1之间，数值越高，其个体数分布越集中在少数种类上。

通常，该模式用于评价水体的富营养状态，在受污染水体中，其指数值愈趋近于1，优势度越高，富营养化程度越严重。然而，对于同一海域短时间的浮游植物赤潮发展，也会导致优势种的优势度增加，即 D_2 上升，并不意味着该期间富营养化程度的升高，而是反映了浮游植物赤潮过程中，随着种类的单一化，其个体数分布向赤潮种方向集中的趋势，它直接与赤潮发展过程中生物量的变化相联系。

7.8.3 实验结果

相关实验结果列于表7.7，其中，H'和D_2分别采用式（7.24）和式（7.25）计算，表7.3至表7.4。

表7.7 实验结果

采样海区	实验时间/h	浮游植物细胞密度/(×10^6 cells/L)	H'	D_2	叶绿素a/（μg/dm^3）	AOI/（mg/dm^3）
宝珠屿	0	1.42	0.74	0.424	9.45	0.56
	39	3.93	0.51	0.687	43.5*	2.9
	63	4.69	0.6	0.684	13.6	3.04
	87	7.47	0.52	0.802	36.4	4.87
	111	6.38	0.37	0.846	35.2	4.86
青屿	0	0.39	0.72	0.284	3.47	0.37
	39	7.00*			11.3	1.52
	63	4.82	0.53	0.7	18.6	3.05
	87	5.00	0.53	0.613	25.9	3.91
	111	4.95	0.6	0.556	27.9	4.19

注：带*的数值为异常值。

表7.7中青屿水样第39 h的浮游植物细胞密度测值和宝珠屿水样第39 h的叶绿素a测值，经检验为异常值，这2个数据不参与随后的统计分析。

根据赤潮的浮游植物细胞密度判定值（1×10^6 cells/L）、叶绿素a判定值（14 μg/dm^3）和AOI判定值（2 mg/dm^3），实验末期宝珠屿和青屿海域水样的三个指标均已超过赤潮判定值，表明实验期间出现赤潮过程。

7.8.4 多样性指数（H'）与赤潮生物量的相关关系

赤潮发展过程中，多样性指数不断下降，因此，多样性指数应与赤潮生物量相关联，若能建立两者之间的相关模式，将能用来确定赤潮预警与评价的多样性指数的指标值。常用于赤潮生物量量度的指标有浮游植物细胞密度、叶绿素a和AOI，以下将利用实验获得的H'值，探讨与三者的相应关系。为使相关模式具有较强的适用性，将两组数据合并使用。

7.8.4.1 H'与AOI的相关关系

按$Y=a+bX$形式进行拟合；

得：

$$H'=0.747-0.0576\,[\text{AOI}] \quad (n=9,\ r=-0.845,\ p<0.01) \tag{7.26}$$

式中：

Y——多样性指数（H'）；

X——表观增氧量（mg/dm^3）。

式（7.26）表明，H'与AOI存在密切的负相关关系，该公式可以用于H'值的估算。

7.8.4.2 H'与叶绿素a的相关关系

按 $Y=a+bX$ 形式进行拟合，

得：

$$H'=0.752-0.00824\,[\text{Chl-a}] \quad (n=8,\ r=-0.835,\ p<0.01) \tag{7.27}$$

式中：

Y——多样性指数（H'）；

X——叶绿素a（Chl-a）（μg/dm^3）。

式（7.27）表明，H'与Chl-a存在密切的负相关关系，该公式可以用于H'值的估算。

7.8.4.3 H'与浮游植物细胞密度的相关关系

按 $Y=a+b\log X$ 形式进行拟合，

得：

$$H'=1.973-0.215\lg N \quad (n=9,\ r=-0.774,\ p<0.05) \tag{7.28}$$

式中：

Y——多样性指数H'；

X——浮游植物细胞密度N（cells/L）。

式（7.28）表明，H'与浮游植物细胞密度的对数之间存在密切的负相关关系，该公式可以用于H'值的估算。

7.8.5 优势度（D_2）与浮游植物生物量的相关关系

与H'相反，赤潮发展过程中，优势度（D_2）不断上升。赤潮生物量愈大，藻种的单一化程度越显著，优势度越趋于1。因此，优势度应与生物量相关联。若能建立两者之间的相关模式，将可用来估算赤潮预警与评价的优势度（D_2）的指标值。

以下将利用实验数据探讨D_2与AOI、叶绿素a和浮游植物细胞密度之间的相关关系。

7.8.5.1 D_2与AOI的相关关系

按 $\lg Y=a+b\lg X$ 形式进行拟合，

式中：

Y——优势度D_2；

X——表观增氧量（mg/dm^3）。

得：

$$D_2=0.448\,[\text{AOI}]^{0.330} \tag{7.29}$$

从式（7.29）可以看出，D_2和AOI存在着指数相关关系。所以，以D_2对lg［AOI］进行拟合，求式（7.29）的相关系数，得相关系数r为0.874（$n=9$，$p<0.01$），表明D_2与lg［AOI］之间存在密切的正相关关系，式（7.29）中可以用于D_2值的估算。

7.8.5.2 D_2与叶绿素a的相关关系

按 $\lg Y=a+b\lg X$ 形式进行拟合，

式中：

Y——优势度D_2；

X——叶绿素 a，(Chl-a) (μg/dm³)。

得：

$$D_2=0.1822\ [\mathrm{Chl\text{-}a}]^{0.4086} \tag{7.30}$$

以 D_2 对 lg [Chl-a] 进行拟合，求式 (7.30) 的相关系数，得相关系数 r 为 0.863 ($n=8$，$p<0.01$)，表明 D_2 与 lg [Chl-a] 之间存在密切的正相关关系，式 (7.30) 中可以用于 D_2 值的估算。

7.8.5.3 D_2 与浮游植物细胞密度 N 的相关关系

按 $\lg Y=a+b\lg X$ 形式进行拟合，

得：

$$D_2=0.00306\ N^{0.350} \tag{7.31}$$

式中：

Y——优势度 D_2；

X——浮游植物细胞密度 N (cells/L)。

以 D_2 对 $\lg N$ 进行拟合，求式 (7.31) 的相关系数，得相关系数 r 为 0.910 ($n=9$，$p<0.01$)，表明 D_2 与 $\lg N$ 之间存在密切的正相关关系，式 (7.31) 中可以用于 D_2 值的估算。

7.8.6 赤潮预警与评价的 H' 与 D_2 指标值确定

借助式 (7.26) 至式 (7.31)，以叶绿素 a、AOI、浮游植物细胞密度的赤潮预警与评价参考值 (表 7.8) 作参照，分别估算 H' 和 D_2 的赤潮预警与评价参考值，结果见表 7.9。

表 7.8 赤潮预警与评价的参考指标

指 标	预警值	临界值	判定值	轻度赤潮	中度赤潮	重度赤潮
叶绿素 a / (μg/dm³)	5.0	11	14	14~34	34~65	>65
AOI / (mg/dm³)	0.5	1.5	2.0	2~5	5~10	>10
浮游植物细胞密度 / (cells/L)	—	1×10^6	—	1×10^7	(1×10^7) ~ (1×10^8)	$>1\times10^8$

表 7.9 赤潮预警与评价的 H' 和 D_2 值

指标	参照系	预警值	临界值	判定值	轻度赤潮	中度赤潮	重度赤潮
H'	叶绿素 a	0.71	0.66	0.64	0.64~0.47	0.47~0.22	< 0.22
	AOI	0.72	0.66	0.63	0.63~0.46	0.46~0.17	< 0.17
	浮游植物细胞密度	—	0.68	—	0.68~0.47	0.47~0.25	< 0.25
D_2	叶绿素 a	0.35	0.49	0.55	0.55~0.77	0.77~0.99	—
	AOI	0.36	0.51	0.56	0.56~0.76	0.76~0.96	> 0.96
	浮游植物细胞密度	—	0.39	—	0.39~0.86	0.86~0.99	—

由表 7.9 可见，分别用叶绿素 a、AOI 和浮游植物细胞密度的赤潮预警与评价指标作参照，求得赤潮预警和评价的多样性指数指标值（H'）和优势度指标（D_2），指标值十分一致。

7.8.7 赤潮预警与评价的浮游植物多样性指标研究的小结

（1）浮游植物多样性指数（H'）与叶绿素 a、AOI 和浮游植物细胞密度对数值之间存在密切的负相关关系，其关系式均可用于赤潮预警与评价的 H'指标值定值，且其指标值十分一致。

（2）浮游植物种群优势度（D_2）与叶绿素 a、AOI 和浮游植物细胞密度对数值之间存在密切的正相关关系，其关系式均可用于赤潮预警与评价的 D_2 指标值定值，且其指标值十分吻合。

（3）H'和 D_2 与浮游植物生物量参数（叶绿素 a、AOI 和浮游植物细胞密度）之间存在定量的相关模式，表明 H'和 D_2 实际上也可以反映浮游植物的生物量。

7.9 总结

我们利用现场观测的历史资料和微型围隔生态实验开展了赤潮预警与评价指标研究，包括了表观增氧量（AOI）指标、叶绿素 a 指标、pH 指标、多样性指数指标和优势度指标；同时，也研究了浮游植物对 N、P 的摄取作用和赤潮发生的 N、P 限制。

根据研究结果，推荐了赤潮预警与评价的指标值（表 7.10）。

在表 7.10 的浮游植物生物量指标中，包含了浮游植物细胞密度、AOI、叶绿素 a 和 pH 4 项指标，这些指标从不同角度等效地反映了浮游植物生物量的水平，因此，在选择赤潮预警的浮游植物生物量指标时，可以任选一项，不过，根据测定方法的准确度和普及性，我们提议以 AOI 作为首选指标，其他作为备选指标或补充指标。

在浮游植物多样性指标中，包含了多样性指数和优势度两项指标，它们从不同角度反映浮游植物多样性状态。由于赤潮的形成过程是浮游植物种群结构向单一化方向发展的过程，用优势度作为赤潮预警指标，似乎更直观，故推荐优势度作为浮游植物多样性的首选指标。由于浮游植物多样性与浮游植物生物量存在着千丝万缕的关系，其多样性状况实际是浮游植物生物量水平的反映。基于这种认识，我们认为，在赤潮预警中，浮游植物多样性指数与浮游植物生物量指标相比，就显得不那么重要，或者，只当作浮游植物生物量指标的辅助指标。应该说明的是，多样性指数计算取对数时，可采用以 2 为底的对数，也可采用以 10 为底取对数。为计算方便，表 7.10 中提供的多样性指数指标值系指以 10 为底的数值。

营养盐是浮游植物生长繁殖的物质基础，但在诸种营养盐中，我国海区主要的营养盐限制因子是活性磷酸盐，因此，我们仅推荐磷酸盐作为赤潮预警指标。制定磷酸盐指标的目的，在于赤潮预警时，判别海区的磷酸盐现存浓度能否满足未来发生赤潮之需要，达到某一限值时，则认为营养盐可满足赤潮发生的需要，加重了赤潮发生的机率。然而，磷酸盐的现存浓度与浮游植物生物量呈负相关关系，而赤潮预警时的浮游植物生物量并非有确定值，因此，本研究推荐的赤潮预警指标值 0.30 $\mu mol/dm^3$ 系以 AOI 为 0.5 mg/dm^3 为参照提出的，但是该指标值会随赤潮预警时 AOI 值的变化而变动，其校正因子为±0.015 $\mu mol/0.1AOI$（此处 AOI 单位为 mg/dm^3）。

表 7.10 中，缺乏赤潮预警的水文、气象的赤潮促发指标，这是因为已有的赤潮研究中，相关资料十分缺乏，目前尚难以提供定量或半定量指标，这不能不说是一个遗憾，只能留待今后继续努力。今后应尽可能收集有关赤潮发生事件信息，并从海洋或气象部门获取历史资料，作回顾性分析，或开展系统的赤潮观测研究，获取完整的赤潮发生发展的资料。从中统计出有关的指标值。这

项工作尽管难度很大，但是，目前已有一些基础，相信这一不足在不久的将来可以补上。

表 7.10　赤潮预警与评价的指标值

<table>
<tr><th colspan="2">指　标</th><th>赤潮预警值</th><th>赤潮临界值</th><th>赤潮判定值</th><th>备注</th></tr>
<tr><td rowspan="4">浮游植物生物量</td><td>浮游植物细胞密度 /（cells/L）</td><td></td><td>1×10^6</td><td></td><td>以个体长 10~30 μm 为参照</td></tr>
<tr><td>AOI /（mg/dm^3）</td><td>0.5</td><td>1.5</td><td>2.0</td><td></td></tr>
<tr><td>叶绿素 a /（$\mu g/dm^3$）</td><td>5.0</td><td>11</td><td>14</td><td></td></tr>
<tr><td>pH</td><td>8.16</td><td>8.26</td><td>8.32</td><td></td></tr>
<tr><td rowspan="2">浮游植物多样性</td><td>多样性指数 H'</td><td>0.72</td><td>0.66</td><td>0.63</td><td></td></tr>
<tr><td>优势度 D</td><td>0.36</td><td>0.51</td><td>0.56</td><td></td></tr>
<tr><td>营养盐</td><td>活性磷酸盐 /（$\mu mol/dm^3$）</td><td>0.3*</td><td></td><td></td><td>以 AOI 值 0.5 mg/dm^3 为参照</td></tr>
</table>

注：带 * 的数值为宝珠屿海区预警值。

本研究将赤潮强度划分为三个等级，即轻度、中度和重度，其评价标准见表 7.11。

表 7.11　赤潮强度评价标准

<table>
<tr><th colspan="2" rowspan="2">指　标</th><th colspan="3">赤潮强度</th></tr>
<tr><th>轻度</th><th>中度</th><th>重度</th></tr>
<tr><td rowspan="4">浮游植物生物量</td><td>浮游植物细胞密度 /（cells/L）</td><td>（1×10^6）~（1×10^7）</td><td>（1×10^7）~（1×10^8）</td><td>$>10^8$</td></tr>
<tr><td>AOI /（mg/dm^3）</td><td>2.0~5.0</td><td>5.0~10.0</td><td>>10</td></tr>
<tr><td>叶绿素 a /（$\mu g/dm^3$）</td><td>14~34</td><td>34~65</td><td>>65</td></tr>
<tr><td>pH</td><td>8.16~8.60</td><td>8.60~9.14</td><td>>9.14</td></tr>
<tr><td rowspan="2">浮游植物多样性</td><td>多样性指数 H'</td><td>0.63~0.46</td><td>0.46~0.17</td><td><0.17</td></tr>
<tr><td>优势度 D_2</td><td>0.56~0.76</td><td>0.76~0.96</td><td>>0.96</td></tr>
</table>

参考文献

安达六郎.1973. 赤潮生物と赤潮生态［J］. 水产土木, 91（1）: 31-36.

蔡燕红，蒋晓山，黄秀清.2002. 舟山海域一次具齿原甲藻赤潮初探［J］. 海洋环境科学, 21（1）: 42-45.

蔡燕红，项有堂.2002. 舟山海域具齿原甲藻赤潮初探［J］. 海洋环境科学, 21（4）: 34-36.

陈其焕，曾昭文，张水浸，等.1993. 厦门港赤潮调查研究论文集［C］. 北京: 海洋出版社, 1-18.

郭炳火，黄振中，李培英，等.2004. 中国近海及邻近海域海洋环境［M］. 北京: 海洋出版社, 1-446.

华泽爱.1990. 赤潮问题的管理对策［J］. 海洋环境科学, 9（1）: 26-64.

矫晓阳. 2001. 透明度作为赤潮预警监测参数的初步研究［J］. 海洋环境科学, 20（1）: 27-31.

赖利 J. P.，G. 斯基罗.1982. 化学海洋学，第二卷（崔清晨，钱佐国，唐思齐译）［M］. 北京: 海洋出版社, 1-464.

林金美.1988. 一起与赤潮有关的贝类中毒事件的调查［J］. 海洋环境科学, 7（1）: 22-25.

林永水，周贤沛.1997. 多样性指数法在赤潮预测中的应用［J］. 近海富营养化与赤潮研究. 北京: 科学出版社, 25-29.

林祖享，梁舜华.2002. 探讨运用多元回归分析预报赤潮［J］. 海洋环境科学, 21（3）: 1-4.

刘玉，李适宇，董燕红，等.2002. 珠江口浮游藻类生态及其关键水质因子分析［J］. 海洋环境科学, 21（3）: 61-66.

齐雨藻，黄伟建，丘璇鸿. 1991. 大鹏湾夜光藻种群动态的时间系列模式［J］. 暨南大学学报. 12（3）: 96-103.

齐雨藻.2003. 中国沿海赤潮［M］. 北京: 科学出版社, 1-348.

苏纪兰.2001. 中国的赤潮研究［M］. 中国科学院院刊, 5: 339-342.

孙沛雯.1989. 大连湾海域赤潮发生的叶绿素 a 临界值［J］. 中国环境科学, 9（3）: 179-182.

汤坤贤，袁东星，林四彬，等.2003. 江蓠对赤潮消亡及主要水质指标的影响［J］. 海洋环境科学, 22（2）: 24-27.

王正芳，张庆，吕海燕，等.2000. 长江口溶解氧赤潮预报简易模式［J］. 海洋学报, 22（4）: 125-129.

吴玉霖，周成旭，张永山，等.2001. 烟台四十里湾海域红色裸甲藻赤潮发展过程及其成因［J］. 海洋与湖沼, 32（2）: 159-167.

许焜灿，暨卫东，周秋麟，等.2004. 表观增氧量在近岸海域赤潮快速评价与预警中的应用［J］. 台湾海峡, 23（4）: 417-422.

曾江宁，曾淦宁，黄韦艮，等.2004. 赤潮影响因素研究进展［J］. 东海海洋, 22（2）: 40-45.

张水浸，杨清良，邱辉煌，等.1994. 赤潮及其防治对策［M］. 北京: 海洋出版社, 1-236.

张水浸，许焜灿.1988. 厦门西港区一次赤潮的观测［J］. 海洋学报, 10（5）: 602-608.

张水浸.1993. 厦门港 *Eucampia zoodiacus* 赤潮的形成过程及其成因分析［C］. 厦门港赤潮调查研究论文集, 北京: 海洋出版社, 19-28.

张正斌，刘春颖，邢磊，等.2003. 利用化学因子预测赤潮的可行性探讨［J］. 青岛海洋大学学报, 33（2）: 257-263.

赵冬至，陈江麟，郭皓，等.2000. 渤海、黄海赤潮发生规律研究［C］. 北京: 海洋出版社, 52-59.

赵冬至，丛丕福，赵玲，等.2000. 1998 年渤海赤潮动态过程研究［C］. 北京: 海洋出版社, 60-66.

庄宏儒.2006. 水质自动监测系统在厦门同安湾赤潮短期预报中的应用［J］. 海洋环境科学, 25（2）: 58-61.

庄万金.1993. 厦门港赤潮发生区海水 pH 的分布与赤潮的关系［C］. 北京: 海洋出版社, 130-136.

Biological Implication of Organic Carbon and Nitrogen in Xiamen Enclosures, Marine ecosystem enclosed experiments: proceedings of a symposium held in Beijing, People's Republic of China, Ottawa Ont., IDRC. 9-14.

Fu Tianbao, Zhao rongping, Yang Yiping. 1992. Fukazawa N. Ishimaru T. Takahashi M. Fujita Y. 1980. A mechanism of "red tide" formation Ⅱ Growth rate estimate by DCMU-induced fluorescence increase, Marine Ecology Pregress [J], 3: 217-222.

GB 12763.4-91, 海洋调查规范第4部分：海水化学要素观测 [S].

GB 17378.7-1998, 海洋监测规范第7部分：近海污染生态调查与生物监测 [S].

GEOHAB. 2001. Global Ecology and Oceanography of Harmful Algal Blooms, Science Plane, Baltimore and Paries: SCOR ang IOC, 86.

Harrison P J, et al. 1987. Introduction to the MEEE project//Wang C. S. and P. J. Harrison. Marine ecosystem enclosed experiments: Proceeding of a symposium held in Beijing, P. R. China, 9-14.

Hecky R E, Kilham R. 1988. Nutrient limitation of phytoplankton in freshwater and marine environments : A review of recent evidence on the effects of enrichment, Limnol. Oceanogr. 33 (4 part 2), 796-822.

Hodgkiss I J, Ho K C. 1997. Are changes in N : P rations in coastal waters the key to increased red tide blooms, Hydrobiologia, 352: 141-147.

HY/T 003.9—91, 海洋监测规范：近海污染生态调查和生物监测 [S]. 北京：海洋出版社.

IOC Technical Series No.44, UNESCO 1996, Design and Implementation of some Harmful Algal Monitering Systems.

Michael F. Pichler et al. 2004. Impacts of inorganic nutrient enrichment on phytoplankton community structure and function in Pamlico Sound, NC, USA., Estuarine Coastal and Shelf Science, 61: 197-209.

Redfield A C. 1958. The biological control of chemical factors in the environment, Am. Sci., 46: 205-222.

Riley J P, Chester R. 1971. Introduction to Marine Chemistry, Academic Press, London, New York, p. 465.

Strickland J D H, Parsons T R. 1972. A Practical Handbook of Seawater Analysis, Fisheries Research Board of Canada, Ottawa, 1-310.

第3篇 厦门海域赤潮发生原因与预警研究

第8章 赤潮监测与预警方案设计

8.1 赤潮监测与预警的意义

迄今为止的研究认为，赤潮是海水中富营养化引起赤潮生物暴发性增殖的一种生态现象。就其而言，赤潮也可以看成是海水富营养化的一种延伸，即发生赤潮前海水中已经出现富营养化，为赤潮生物的暴发性增殖提供了充裕的营养物质，这也是发生赤潮的必要条件。虽然对海水中的富营养化进行量值化的界定比较困难，即用什么样的指标值作为海水中富营养化的标准并不容易。但是，至少可以认为，当海水中的营养盐含量大大超过该水域营养盐含量的正常水平，即可视为海水呈现富营养化。然而，海水中出现富营养化，并不意味着必然发生赤潮。赤潮的发生，除了具备必要的物质条件之外，还需要其他能源和环境因素的诱发，诸如光、溶解氧、水流、温度、气压、微量元素等。因此，有必要了解赤潮发生与发展过程中海水中的赤潮生物、营养物质、环境因素发生了哪些变化。

赤潮被公认为是一种主要的海洋灾害。随着社会经济的发展，大量含有机物质、营养盐的废水和生活污水排入近岸海域以及沿岸和近岸水域海水养殖的大规模发展造成自身污染，我国沿海海域富营养化日趋严重，赤潮屡有发生，范围不断扩大，不仅对海洋生态环境和海洋捕捞业与海水养殖业造成严重损害，而且对公众健康构成严重威胁。为预防和控制赤潮的危害与蔓延，近年来，我国相继开展了许多相关研究和赤潮的监视监测工作，积累了大量的监测资料和有益的经验。通过长期的努力，已基本上掌握了我国近岸海域赤潮的现状与地理分布、主要成因和影响因素、发生发展规律、危害及其途径等，从而为强化我国海洋赤潮的防治提供了科学依据。赤潮预防控制管理的目的在于保护海洋生态环境、海洋水产资源和有效地保障人体健康。因此，监测信息应能有效地满足管理目标的要求。不同的赤潮监测计划的目的可能不同，同一监测计划也可能有多种监测目的。不同的监测目的对监测信息的需求是不一样的，这就要求监测计划设计开始阶段，必须界定监测目的及其对信息的需求。例如，当赤潮监测是为了保障人体健康，防止人们误食有毒海产品导致中毒的目的时，则要求对贻贝、其他贝类或鱼类等水产养殖区或捕获区进行监测，对发展中的有毒藻种作早期警报，根据其藻种预测其毒素类型，跟踪有毒赤潮的发展，以便及时确定是否应强化监测或采取其他应急行动。必要时，应同时监测有毒藻浓度和贝类中的毒素含量，以防止有毒海产品进入市场而被误食。

显然，不同的监测目标对信息的要求很不一样，因而，其监测策略与常规的环境质量监测差异很大。赤潮监测是一种针对性非常强的专业性监测，它是围绕着以赤潮生物为主体并且与其相关的因子而开展的监测。但是，不同类型的赤潮对监测范围站点位置、密度、监测时间、频率、层次等有不同的要求；不同的监测任务，其选择的监测参数也不完全相同。总之，赤潮监测计划无固定模式，不能套用常规的监测计划设计模式。

赤潮是因赤潮生物暴发性增殖使海水变色而得名。事实上许多赤潮并不会使海水变色，而以其含有毒素对人类的危害更大。因此，现在国际上通常用“有害藻华”来表述有害赤潮。过去，对赤潮的监测多数集中于水体变色后所谓“赤潮”的跟踪监测。这种监测不但不能提供有毒藻种在未形成“赤潮”前夕的信息，而且，由于监测的具体目标不清楚，难以对监测信息提出具体要求，因而，获取的监测资料，有的是多余的，有的则满足不了需要，从而影响监测的有效性。不仅浪费了人力财力，也会贻误海洋管理。

我们所关注的赤潮必须是会产生危害的有害赤潮。这些赤潮危害事件一般可分为以下四种类型：

（1）赤潮引起娱乐海区（如游泳场、海滨旅游区）水体变色，降低其观赏娱乐价值，严重者可能导致人体皮肤过敏。

（2）赤潮引起鱼、贝、虾和软体动物大量死亡。这种危害最可能发生在水交换不良海区，特别是浅水内湾。在特定的气候条件下引起有害藻类的急剧增殖与聚集，藻类生物量过大，藻类夜间呼吸过程和死亡藻体分解过程耗尽水中溶解氧，使水体缺氧，导致大量鱼类、贝类和其他底栖生物死亡。这类事件可由有毒藻类引起，也可由无毒藻类引起。

（3）有毒赤潮产生的强烈毒素，在食物链中积累、传递，从而危害人体健康和较高营养阶海洋动物。显然，产生这种毒害的藻类只是有毒藻类，目前，知道的致病毒素主要是麻痹性贝毒（PSP）、腹泻性贝毒（DSP）、失忆性贝毒（ASP）、神经性贝毒（NSP）和西加鱼毒（CFP）。这些毒素可在许多海洋生物中积累，但最值得注意的是滤食性双壳类软体动物。这类危害的严重性在于损害人体健康，因此，必须受到特别关注。由有毒藻类产生的毒素，有的可通过气溶胶传播而毒害人体，但这种现象一般不多见。

（4）无毒赤潮引起对鱼类、无脊椎软体动物的机械损伤，如鳃堵塞或损伤。这种损害在藻类密度低的情况下也可发生。

有害赤潮是由能产生危害或毒害的无毒藻类和有毒藻类形成的。按政府间海洋学委员会（IOC）的粗略统计，全球海洋的微型藻类 5 000 种，其中，仅有少数种属于有害藻类，高密度时可产生水体变色的藻类约 300 种，可产生强烈毒素的有毒藻类约 75 种。已发现的有害藻类可来自甲藻门、蓝藻门、绿藻门、裸藻门、金藻门、硅藻门和隐藻门，此外，还有原生动物中缢虫。但是，应该强调指出，若海区存在上述已被发现的有害藻类，并不一定会形成有害赤潮；没发现上述有害藻类时，也不一定不会产生有害赤潮。因为一些有害藻类尚未被认识到，比如，世界上新近发现的新的有毒藻弑鱼藻危害极大，应该引起我们的严重关注。但是，有害藻类可以是无毒藻类，也可以是有毒藻类。也就是说，无毒藻类的赤潮也会造成危害，主要是高细胞密度引起的水体变色和缺氧危害。但在低密度时也可能产生危害，主要是个别种在低密度时也可能造成生物器官机械损伤。

有害赤潮可能是单种赤潮，也可能是几个优势种赤潮。高密度引起水体变色的赤潮往往是单种赤潮，细胞密度愈高时，其赤潮种占的比例愈大。藻类密度较低时，则往往可能是由几个优势种引起的。总之，有害赤潮的共同特点是藻类的生物多样性指数很低。然而，至今尚未有一个多样性指标可供遵循。

有害赤潮产生危害时，有害藻类必须达到一定的细胞浓度水平，但是没有通用的有害赤潮水体的细胞浓度标准，它因藻类而异，因危害特性而异。某些藻类在很低浓度，水体尚未变色时，就引起危害，例如塔马亚历山大藻（*Alexandrium tamarense*）在浓度低至 10^3 cells/L 时，便会在贝类中检出 PSP 毒素；某些藻类则在很高浓度时，水体变色的情况下才产生危害，例如，金黄环多沟藻（*Gyrodinium aureolum*）只有在浓度大于 10^7 cells/L 时，才会导致水体缺氧，使大量鱼类和底栖动物致死。表 8.1 汇集了某些国家规定的在中国海也出现的有毒藻类的危害浓度标准。由表 8.1 可以看出，不同的有毒藻类，其危害浓度差别很大，可达1~2个数量级；不同国家对同一有毒藻类的有害浓度规定有时也差别很大，甚至达2个数量级以上。有的专家认为这可能与具体海区的环境条件有关。因此，表8.5的资料可以作为我国规定各种有毒藻类危害浓度标准参考。对于表8.5中未列的其他有毒藻类的危害浓度，则应通过有害赤潮监测实践和科学研究资料，提出危害浓度标准，便于对有毒藻类危害的管理。

表8.1 一些国家对某些有毒赤潮细胞密度的判定和管理

种/国家-地区	细胞密度/（cells/L）	管理行动
链状亚历山大藻（*Alexandrium catanella*）		
澳大利亚	$>4\times10^4$	
西班牙	$2\times10^7\sim5\times10^7$	检测毒素
微细亚历山大藻（*Alexandrium minutum*）		
西班牙	10^3	
塔玛亚历山大藻（*Alexandrium tamarense*）		
丹麦	500	加强监测/关闭
亚历山大藻（*Alexandrium* sp.）		
丹麦	500	加强监测/关闭
亚历山大藻（*Alexandrium* spp.）		
荷兰	$10^3\sim10^4$	限制-警报/关闭
挪威	拖网检出	限制/关闭
西班牙（班里阿里群岛）	10^3	检测毒素
渐尖鳍藻（*Dinophysis acuminata*）		
丹麦	500	加强监测/关闭
葡萄牙	200	限制
西班牙（班里阿里群岛）	10^3	限制/关闭
西班牙（瓦伦西亚）	$2\times10^7\sim5\times10^7$	检测毒素
尖头鳍藻（*Dinophysis acuta*）		
丹麦	500	加强监测/关闭
葡萄牙	200	限制
圆形秃顶藻（*Phalacroma rolundata*）		
丹麦	10^3	加强监测/关闭
鳍藻（*Dinophysis* spp.）		
意大利	10^3	限制
荷兰	100	限制=警报
挪威	10^3	关闭
英国	>100	关闭
鳍藻（*Dinophysis* spp.）		
丹麦	1.2×10^3	加强监测/关闭
意大利	10^3和贝类中发现DSP毒素	根据种类决定限制或封闭
挪威	$500\sim1.2\times10^3$	

续表

种/国家-地区	细胞密度/（cells/L）	管理行动
链状裸甲藻（*Gymnodinium catenatum*）		
葡萄牙	2×10^{3}	
西班牙	>500	限制
英国（北爱尔兰）	检出	限制
利玛原甲藻（*Prorocentrum lima*）		
丹麦	500	加强监测/关闭
英国	检出	限制
成列拟菱形藻（*Pseudo-nitzschia seriata*）		
丹麦	2×10^{5}	加强监测/关闭
柔弱拟菱形藻（*Pseudo-nitzschia delicatissima*）		
丹麦	2×10^{5}	加强监测/关闭
尖刺拟菱形藻（*Pseudo-nitzschia pungens*）		
英国（北爱尔兰）	$>10^{3}$	限制
拟菱形藻（*Pseudo-nitzschia* spp.）		
荷兰	$10^{4}\sim10^{5}$	限制-警报/关闭
短凯伦藻（*Karenia breve*）		
美国（佛罗里达）	$>5\times10^{3}$	如检出毒素，一直关闭
巴哈马梨甲藻（*Pyrodinium bahamense* var. *compressum*）		
菲律宾	200	限制

对于无毒藻类的危害浓度，在国际上尚无可借鉴的浓度标准。其原因可能是多方面的，其中一个重要原因可能是这类赤潮与具体海区的自然环境条件有关，同一藻类在不同海区的危害浓度可能差别很大。例如，引起缺氧危害，在水交换条件良好与水交换条件不良的浅水内湾情况显然不一样，因而难于规定具体标准。我们应不断积累海区的藻华资料，以求适当时候，规定具体海区、具体无毒藻种的危害浓度标准。

有毒赤潮的最大危害是威胁或损害人体健康，其危害主要是通过食用有毒贝类、鱼类生物而产生的。保护人体健康是海洋环境保护工作最基本的目标，因此，有害赤潮监测中，有毒赤潮监测是其中重中之重的任务。因此，有必要通过有毒赤潮的监测和临床实践建立有毒赤潮管理行动的阈值及其检测方法和有毒赤潮毒素对人体影响的临床症状等资料，为地方海洋行政管理部门对有毒赤潮的监测和管理提供参考。

“有害藻华”概念的应用，可以消除对“赤潮”一词的许多误解，首先，改变了认为水体不变色，其水体无害的认识。许多有毒藻类在浓度很低时便呈现危害，千万麻痹不得。其次，赤潮引起的海水水体变色在许多情况下可能是危害不大甚至是无害的，因此，采用“有害藻华”的概念可以消除人们对赤潮范畴的无害藻华的恐慌心理，减轻经济损失，保持社会安定情绪；此外，有害藻华概念的应用，符合海洋管理的主要目标，即保护海洋水产资源、保障人体健康。国际社会认为是科学合理的，这个概念已很长时间，因此，采用“有害藻华”一词，可直接与国际接轨，且可免去许多不必要的误会。但是，为了使人们对习惯用词“赤潮”提法的改变有一个逐渐过渡和衔接的过程，尤其是管理者和使用者需要一个认识和接受的过程，同时使用“有害藻华”和“赤潮”来表达这种生态现象仍需要延续一段时间，因此，本书仍然采用“赤潮”这一术语。

8.2 赤潮监测方案设计

赤潮监测的监测信息应能有效地满足管理目标的要求。不同的有害赤潮监测计划的目的可能不同，同一监测计划也可能有多种监测目的。不同的监测目的对监测信息的需求是不一样的，这就要求监测计划设计开始阶段，必须明确监测目的及其对信息的需求。因此，监测方案的设计非常重要。为了制订一个经济时效的监测方案，对监测目标和信息需求、有害赤潮的类型及其危害、监测类型、监测技术和采样策略等问题应有足够的认识。

8.2.1 赤潮的监测类型

赤潮的监测根据发生时空特点一般可以分为两种类型。

（1）常规监测：通常是指在赤潮的频发海域、富营养化水域及水产养殖区、海水浴场等重点水域进行的常态化监测。是以监测赤潮发生及发展动向为目标，对上述水域开展水化学、生物、水文和气象等方面的相关参数的监测。特别是关注赤潮频发期可能发生的赤潮及其发展动向。

（2）应急监测：对已发生或正在发生的赤潮进行的强化监测。即在赤潮发生的现场实施全过程不间断的跟踪监测，特别是对现场的赤潮生物种类及数量分布，环境参数（化学、水文、气象等），赤潮毒素的初步检定，对赤潮发生的区域、范围及动向进行监测，为赤潮的应急处理提供依据。

但是，也有的将应急监测又拆分为应急监测和跟踪监测，即将赤潮发生时的强化监测和随后的监测区分开来。事实上，这是赤潮发生时及随后的两个不同阶段的监测。所以，进行方案设计时应该视为一个整体加以考虑。

8.2.2 赤潮监测方案设计

8.2.2.1 监测目标

赤潮监测的总目标是及时准确了解赤潮发展的现状与趋势，保护海洋生态系统，保障人体健康和生命安全；减轻和避免有害赤潮对海水养殖、捕捞渔业、滨海旅游等海洋产业的损害；防止和减轻海洋赤潮灾害造成的损失，并为赤潮的预测、预警系统的建立提供服务。根据具体的监测目标一般可分为海洋生物资源管理监测和海洋环境质量管理监测两大类。

（1）海洋生物资源管理监测，包括贝类资源、鱼类资源和珍稀濒危物种资源的管理监测。

（2）海洋环境质量管理监测，包括娱乐水体和底质质量管理、对自然生态系与公共健康保护的管理监测。

8.2.2.2 监测原则

（1）监测目标应根据水产养殖、渔业、生态系统保护的需求，界定保护对象及其具体目标与预期效果。

（2）监测方案应考虑监测海域的生态环境特征。

（3）监测方案制应搜集监测水域发生有害赤潮的历史资料。主要是水文、气象、化学、生物的变化特征以及污染物来源与分布等资料的收集和分析。

（4）监测方案应与环境监测计划相互协调。这样可以提高监测方案的经济效能和充分利用常态化的环境监测提供的信息，为及时发现和预警赤潮提高时效性。

(5) 监测方案应该做到高效并便于协调。监测体系应包括信息使用者、监测方案的制定者和实施单位以及监测结果的评价单位。

(6) 监测方案应符合经济效能原则。实施监测方案的基金或资金保障应满足实施监测方的需求，以最少的代价获取尽可能多的有用信息。

监测方案应包括：监测目标与信息要求；采样策略；监测参数与监测技术规范化（质量控制）；信息加工、评价、传递与应用；监测组织机构。

8.2.2.3 监测内容

1）监测目标与信息要求。

监测目标主要为以下几类。

(1) 贝类监测：监测贝类体内积累毒性的有毒藻类及其毒素，确定毒素含量水平，采取应急措施，跟踪监测其发展动态。

(2) 鱼类监测：监测和发现对鱼类产生危害的有害藻类，跟踪监测其发展动态，确定其危害程度并采取应急措施。

(3) 生态系保护监测：监测和发现对生态系特殊生物物种可产生危害的藻华，实施动态监测直至有害藻华消亡。

(4) 富营养化监测：为使监测结果能正确反映其长期变化，要求监测工作应包括准确鉴定藻华生物的种类和密度、水体营养盐浓度水平。应在固定站位上采样，以保证数据准确可比，满足统计分析的要求。

(5) 底质监测：监测和发现藻华生物的休眠孢子以及底质对富营养化与诱发藻华的微量元素的反馈作用。在藻华频发性海域应实施常规性监测。

(6) 娱乐水体质量监测：监测应能及时发现藻华现象，警告公众在藻华期间不到受危害水体从事娱乐活动。

监测信息要求为以下几项。

(1) 资料收集：方案设计之前应收集分析该海区的生物、化学和物理条件的环境基础资料。应收集该海区的有关资料。这些资料包括：

——浮游植物资料，特别是有毒藻类的资料。包括浮游植物群落结构和生物量（有毒的、有害的和其他的）的长期资料。

——有害赤潮的暴发及其危害的资料。

——物理、化学特征，季节变化和年际变化的资料。相关参数包括：潮汐、潮差、水温、盐度表层水层化现象、表层流循环、上升流、溶解氧、无机营养盐等的时空分布及其来源与负荷量以及其他浮游植物生长因子（如 Cu、Fe、Mn、Zn、维生素 B_1、维生素 B_{12}等）。

——气象条件的资料。包括光照及强度、雨季及雨量、暴风期以及盛行季风期及风力风向。

——易受有害赤潮损害的生态系成员和生物资源的资料（如珊瑚礁、渔场、贝类养殖区等）。

(2) 基础调查：如果缺乏有关的环境资料时，应开展前期基础调查，即未发生赤潮时该海区环境的基本状况。这种调查可以根据海区的具体情况和保护目标，有选择性地开展调查。

2）采样策略

采样方案的制订应从以下方面着手。

(1) 采样设计的依据与内容：主要依据监测目标及其信息需求，海区环境的生物、化学、物理特征，监测技术能力和财力支持力度等。采样设计主要包括采样区域、采样站位与采样层次。

（2）采样区与站位选择：采样区选择首先应选择重点监测区作为采样区。应根据有害赤潮事件发生频率和危害情况，选择与监测目标关系密切的、有害赤潮多发的海区作为重点监测区。监测区域大的（包括有不同水团特征的海域），可将监测海域划分为若干个单元区作为采样区。单元区划分可采用网格式或按水团特征划分，应注意不要将不同水团特征海域划归为同一单元区。

站位选择一般可采用两种方式，即随机选择站位与设置固定站位。随机选择站位适宜于“早期发现”潜在有害赤潮的监测，监视赤潮的发生、发展和移动。设置固定站位宜设在有害赤潮多发，且对环境条件具有代表性的位置。设站时应综合考虑水文条件（例如河口区应考虑潮汐，海湾区应考虑环流等）、污染物来源与浮游植物生长繁殖等因素，并尽可能与历史站位相协调。固定站位用于获取完整的时间系列资料。有害赤潮监测预报、环境质量监测宜用固定站位。但作为长期监测的固定站位不宜太多。

站位布设应以被保护资源的区域为中心，中心站位应具有水团代表性。重点监测区域应增加采样站位，其中心区域应密，外围应疏。为早期发现有害赤潮的初期监测，可适当减少频率，扩大监测范围。有害藻华发展期应适当增加站位数。

确定重点站位时，可在涌升流区、水系交汇处、有机污染严重、养殖区及水体交换条件差等区域，选择若干站位作为重点站位，并强化采样频率，延长监测期限，增加监测参数。

任何的赤潮监测都应在监测区边界的外侧设置对照站位，这是非常重要的。

总之，站位的布设应该遵循这样的原则，即站位应布设在预期的赤潮多发区；在站位布设时应尽可能与海洋环境质量监测站位一致；应考虑监测海域的水动力状况和功能，尤其是选择上升流区、渔场和增养殖区布设监测站位；布设的站位应覆盖监测海域或对该海域具有代表性；同时应布设若干个可以满足比对的对照站位。

（3）采样层次：可根据对资料的具体需求，一般选用三种形式的采样层次：

——固定深度。

——多层采样。水深小于 10 m 时采表层水样；小于 20 m 时采表、底层水样；20 m 以上采表、中、底层水样。

——水柱内多层等体积混合水样。

（4）可视性采样：有害赤潮发生时的现场采样，还应包括进行现场录像或照相等可视性采样。

8.2.2.4 监测参数

根据监测目标及信息需求选择参数。具有多个子目标的监测计划，其选择的参数必须满足各子目标的要求。

根据监测技术条件选择参数，不具备测定条件的参数暂不选用。例如，水中微量元素（Cu、Fe、Mn、Zu 等）的分析，从采样至测定全过程要求在洁净环境条件下进行，一些不具备条件的实验室和未掌握该技术的人员，分析结果不能保证质量，可暂时不监测。根据参数的理化特征选择参数。每个测定参数的确定，均应作充分论证。通常，监测参数可以通过以下几个方面有目的地进行选择。

观测项目：赤潮位置与范围；可视性采样；色、味、嗅与漂浮物；海况；天气现象；等等。

水文气象要素：海表水温、水色、透明度、盐度、海流流速与流向、光照、风速与风向、气温、气压、天气现象、雨量、河流径流量等。

生物学要素：浮游植物（赤潮藻类）种类及数量、底栖微藻（赤潮藻类）种类及数量、其他赤潮生物（纤毛虫类等）、底泥孢囊、浮游动物种类及数量、底栖生物（养殖生物）种类及数量、叶绿素 a、异养细菌总数等。

化学要素：pH、溶解氧、活性磷酸盐（PO_4^{3-}）、活性硅酸盐（SiO_3^{2-}）、亚硝酸盐-氮（NO_2^--N）、硝酸盐-氮（NO_3^--N）、铵-氮（NH_4^+-N）、石油类、铁（Fe）、锰（Mn）、维生素（V_{B1}）、维生素（V_{B12}）等。

赤潮毒素：麻痹性贝毒（PSP）、腹泻性贝毒（DSP）、神经性贝毒（NSP）、失忆性贝毒（ASP）、西加鱼毒素（CFP）等。

当然，并不是所有参数都是赤潮监测的重要参数，特别是不同的监测目标与信息需求要求的监测参数有所区别。但是一些主要参数对于任何监测类型都是必需的，如生物学要素中的赤潮生物的种类、数量和分布；水文气象要素中的水温、盐度、气温和气压；化学要素中的 pH、溶解氧、营养盐等都是赤潮监测中非常重要的参数。虽然如此，并不意味其他参数不重要。比如对于外来型赤潮和赤潮的跟踪监测，海流则是非常重要的因素。总之，监测参数的选择以满足赤潮监测的信息需求而定。

8.2.2.5 监测时间与频率

监测时间是对海区当年可能发生的有害赤潮事件的监测，监测时间可定在有害赤潮的多发期。一般情况下，我国黄海、渤海有害赤潮多发期为 4—10 月，高发期为 7—9 月；东海的多发期为 3—10 月，高发期为 6—8 月；南海全年均可发生，高发期为 3—5 月和 8—11 月。各沿岸海区的监测时间可参照该海域有害赤潮始发期历史资料确定。由于我国南方部分海域并没有明显的“有害赤潮季节”，常年均可能发生赤潮。对此，可依据各月份有害赤潮发生的概率，调整监测时间。

潮汐对赤潮生物在局部水体积累有明显影响的沿岸海区，监测时间应根据潮汐周期和地形特征适当选择。

监测频率是根据不同的监测类型加以确定。沿岸海域环境质量控制的有害赤潮监测频率一般为每周一次。若条件不具备的情况下，也应在有害赤潮发生季节至少每周监测一次；在有害赤潮发生的高危险期，应每 3 d 监测一次。

近岸水产养殖区的监测，在有害赤潮发生季节，应加大监测频率。一般应每周监测一次；在有害赤潮有发展趋向的时期，至少 3 d 监测一次；在有害赤潮发展到生物量达到临界浓度的高危险期，则应每天监测一次。在有害赤潮发生期间，应每天监测一次，危害严重的，尤其是发生有毒赤潮应每 3 h 监测一次。进入赤潮衰亡期应继续监测，但可逐渐降低监测频率，至赤潮消失为止。

离岸上升流区渔场的有害赤潮监测，可先用卫星遥感监视，再开展现场监测，其中，在上升流区有发展趋向期间对于浮游植物生物量和水温的监测，至少每周监测一次。若因监测区太大，或采样工作量过重而不能在同一天内完成所有站位的采样任务时，应在隔天继续完成。

8.3 赤潮监测技术

8.3.1 赤潮监测技术与方法选用的原则

（1）监测技术与方法力求简便、准确，便于全国各海域的各类监测人员易于掌握。由于有害赤潮的监测需要由专业性机构和社会群体的参与，因此，在一般的监测中，推荐能被普遍采纳而有经济效能的监测技术与方法为能够及时发现有害赤潮提供了必要的技术条件。通常，有害赤潮从出现到消亡只有几天甚至1~2天的时间，这样短暂的时间尺度的监测需要采用快速反应的监测技术与方法，才能满足监测的时效要求，同时有利于临阵的各类监测人员的实施，及时捕获有害赤潮的现场信息。

（2）监测技术的规范化是保证数据准确可比的重要环节，是监测工作能否成功的基本保证。采用统一的规范化监测技术对提高监测数据的质量和使用价值具有非常重要的作用，所以，应尽量采用国家标准方法。有害赤潮监测属于海洋生态监测，与一般的的海洋监测存在着许多共性和相同的地方。例如，大多数有害赤潮的监测参数，如水文气象参数和化学参数等也是海洋监测所必须进行的项目。因此，常规的有害赤潮监测可以与海洋监测结合在一起，或者成为海洋监测的一个组成部分。有害赤潮的监测技术与方法与海洋监测一致，不仅节省了人力、物力，而且可以充分利用海洋监测的资料和信息。尤其是我国现行已经有一个相当完整的国家标准《海洋监测规范》，为我们提供了一个权威性的、适用于全国各海域的标准方法。因此，有害赤潮监测所涉及的监测技术与方法，只要《海洋监测规范》有规定的，应尽量采用该项国家标准。但是，由于国家规范方法中，多数参数不止一种方法，其准确度、灵敏度和适用的浓度范围各不相同，为此，要求在监测工作中选择一种方法。对国家规范中某些不完善、不明确的内容可以完善、补充，对个别非规范技术，并非绝对不能使用，但应该经监测技术管理部门认可。

（3）尽可能采用国际普遍采用的技术。由于有害赤潮的监测在我国起步较晚，有些项目的监测技术与国外发达的海洋国家还存在一定的差距。特别是国外已经把有毒赤潮及其毒素的监测作为有害赤潮的监测重点，我国对这方面的研究还比较薄弱。实际上也反映出我们对有毒赤潮的认识和监测的重视力度不够。对有毒赤潮毒素的监测，国内刚刚起步，初步建立了赤潮毒素的监测方法，在国家海洋行业标准《赤潮监测技术规程》（HY/T 069—2005）中吸收了政府间海洋学委员会（IOC）推荐的方法，为国内有毒赤潮的毒素监测提供了有效、可行的监测方法。同时，采用与国际接轨的通用的方法，为今后有害赤潮监测的国际合作和商品检验的国际化和可比性打下基础。

8.3.2 赤潮监测技术方法

上述大多数参数的监测方法都可以从我国现行的《海洋调查规范》（GB 12763.4—2007）和《海洋监测规范》（GB 17378.7—2007）中找到。原先缺乏的赤潮毒素的监测技术，在《赤潮监测技术规程》（HY/T 069—2005）中已经得到补充。表8.2列出了赤潮监测的技术与方法及其引用文献。

表8.2 赤潮监测参数及其监测方法

项目	监测参数	监测方法	引用标准
观测项目	赤潮位置与范围	船舶、航空、卫星定位	
	可视性采样	现场录像、摄像	
	色、味、嗅、漂浮物	目视及感官	
水文要素	海表水温	测定仪法或表层水温表法	GB 17378.4
	水色	比色法	GB 17378.4
	透明度	目视法	GB 17378.4
	盐度	盐度计法	GB 17378.4
	海流流速与流向	海流计法	GB 12763.2

续表

项　目	监 测 参 数	监 测 方 法	引用标准
气象要素	光照	照度计法	
	风速	风速风向仪测定法	GB 12763.2
	风向	风速风向仪测定法	GB 12763.2
	气温	干湿球温度计测定法	GB 12763.3
	气压	空盒气压表测定法	GB 12763.3
	天气现象	目视法	GB 12763.3
	雨量	气象资料收集	
	河流径流量	资料收集	
生物学要素	浮游植物（赤潮藻类）种类及数量	个体计数法	GB 17378.7
	底栖微藻（赤潮藻类）种类及数量	个体计数法	HY/T 069—2005
	其他赤潮生物（纤毛类等）种类及数量	个体计数法	GB 17378.7
	底泥孢囊	孵化培养法	HY/T 069—2005
	浮游动物种类及数量	个体计数法及生物量湿重测定法	GB 17378.7
	底栖生物（养殖生物）种类及数量	个体计数法与生物量测定	GB 17378.7
	叶绿素 a	荧光法或分光光度法	GB 17378.7
	异养细菌总数	平板计数法	GB 17378.7
赤潮毒素	麻痹性贝毒（PSP）	小白鼠法、高效液相色谱法	GB 17378.7
	腹泻性贝毒（DSP）	小白鼠法、高效液相色谱法	HY/T 069—2005
	神经性贝毒（NSP）	小白鼠法、高效液相色谱法	HY/T 069—2005
	失忆性贝毒（ASP）	小白鼠法、高效液相色谱法	HY/T 069—2005
	西加鱼毒素（CFP）	小白鼠法、高效液相色谱法	HY/T 069—2005
化学要素	pH	现场快速测定仪法或 pH 计法	GB 17378.4
	溶解氧（DO）	现场快速测定仪法或碘量法	GB 17378.4
	活性磷酸盐（PO_4^{3-}）	磷钼蓝分光光度法	GB 17378.4
	活性硅酸盐（SiO_3^{2-}）	硅钼黄法	GB 17378.4
	亚硝酸盐-氮（NO_2^--N）	萘乙二胺分光光度法	GB 17378.4
	硝酸盐-氮（NO_3^--N）	锌镉还原法	GB 17378.4
	铵-氮（NH_4^+-N）	次溴酸盐氧化法	GB 17378.4
	石油类	紫外分光光度法	GB 17378.4
	铁	原子吸收分光光度法	HY/T 069—2005
	锰	原子吸收分光光度法	HY/T 069—2005
	V_{B1}	荧光测定法	HY/T 069—2005
	V_{B12}	生物培养^{14}C 测定法	HY/T 069—2005

除此之外，在赤潮监测方面，海洋卫星遥感已进入应用时代，星载可见光、热红外和微波遥感器已能监测众多的海洋生物、海洋化学、海洋水文、海洋地质和海洋气象要素和现象。目前，我国有能力进行日常监测的海洋要素和现象包括海面温度、叶绿素 a 含量、海面流场和光照等信息以及通过遥感图像提供的海面高度、海浪和锋面以及风场等信息探测赤潮的发生和移动。应用航空遥感测定海水水色、叶绿素、水温和盐度以及赤潮跟踪。浮标系统的应用为赤潮的常规监测提供多功能

的快速和连续测定。在赤潮的频发海区投放浮标系统，可以及时地使现场的海洋水文和海洋化学参数及其变化得到反馈，为及时发现赤潮和赤潮的预警、预报提供了便捷的途径。同时，浮标系统的应用还可以与环境监测紧密地结合起来。

8.4 赤潮生物

赤潮生物包括了浮游藻类、原生动物和细菌。浮游藻类分别隶属于甲藻门、蓝藻门、绿藻门、裸藻门、金藻门、硅藻门、黄藻门和隐藻门。其中有毒、有害的赤潮生物以甲藻类居多，其次为硅藻、蓝藻、金藻、隐藻和原生动物。

据不完全统计，全世界已报道的赤潮生物种类有300余种，我国也有100多种。这些赤潮生物大多数是无毒的，然而，有毒赤潮的发现，直接或间接给人类带来更大的威胁，因此人们也就更加关切有毒赤潮生物的存在和出现。表8.3列出了我国近海曾经出现的赤潮生物种类及其在各个海区的分布。表8.4则列出了我国近海出现的产生有害影响的主要的赤潮生物。

表8.3 中国近海赤潮生物种类

种类		分布		
		渤黄海	东海	南海
硅藻门				
掌状冠盖藻 *Stephanopyxis palmeriana* (Greville) Grunow		+	+	+
菱形海线藻 *Thalassionema nitzschioides* (Grunow) Grunow ex Hustedt		+	+	+
萎软海链藻 *Thalassiosira mala* Takano				
诺登海链藻 *T. nordenskioeldii* Cleve		+	+	+
太平洋海链藻 *T. pacifica* Gran & Angst		+	+	
圆海链藻 *T. rotula* Mernier		+	+	+
细弱海链藻 *T. subtilis* (Ostenfeld) Gran		+	+	+
佛氏海毛藻 *Thalassiothrix frauenfeldii* Grunow		+	+	+
蓝藻纲				
红海束毛藻 *Trichodesmium erythraeum* Ehrenberg	●	+	+	+
铁氏束毛藻 *T. thiebaultii* Gomont			+	+
金藻纲				
小等刺硅鞭藻 *Dictyocha fibula* Ehrenberg	●	+	+	+
六异刺硅鞭藻 *D. speculum* (Ehrenberg) Haeckel	●	+		+
三深裂醉藻 *Ebria tripartita* (Schumann) Lemmermann				+
球形棕囊藻* *Phaeocystis globosa* Scherffel	●			+
小三毛金藻 *Prymnesium parvum* Carter	●	+		+
针胞藻纲				
海洋卡盾藻* *Chattonella marina* (Subrahmanyan) Hara & Chihara	●	+	+	+
赤潮异弯藻* *Heterosigma akashiwo* Hada	●	+		+
隐藻纲				
波罗的海隐藻 *Rhodomonas baltica* Karstensensu = *Cryptomonas* sp.	●	+		+
绿藻纲				
肾藻 *Nephroselmis* sp.				+

续表

种类		分布		
		渤黄海	东海	南海
卡德藻 *Carteria* sp.				+
原生动物				
红色中缢虫 *Mesodinium rubrum* Lohmann	●	+	+	+
锥状斯克利普藻* *Scrippsiella trochoidea*（Stein）Loeblich Ⅲ	●	+	+	+
硅藻纲				
冰河拟星杆藻 *Asterionellopsis glacialis*（Castracane）Round=*Asterionella japonica* Cleve		+	+	+
甲藻门				
加氏星杆藻 *A. kariana* Round=*Asterionella kariana* Grunow			+	+
奇异棍形藻 *Bacillaria paxillifera*（O. F. Müller）Hendey = *Nitzschia paradoxa*（J. F. Gmelin）Grunow		+	+	+
锤状中鼓藻 *Bellerochea malleus*（Brightwell）			+	+
海洋角管藻 *Cerataulina pelagica*（Cleve）Hendy = *Cerataulina bergonii*（H. Peragallo）Schütt		+	+	+
窄隙角刺藻 *Chaetoceros affinis* Lauder		+	+	+
大西洋角刺藻 *C. Atalanticus* Cleve				+
扁面角刺藻 *C. compressus* Lauder		+	+	+
旋链角刺藻 *C. curvisetus* Cleve	●	+	+	+
丹麦角刺藻 *C. danicus* Cleve		+	+	+
齿角刺藻 *C. dentiuelus* Lauder			+	+
柔弱角刺藻 *C. Debilis* Cleve	●	+	+	+
冕孢角刺藻 *C. diadema*（Ehernberg）Gran=*C. subsecundus*（Grun.）Hustedt			+	+
双突角刺藻 *C. didymus* Ehrenberg		+	+	+
垂缘角刺藻 *C. laciniosus* Schütt		+	+	+
洛氏角刺藻 *C. lorenzianus* Grun		+	+	+
秘鲁角刺藻 *C. Peruvianus* Brightwell		+	+	+
拟弯角刺藻 *C. pseudocurvisetus* Mangin	●	+	+	+
聚生角刺藻 *C. socialis* Lauder	●	+		+
暹罗角刺藻 *C. siamense* Ostenfeld			+	+
星脐圆筛藻 *Coscinodicus asteromphallus* Ehrenberg			+	+
中心圆筛藻 *C. centralis* Ehrenberg			+	
巨圆筛藻 *C. gigas* Ehrenberg			+	
格氏圆筛藻 *C. granii* Gough		+	+	+
琼氏圆筛藻 *C. jonesianus*（Greville）Ostenfeld		+		+
辐射圆筛藻 *C. radiatus* Ehrenberg		+		
威利圆筛藻 *C. wailesii* Gran & Angst		+		+

续表

种类		分布		
		渤黄海	东海	南海
隐秘小环藻 *Cyclotella cryptica* Reimann, Lewin & Guillard	●			+
条纹小环藻 *C. striata* (Kützing) Grunow in Cleve & Grunow		+		+
小环藻 *Cyclotella* sp.	●	+	+	+
新月细柱藻 *Cylindrotheca closterium* (Ehr.) Reimama et Lewin		+	+	
脆指管藻 *Dactyliosolen frugilissimus* (Bergon) Hasle = *Rhizosolenia fragilissima* Bergon	●	+	+	+
布氏双尾藻 *Ditylum grightwellii* (West) Grunow & Van Heurck		+	+	+
短角弯角藻 *Eucampia zoodiacus* Ehrenberg	●	+	+	+
柔弱几内亚藻 *Guinardia delicatula* (Cleve) Hasle = *Rhizosolenia delicatula* Cleve		+	+	+
萎软几内亚藻 *G. flaccida* (Castracane) Peragallo	●	+	+	+
条纹几内亚藻 *G. striata* (Stolterfoth) Hasle = *Rhizosolenia stolter fothii* H. Peragallo/	●	+	+	+
环纹劳得藻 *Lauderia annulata* Cleve = *Lauderia borealis* Gran		+	+	+
丹麦细柱藻 *Leptocylindrus danicus* Cleve	●	+	+	+
微小细柱藻 *L. minimus* Gran	●			+
奇异石鼓藻 *Lithodesmium variabile* Takano			+	+
拟货币直链藻 *Melosira nummuloides* Agardh				+
长菱形藻 *Nitzschia longissima* (Brébisson, in Kützing) Ralfs in Pritchard		+	+	+
长耳齿状藻 *Odontella aurita* (Lyngbye) Agardh = *Biddulphia aurica* Brebisson		+	+	
活动齿状藻 *O. mobiliensis* (Bailey) Grunow = *Biddulphia moboliensis* Grunow	●	+	+	+
中华齿状藻 *O. sicensis* (Greville) Grunow = *Biddulphia sicensis* Greville	●	+	+	+
具槽直链藻 *Paralia sulcata* (Ehrenberg) Cleve = *Melosira sulcata* (Ehrenberg) Kützing		+	+	+
柔弱拟菱形藻 *Pseudo-nitzschia delicatissima* (Cleve) Heiden in Heiden & Kolbe		+	+	
尖刺拟菱形藻 *P. pungens* (Grunow ex Cleve) Hasle = *Nitzschia pungens* Grunow ex Cleve	●	+	+	+
成列拟菱形藻 *P. Seriata* (Cleve) H. Peragallo in H. & M. Peragallo f. Seriata			+	+
翼长鼻藻 *Proboscia alata* (Brightwell) Sundstrom = *Rhizosolenia alata* Broghtwell		+	+	+
距端拟管藻 *Pseudosolenia calcar avis* (Schultze) Sundstrom = *Rhizosolenia calcar-avis* Schultze			+	+
翼根管藻纤细变形 *Rhizosolenia alata* f. *grocillima* Cleve	●	+	+	+
印度翼根管藻 *R. alata* f. *indica* (Péragallo) Ostenfeld		+	+	+
半棘钝根管藻 *R. hebetata* f. *semispina* (Hensen) Gran		+		+
刚毛根管藻 *R. setigera* Brightwell		+	+	+
笔尖形根管藻 *R. styliformis* Brightw	●	+	+	+
中肋骨条藻 *Skeletonema costatum* (Greville) Cleve	●	+	+	+

注：* 表示有毒藻；

● 表示发生过赤潮种类；

+ 表示该海域有出现种类。

表 8.4　中国近海对海洋生物产生有害影响的主要赤潮生物

有害藻的种类	受影响的生物
亚历山大藻（PSP）	贻贝、蛤、扇贝、牡蛎、龙虾、蟹
	鲱、鲑鱼、油鲱、玉筋鱼、鲭和其他鱼类
	鲸、海狮、海獭、海鸟
	鱿鱼、浮游动物、底栖无脊椎动物
角毛藻	鲑鱼养殖，可能还有其他种类
卡盾藻	鱼类养殖
叉状角藻、梭角藻、三角角藻	缺氧，影响蛤和其他底栖生物
旋沟藻	鱼类养殖，牡蛎
渐尖鳍藻、倒卵形鳍藻（DSP）	软体动物
链状裸甲藻、利玛原甲藻	牡蛎、蛤、贻贝、腹足类软体动物
	双壳类软体动物、被囊类动物
短凯伦藻（NSP）	商业和娱乐性鱼类、海鸟、海龟、海牛、海豚
米氏凯伦藻	养殖鱼类、野生鱼类、双壳类软体动物
夜光藻	养殖业、养殖鱼类、底栖和浮游动植物
微小原甲藻	北方硬壳蛤、扇贝、贝类幼体
拟菱形藻（ASP）	软体动物、蛏、蟹、海鸟、海豚

赤潮判断的生物量指标与形成赤潮的生物个体大小密切相关。迄今普遍采纳由安达六郎提出的指标进行判断（见表 8.5）。

表 8.5　赤潮的生物量判断标准

赤潮生物体长 /μm	赤潮生物细胞浓度 /（cells/L）
<10	$>10^7$
10~29	$>10^6$
30~99	$>3\times10^5$
100~299	$>10^5$
300~1 000	$>3\times10^4$

有毒赤潮的生物量判断指标与一般有害赤潮的判断指标有很大区别。根据其所含毒素对生态系和人体的危害，一些国家制定了管理阈值和管理行动。表 8.1 列出了国外对应于我国曾发现的有毒藻类的管理行动。

8.5　赤潮毒素

有毒赤潮是当前国际上最为关注的有害赤潮，不同的有毒赤潮生物所含的赤潮毒素是不一样的。除了现在已经发现的 5 种赤潮毒素（腹泻性贝毒、神经性贝毒、麻痹性贝毒、失忆性贝毒、西加鱼毒素）外，这个家族又发现了一个新成员，欧洲在紫贻贝养殖区发现的厚甲原多甲藻中提取出 azaspiracid 及其衍生物（AZAs），被称为 AZP 毒素。有毒赤潮由于生物量少时就可能对人体产生危害，因此不容易被发现，往往是在发生中毒事件后，根据临床症状的表现才被发现的。从表 8.6 中可以看出各种赤潮毒素对人体的毒性效应。

表 8.6 不同赤潮毒素的临床症状

毒素类型	种源生物	毒素溶解性	作用靶位	症状	处置
麻痹性贝毒（PSP）	塔玛亚历山大藻 *Alexandrium tamarense* 链状裸甲藻 *Gymnodium catenatum*	水溶性	神经、脑组织	轻度：30 min 内感觉到刺痛、嘴唇周围麻木，慢慢扩散到脸部和颈部；手指和脚趾尖有刺痛感；头晕，头痛，恶心，呕吐，腹泻 重症：肌肉麻痹；呼吸困难、有窒息感；中毒 2~24 h 内可能因呼吸障碍引起死亡。	病人洗胃、做人工呼吸，无后遗症
腹泻性贝毒（DSP）	倒卵形鳍藻 *Dinophysis fortii* 渐尖鳍藻 *Dinophysis acuminata* 利玛原甲藻 *Prorocentrum lima*	脂溶性	酶系统	轻度：30 min 后至数小时（极少超过 12 h）出现腹泻、恶心、呕吐、腹痛等中毒症状 重症：慢性中毒可能促使消化道肿瘤的发生	3 d 后复原，无须药物处理
失忆性贝毒（ASP）	尖刺拟菱形藻 *Pseudo-nitzschia pungens* 柔弱拟菱形藻 *P. delicatissima* 成列拟菱形藻 *P. seriata*	水溶性	脑组织	轻度：3~5 h 后感觉到恶心、呕吐，腹部痉挛等 重症：对深度刺激反应降低；幻觉，错乱，短期记忆丧失，病情发作	洗胃，尚无其他有效方法
神经性贝毒（NSP）	短裸甲藻 *Karenia breve* =*Gymnodium breve* =*Ptichodiscs breve*	脂溶性	神经、肌肉、肺、脑组织	轻度：3~6 h 后发冷，头痛，腹泻；肌肉无力，肌肉、关节疼痛；恶心、呕吐 重症：感觉倒错，身体冷热无常，呼吸、交谈、吞咽困难，双视、心律失常，感觉急性窒息	无有效方法
西加鱼毒素（CFP）	具毒冈比甲藻 *Gambierdiscus toxicus* *Ostreopsis siamensis* *Prorocentrum lima*	脂溶性	神经、肌肉、心脏、脑组织	轻度：食用鱼类 12~24 h 后症状加剧。腹痛、腹泻、恶心、呕吐 重症：手脚刺痛或麻木感；触摸冷物体有热感；难于保持平衡；心率、血压低；发疹子。特殊情况下因呼吸丧失而死亡	无有效方法。症状可延续数月至数年。Ca 和 Mg 可能起缓解作用

随着赤潮研究的深入和发展以及出现的赤潮中毒事件，我国在该方面的重视和研究已在逐步加强。对有毒赤潮的判断和管理尽管还不甚完善，但是，在参考国外一些相关国家的经验的基础上，也制定了对应的判定和管理标准。表 8.7 列出了中国海出现的主要有毒赤潮生物及其所含毒素与毒性。

由于各种赤潮毒素毒性的差异，以及各个国家或地区对赤潮毒素浓度的警戒值的不一致，所以迄今在国际上也没有统一的赤潮毒素警戒标准。一些国家或地区根据本身的具体情况、试验结果或自身条件制定了各自的赤潮毒素警戒值。借鉴这些国家或地区的经验，我国的行业标准《赤潮监测技术规程》（HY/T 069-2005）中也提出了赤潮毒素警戒值及对应的检测方法。表 8.8 列出了我国及一些国家赤潮毒素的警戒值及其对应的检测方法。

表 8.7　中国海主要有毒赤潮生物及其毒性

种　　名	DSP	NSP	PSP	ASP	CFP	鱼致死	毒性
相关亚历山大藻（*Alexandrium affine*）			+				+
链状亚历山大藻（*A. catenella*）			+				+
股状亚历山大藻（*A. cohorticula*）			+				+
李氏亚历山大藻（*A. leei*）			?				+
微细亚历山大藻（*A. minutum*）			+				+
塔马亚历山大藻（*A. tamarense*）			+				+
强壮前沟藻（*Amphidinium carterae*）				?			
克氏前沟藻（*A. klebsii*）				?			+
大西洋角刺藻（*Chaetoceros atlanticus*）					+		
丹麦角刺藻（*C. danicus*）					+		
旋沟藻（*Cochlodinium* spp.）			?			+	+
六异刺硅鞭藻（*Distephanus speculum*）						+	?
渐尖鳍藻（*Dinophysis acuminata*）	+						+
尖锐鳍藻（*D. acuta*）	+						+
具尾鳍藻（*D. caudate*）	+						+
倒卵形鳍藻（*D. fortii*）	+						+
有毒冈比甲藻（*Gambierdiscus toxicus*）					+	?	+
链状裸甲藻（*Gymnodinium catenatum*）							
金黄环沟藻（*Gyrodinium aureolum*）						+	+
血红哈卡藻（*Hakashiwo breve*）						+	+
赤潮异弯藻（*Heterosigma akashiwo*）						+	+
短凯伦藻（*Karenia breve*）	+					+	+
长崎凯伦藻（*K. mikimotoi*）						+	+
夜光藻（*Noctiluca scintillans*）					+		+
暹罗牡蛎甲藻（*Ostreopsis siamensis*）				+			+
帽状秃顶藻（*Phalacroma miata*）	?						+
圆形秃顶藻（*P. rolundata*）	+						+
波罗的海原甲藻（*Prorocentrum balticum*）						+	?
利马原甲藻（*P. lima*）	+			?		+	
墨西哥原甲藻（*P. mexicanum*）					?	?	+
微小原甲藻（*P. minimun*）						+	+
成列拟菱形藻（*Pseudo-nitzschia seriata*）				+			+
柔弱拟菱形藻（P. *delicatissima*）				+			+
巴哈马梨甲藻（*Pyrodinium bahamense* ver. *compressum*）	+			+	+		

注：DSP—腹泻性贝毒；NSP—神经性贝毒；PSP—麻痹性贝毒；ASP—失忆性贝毒；CFP—西加鱼毒。

+表示存在；? 表示尚待证实。

表 8.8 我国（包括香港地区）与一些国家赤潮毒素警戒值及其检测方法

毒素类型	国家（地区）	警戒值	方法
麻痹性毒素（PSP）	中国（未含香港）	80 μg/100 g	白鼠生物检验，HPLC
	中国香港	400 MU/100 g（30 μg/100 g）	白鼠生物检验
	澳大利亚	80 μg/100 g	白鼠生物检验
	奥地利	80 μg/100 g	白鼠生物检验
	加拿大	80 μg/100 g	白鼠生物检验
	丹麦	80 μg/100 g	白鼠生物检验，HPLC
	芬兰	80 μg/100 g	
	法国	80 μg/100 g	白鼠生物检验
	德国	80 μg/100 g	
	希腊	80 μg/100 g	
	危地马拉	400 MU/100 g（30 μg/100 g）	白鼠生物检验
	意大利	80 μg/100 g	白鼠生物检验
	爱尔兰	生物检验阳性	白鼠生物检验
	日本	400 MU/100 g（30 μg/100 g）	白鼠生物检验，HPLC
	韩国	400 MU/100 g（30 μg/100 g）	白鼠生物检验
	荷兰	80 μg/100 g	HPLC
	新西兰	80 μg/100 g	白鼠生物检验
	挪威	200 MU/100 g（15 μg/100 g）	白鼠生物检验
	巴拿马	400 MU/100 g（30 μg/100 g）	白鼠生物检验
	菲律宾	40 μg/100 g	白鼠生物检验
	葡萄牙	80 μg/100 g	白鼠生物检验
	西班牙	80 μg/100 g	白鼠生物检验
	新加坡	80 μg/100 g	白鼠生物检验
	瑞典	80 μg/100 g	白鼠生物检验
	乌拉圭	80 μg/100 g	白鼠生物检验
	美国	80 μg/100 g	白鼠生物检验
	英国	80 μg/100 g	白鼠生物检验，HPLC
	英国（北爱尔兰）	32 μg/100 g	白鼠生物检验
	委内瑞拉	200~400 MU/100 g（15~30 μg/100 g）	白鼠生物检验

续表

毒素类型	国家（地区）	警戒值	方法
腹泻性贝毒（DSP）	中国	80 μg/100 g（24 h 三只鼠中两只死亡）	白鼠生物检验，HPLC
	加拿大	80 μg/100 g	白鼠生物检验，HPLC
	丹麦	检出（24 h 三只鼠中两只死亡）	白鼠生物检验，HPLC
	法国	检出（5 h 三只鼠中两只死亡）	白鼠生物检验
	意大利	5 h 白鼠实验	白鼠生物检验
	爱尔兰	生物检验阳性	白鼠生物检验+LC-MS
	日本	5 MU/100 g（=20 μg/100 g）	白鼠生物检验
	韩国	5 MU/100 g（=20 μg/100 g）	白鼠生物检验
	荷兰	0.2~0.4 μg/g 消化腺	白鼠生物检验
	挪威	5~7 MU/100 g（=20~30 μg/100 g）	白鼠生物检验
	葡萄牙	检出（20 μg/100 g）	白鼠生物检验
	西班牙	检出	白鼠生物检验
	瑞典	0.4~0.6 μg/100 g	
	乌拉圭	24 h 致死	白鼠生物检验
	英国（北爱尔兰）	200 μg/100 g	白鼠生物检验
失忆性贝毒（ASP）	中国	2 mg/100 g	HPLC
	加拿大	2 mg/100 g	HPLC
	丹麦	2 mg/100 g	HPLC
	荷兰	2 mg/100 g	HPLC
	西班牙	2 mg/100 g	白鼠生物检测，HPLC
	美国	2 mg/100 g（3 mg/100 g 蟹肉）	HPLC

注：HPLC 为高效液相色谱法；LC-MS 为液相色谱-质谱法。

第9章　厦门海域赤潮监测与预警研究

厦门市地处我国东南沿岸、福建省东南部、九龙江入海处；背靠漳州、泉州平原，面对金门诸岛，东临台湾海峡，与台湾岛和澎湖列岛隔海相望。厦门市大陆腹地西、北、东三面山脉盘踞于厦漳、厦泉边界，大体地势由西北向东南倾斜，以丘陵、台地、阶地到滨岸平原递降。厦门湾近湾陆地属闽粤沿海花岗岩丘陵区，风化强烈。厦门湾岸线曲折、岛屿众多，受地质构造控制，形成沉溺的潮汐汊道型海湾。厦门本岛是福建省的第四大岛屿。

近年来，随着污染不断加剧，厦门海域水体富营养化程度不断加剧，突出表现为海水中的N、P比失衡的程度加重、范围扩大，富营养化指数呈增长趋势，严重富营养化海域的空间分布范围与赤潮高发区基本一致，且面积不断扩大。水体富营养化引发的赤潮不仅会损害海洋生态环境，而且某些赤潮藻类产生的麻痹性毒素会伴随着食物链在贝类和鱼类体内累积，威胁着人类的健康和生命安全。

9.1　赤潮监测与预警目标

厦门海域赤潮监测充分吸收国内外赤潮研究成果与经验，利用已有的相关数据资料（包括水质自动连续监测浮标数据）和现场跟踪监测手段，应用海洋营养学、生态学、毒理学、遗传学方法进行深入研究，开展赤潮高发区典型海域的现场跟踪监测，分析厦门海域发生赤潮原因与变化规律，研究厦门海域水体营养化程度变化与藻类种群结构演变关系以及赤潮预警预报技术。采用遗传探针技术鉴定与筛选出有毒藻类，针对有毒赤潮藻麻痹性毒素开展实验室毒性实验，提出适合赤潮多发区相关藻类麻痹性贝毒的预警值。选取典型赤潮高发海域进行有害赤潮跟踪监测，应用遗传探针技术鉴定确认厦门附近海域具有麻痹性毒素藻种、毒理效应和贝类累积麻痹性毒素的预警值，以便达到对厦门海域有害赤潮的麻痹性毒素有效预警预报的目标。

9.2　赤潮区监测与预警研究设计

9.2.1　赤潮监测与预警研究

广泛收集、分析国内外有害赤潮形成机制及理化条件的相关成果与资料，对部分不完整赤潮资料，可收集回顾性资料以补充。尤其关注有害藻类对水温、盐度和营养盐等的依赖性和在富营养化条件下藻类因竞争产生的优胜劣汰从而引发的藻种结构演替。在赤潮研究中，将有害赤潮发生与周围环境因子联系起来统计分析，探讨厦门赤潮发生原因与规律以及其预报技术，建立适合于厦门附近海域的有害赤潮监测与预警技术。

选取厦门赤潮高发海域为赤潮监测与预警预报研究海域，进行合理的站位布设，设计监测参数与监测频率。选取赤潮高发期进行赤潮监测，通过现场调查采样，采用传统显微观察鉴定与现代分子生物探针技术，筛选和分离出与麻痹性贝毒相关的赤潮的甲藻藻种，在实验室进行模拟实验，结合遗传探针技术与麻痹性贝毒小白鼠生物检测法，提出适合赤潮高发区相关藻类麻痹性贝毒的预警值，建立厦门有害赤潮监测、预警和评估技术。

9.2.2 赤潮原因与变化规律研究

9.2.2.1 厦门海域发生赤潮原因和变化规律分析及预报技术研究

厦门海域马銮湾、筼筜湖已经成为了富营养化水体，九龙江、西海域和同安湾十几年来水体富营养化现象逐年递增，这几年厦门重视海洋环境保护，对厦门西海域和同安湾进行了污染整治，水体富营养化现象有所抑制。但是，与十几年前相比富营养化程度仍然比较严重。过去发生硅藻类赤潮，现在常发生甲藻类赤潮。

采用国内外水体富营养化评价方法，选择富营养化综合评价的关键指标——营养指标（无机氮、无机磷）、环境敏感指标（溶解氧）、感观指标（水色、透明度）、初级生产力指标（叶绿素 a）等，建立适合厦门海域富营养化评价方法，研究水体富营养化与发生赤潮之间的关系。

根据拟定厦门海域富营养化综合评价指标与方法，在厦门各海区（马銮湾、筼筜湖、九龙江、西海域、东海域和同安湾）布设调查站位和水质自动连续监测浮标，在厦门海域水华期，开展水温、盐度、水色、透明度、无机氮、无机磷、叶绿素 a、溶解氧、浮游植物等要素调查，分析与评估厦门各海区水体富营养化现状。

根据拟定厦门海域富营养化综合评价指标与方法，分别收集 20 世纪 80 年代至 21 世纪以来厦门海域监测的水温、盐度、水色、透明度、无机氮、无机磷、叶绿素 a、溶解氧、浮游植物等相关历史资料，评估筼筜湖搞活水体和清淤工程、宝珠屿网箱养殖清除和环境整治工程、同安网箱养殖清除和环境整治工程等整治后厦门海域环境恢复效果，分析厦门海域长期以来水体富营养化变化趋势以及不同年代不同海域发生赤潮原因与变化规律。

9.2.2.2 甲藻类演变与有害赤潮预警研究

近年来厦门海域藻类已经向小型化演变，甲藻所占的优势越来越明显，甲藻门中已经被发现有些藻种具有麻痹性毒素。海洋贝类摄食有毒赤潮藻后，毒素可以在它们的体内积累，但是长期的进化机制使它们对这些藻毒素产生了抗性，而人在误食了含有藻毒素的贝类后则可能危及人体健康。澳大利亚研究组采用分子生物学技术已经成功克隆了甲藻麻痹性毒素合成相关基因 *stxA*，该基因仅存在于能够合成麻痹性毒素 Saxitoxin 的甲藻中，因此通过对 *stxA* 基因的鉴定，就能精确判断赤潮中是否含有产生麻痹性毒素的甲藻，从而判断是否发生有害赤潮。

收集厦门海域长期以来藻类调查资料，分析近十几年来厦门海域藻类演变与水体富营养化过程的关系以及水华期赤潮藻类的变化，研究出现藻类小型化趋势的原因与危害。收集国内外甲藻类中具有麻痹性毒素的藻种，根据麻痹性毒素合成相关基因 *stxA* 的特异 DNA 序列合成荧光探针，采用荧光定量 PCR 的方法，建立厦门附近海域中具有麻痹性毒素的藻类的遗传探针定量检测技术。

在厦门各海区（马銮湾、筼筜湖、九龙江、西海域、东海域和同安湾）布设调查站位，采用传统显微镜检鉴定方法调查厦门各海区藻群结构数量，甲藻门中基于麻痹性毒素合成相关基因 *stxA* 的遗传探针的技术，寻找具有麻痹性毒素的藻种和贝毒存在。

在厦门附近海域开展现场调查取样，在实验室条件下，采用传统显微镜检鉴定方法与分子探针结合的方式，分离与麻痹性毒素相关的有毒赤潮藻；利用国外对于麻痹性贝毒的分子生物学研究成果，建立麻痹性贝毒合成相关基因 *stxA* 检测与定量分析的方法，研究麻痹性贝毒与环境因子的相互关系；经过实验室驯化的贝类摄取的麻痹性毒素的体内累积量，运用“麻痹性贝毒小白鼠生物检测法”进行毒性实验，研究有毒赤潮藻类对贝类的麻痹性贝毒的毒力，提出适合赤潮多发区相关藻类麻痹性贝毒的预警值。

9.3 厦门赤潮监测

9.3.1 站位布设

本项目在24°18′36″—24°40′05″N，117°44′12″—118°26′11″E共布设16个海水取样站位和12个沉积物取样站位（分别见图9.1和表9.1、表9.2）。

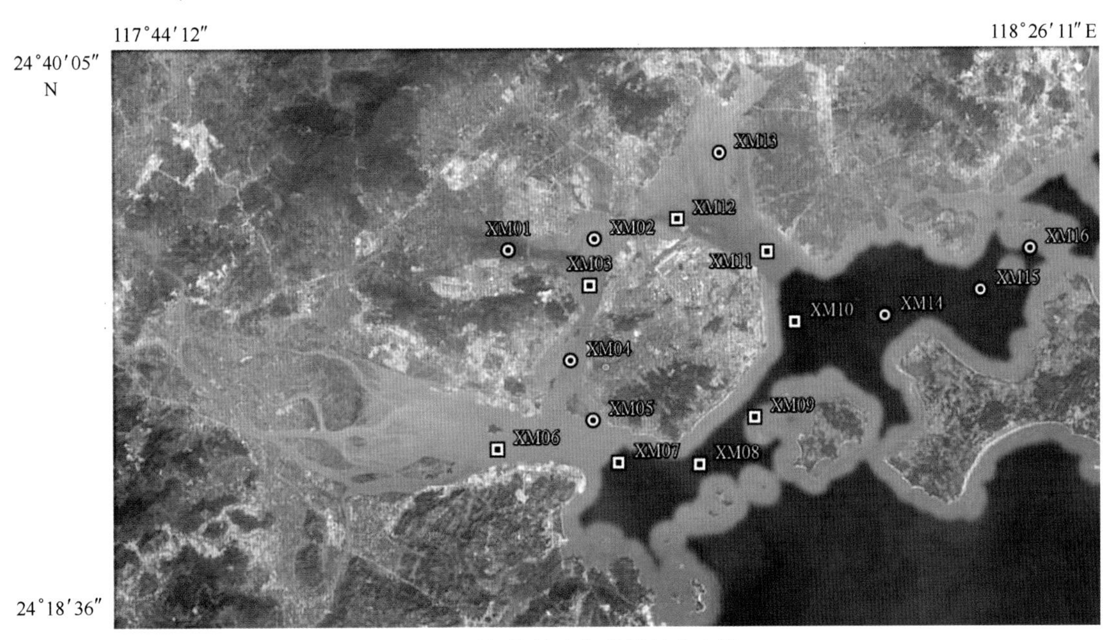

图9.1 厦门海域赤潮监测站位布设

表9.1 厦门海域赤潮监测海区监测站位分布表

序号	监测海区	站位号		
1	马銮湾	XM01		
2	西海域	XM02	XM03	XM04
3	南部海域	XM05	XM07	
4	九龙江口	XM06		
5	同安湾	XM11	XM12	XM13
6	东部海域	XM08	XM09	XM10
7	大嶝附近	XM14	XM15	XM16

表 9.2 厦门海域赤潮监测站位及监测项目

序号	站号	纬度 N	经度 E	监测项目
1	XM01	24°32′45″	118°00′54″	水质、沉积物
2	XM02	24°33′09″	118°04′30″	水质、沉积物
3	XM03	24°31′24″	118°04′18″	水质、沉积物
4	XM04	24°28 36″	118°03′30″	水质、沉积物
5	XM05	24°26 22″	118°04′26″	水质
6	XM06	24°25′19″	118°00′29″	水质、沉积物
7	XM07	24°24′48″	118°05′30″	水质、沉积物
8	XM08	24°24′43″	118°08′53″	水质
9	XM09	24°26′27″	118°11′15″	水质、沉积物
10	XM10	24°30′00″	118°13′00″	水质
11	XM11	24°32′38″	118°11′51″	水质、沉积物
12	XM12	24°33′54″	118°08′00″	水质、沉积物
13	XM13	24°36′24″	118°09′50″	水质、沉积物
14	XM14	24°30′13″	118°16′51″	水质、沉积物
15	XM15	24°31′09″	118°20′57″	水质
16	XM16	24°32′42″	118°23′06″	水质、沉积物

9.3.2 监测内容

9.3.2.1 海水

1）监测参数

pH 值、盐度、叶绿素 a、溶解氧、化学需氧量、活性磷酸盐、硝酸盐、亚硝酸盐、铵盐等海水监测参数。

2）监测频次

丰水期（5 月）、平水期（8 月）、枯水期（11 月），共 3 个航次。

3）采样层次

水深：≤5 m，取表层样（0.5 m）；水深：>5 m，取表层（0.5 m）和底层（离底部 2 m）。

4）分析方法

分析方法参照《海洋监测规范》（GB 17378.4—2007）（国家质量技术监督局，2007）和《海洋调查规范》（GB/T 12763.4—2007）（见表 9.3）。

表 9.3 赤潮监测项目分析方法一览表

序号		分析项目	分析方法
海水	01	pH	pH 计法
	02	盐度	盐度计法
	03	溶解氧	碘量法
	04	化学需氧量	碱性高锰酸钾法
	05	磷酸盐	磷钼蓝分光光度法
	06	亚硝酸盐	盐酸萘乙二胺分光光度法
	07	硝酸盐	锌镉还原法
	08	铵盐	次溴酸盐氧化法
	09	叶绿素-a	荧光法或分光光度计法
	10	水色	比色法
	11	透明度	透明圆盘法
	12	悬浮物	重量法
沉积物	01	总有机碳	重铬酸钾氧化-还原容量法
	02	硫化物	碘量法
	03	Eh	电极法

9.3.2.2 沉积物

1）监测参数

氧化还原电位、硫化物、有机碳，共3个参数。

2）监测频次

平水期（8月）监测一次。

3）分析方法

沉积物化学分析方法见表9.3。

第 10 章　厦门赤潮海域监测结果与环境因素分析

10.1　海水水质

10.1.1　海水盐度

10.1.1.1　海水盐度统计特征

2012 年厦门海域盐度调查统计结果见表 10.1。

由表 10.1 可见，2012 年厦门海域盐度总体平均值在 26.10 左右，平水期调查期间略低于其他水期。受陆源及九龙江淡水等多因素影响，表层盐度均略低于底层，丰水期底层盐度相对较高。

表 10.1　2012 年度厦门海域盐度的统计特征值

层次	特征值	丰水期	平水期	枯水期
表层	最小值	15.34	12.65	20.00
	最大值	31.59	27.44	29.66
	平均值	26.00	22.64	26.75
底层	最小值	25.78	20.82	22.48
	最大值	31.65	27.43	29.91
	平均值	28.22	25.04	27.40
总体均值		27.11	23.84	27.08

10.1.1.2　海水盐度平面分布特征

2012 年厦门海域盐度平面分布如图 10.1 所示。

由图 10.1 可见，受外海水与近岸淡水输入的影响，厦门海域海水盐度由西北向至东南向呈逐渐增高的趋势，本区盐度表层、底层相差不大。受春雨和梅雨以及九龙江径流的影响，西海域和九龙江河口区的盐度在春季和初夏出现较低的水平。

10.1.2　海水溶解氧

10.1.2.1　海水溶解氧统计特征

2012 年厦门海域溶解氧调查统计结果见表 10.2。

由表 10.2 可见，2012 年厦门调查海域内溶解氧平均含量相对较高，处于一类海水水质标准，总体平均含量达 6.80 mg/L，除平水期调查期间表层、底层相差较大外，其他期间表层、底层平均含量相差较小。在季节变化上，平水期略低于其他调查期间。

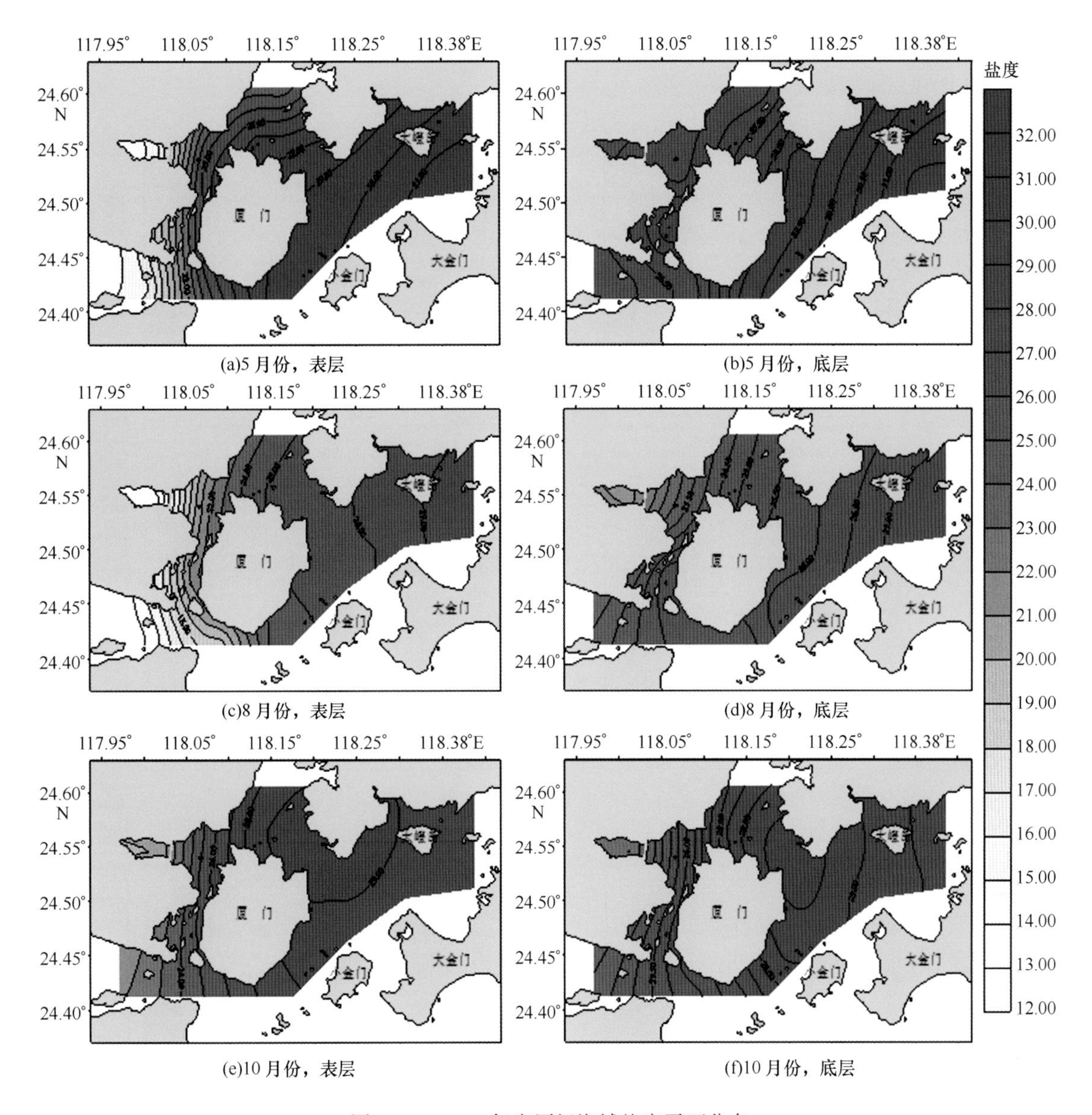

(a)5 月份，表层

(b)5 月份，底层

(c)8 月份，表层

(d)8 月份，底层

(e)10 月份，表层

(f)10 月份，底层

图 10.1　2012 年度厦门海域盐度平面分布

表 10.2　2012 年度厦门海域溶解氧的统计特征值　　单位：mg/L

层次	特征值	丰水期	平水期	枯水期
表层	最小值	5.32	5.45	6.02
	最大值	7.38	12.1	8.58
	平均值	6.82	6.94	7.23
底层	最小值	6.41	0.19	4.82
	最大值	7.41	7.95	8.08
	平均值	6.92	5.73	7.12
总体均值		6.87	6.34	7.18

10.1.2.2 海水溶解氧平面分布特征

2012 年厦门海域溶解氧平面分布如图 10.2 所示。

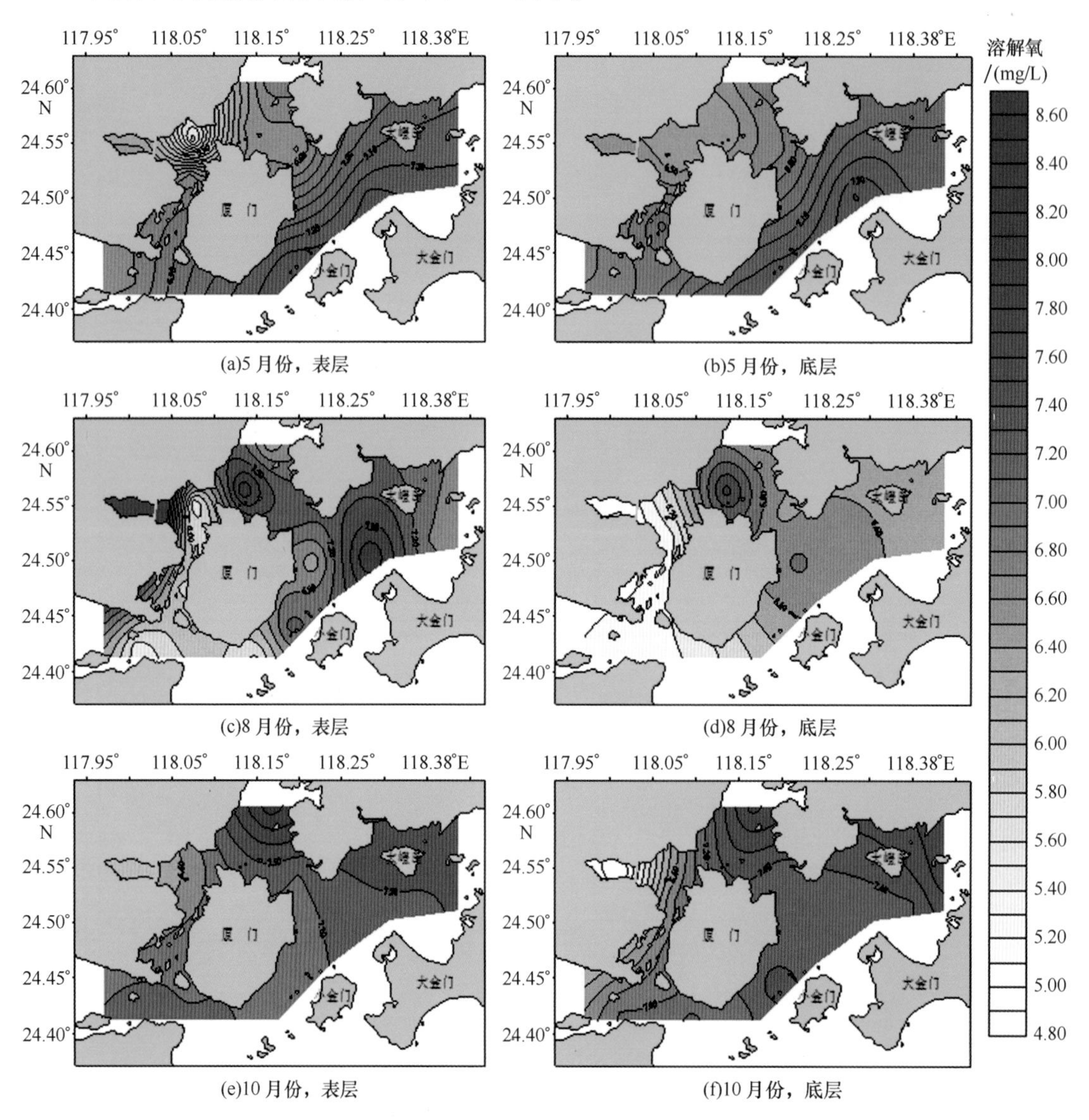

图 10.2 2012 年度厦门海域溶解氧（mg/L）平面分布

由图 10.2 可见，厦门海域溶解氧由湾内至湾外呈逐渐增高的趋势，表层高，底层低。5 月份表层最低值出现在西海域。马銮湾内 8 月份表层明显较高，而底层明显较低，这可能是由于表层浮游植物光合作用释放大量 O_2，而底层有机质降解消耗大量溶解氧所致，另外，西海域、九龙江口底层溶解氧同样相对较低。10 月份整体分布趋于均匀，马銮湾底层受有机质污染溶解氧亦处于低水平。

10.1.3 海水 pH 值

10.1.3.1 海水 pH 值的统计特征

2012 年厦门海域 pH 值调查统计结果见表 10.3。

由表 10.3 可见，2012 年厦门调查海域内 pH 平均含量相对较高，总体均值为 8.14，达到第一类海水水质标准。另外，各调查期间表层、底层基本没有差别。在季节变化上，pH 值随水期的变化逐渐增加。

表 10.3 2012 年度厦门海域 pH 值的统计特征值

层次	特征值	丰水期	平水期	枯水期
表层	最小值	7.90	7.87	7.64
	最大值	8.16	8.57	8.40
	平均值	8.06	8.17	8.21
底层	最小值	7.93	7.55	7.61
	最大值	8.14	8.28	8.41
	平均值	8.05	8.13	8.22
总体均值		8.06	8.15	8.22

10.1.3.2 海水 pH 值的平面分布特征

2012 年厦门海域 pH 的平面分布如图 10.3 所示。

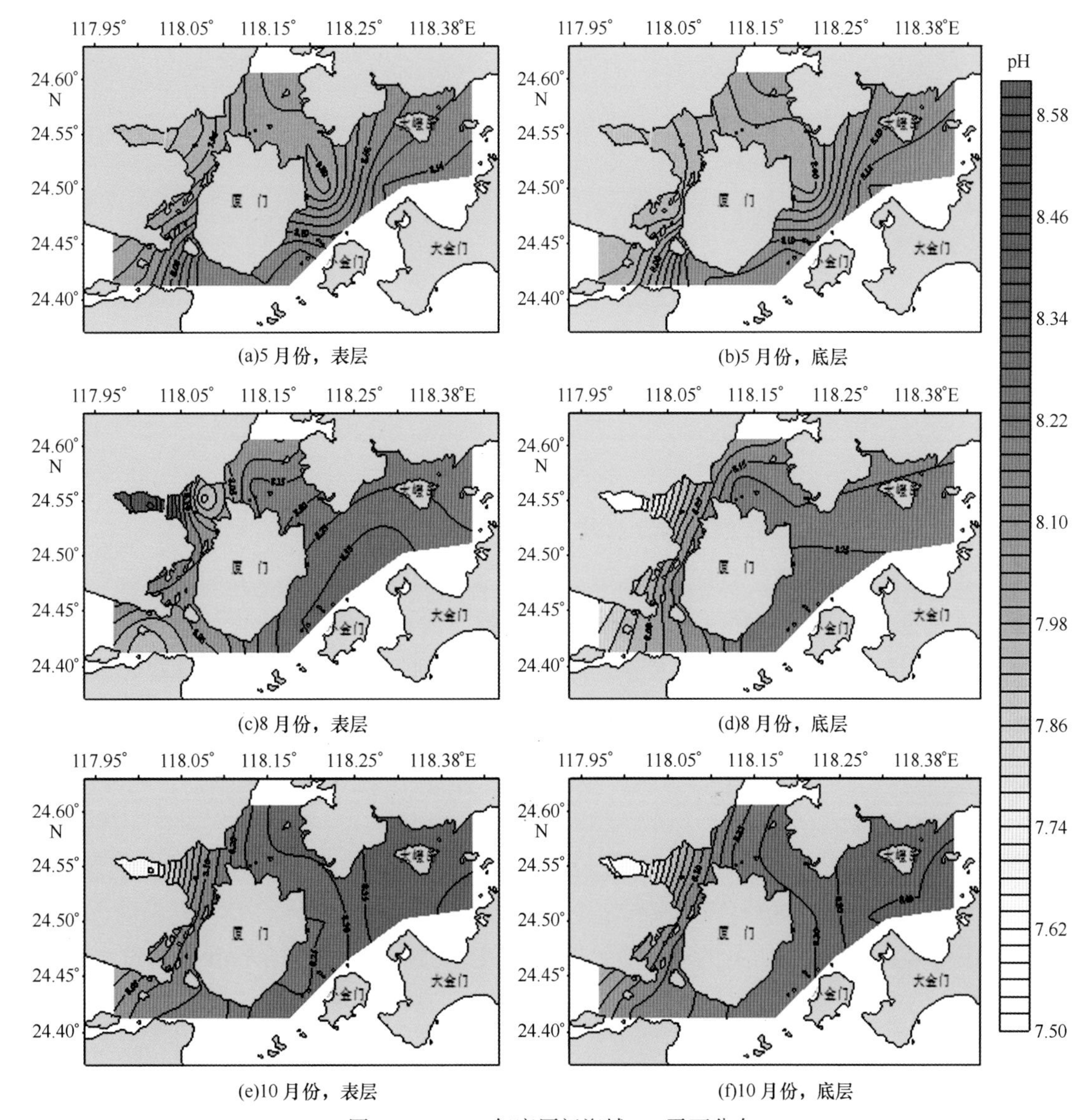

图 10.3 2012 年度厦门海域 pH 平面分布

由图 10.3 可见，厦门海域 pH 水平分布呈现由湾内至湾外递增的趋势，湾外能良好地与外海水体进行交换，水体 pH 值略高于湾内。8 月份在马銮湾内表底层同样出现明显差别，表层明显较高，底层明显较低。这可能是由于表层浮游植物的光合作用强烈，水体 CO_2 含量变低，而底层有机质降解，水体偏酸性所致，这与溶解氧的变化呈一定的相关性。10 月份低值主要出现在马銮湾内。湾内 pH 的分布主要受浮游植物活动所控制，大致与浮游植物兴衰一致。

10.1.4 海水磷酸盐

10.1.4.1 海水磷酸盐含量的统计特征

2012 年厦门海域活性磷酸盐含量调查统计结果见表 10.4。

由表 10.4 可见，2012 年厦门调查海域活性磷酸盐总体平均含量较高，总体均值达 0.050 mg/L，超出四类海水水质标准。在平水期间，马銮湾海域水体底层活性磷酸盐含量高达 0.838 mg/L，丰水期与枯水期含量相差较小，表层、底层平均含量亦相差不大。

表 10.4　2012 年度厦门海域磷酸盐的统计特征值　　单位：mg/L

层次	特征值	丰水期	平水期	枯水期
表层	最小值	0.008	0.004	0.020
	最大值	0.178	0.085	0.259
	平均值	0.045	0.034	0.050
底层	最小值	0.008	0.004	0.020
	最大值	0.116	0.838	0.194
	平均值	0.035	0.096	0.045
总体均值		0.040	0.065	0.048

10.1.4.2 海水活性磷酸盐含量的平面分布特征

2012 年厦门海域磷酸盐含量平面分布如图 10.4 所示。

由图 10.4 可见，厦门海域磷酸盐总体分布呈明显的湾内高于湾外的走势，主要是由于湾内水体受到九龙江上游径流携带以及陆源输入等影响，而湾外受到外海水的混合，磷酸盐含量较低。马銮湾海域因处于封闭区域，且受常年养殖投饵的影响，其水体磷酸盐含量较高。在季节变化上，秋季厦门海域磷酸盐总体水平相对较高，表、底层高值均出现在马銮湾海域内。

10.1.5 海水总无机氮

10.1.5.1 海水总无机氮含量的统计特征

2012 年厦门海域总无机氮含量的调查统计结果见表 10.5，总无机氮是指亚硝酸氮、硝酸氮和铵氮含量的总和。

由表 10.5 可见，2012 年厦门调查海域内总无机氮含量较高，总体均值为 0.644 mg/L，远超出四类海水水质标准，表层平均含量均高于底层。平水期期间表层、底层总无机氮平均含量相对较高，表层最大值高达 3.45 mg/L，底层最大值为 2.16 mg/L。

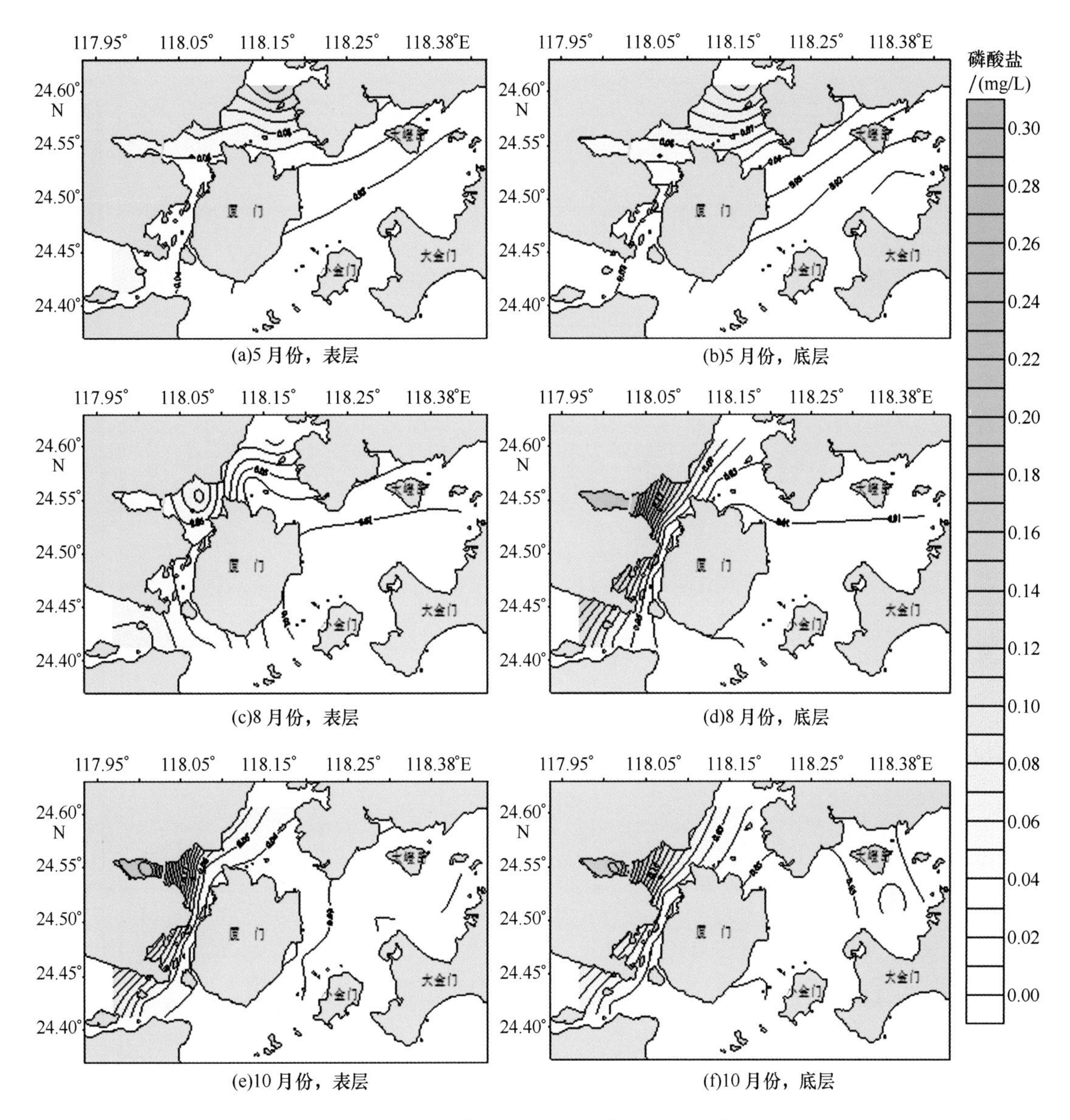

图 10.4 2012 年度厦门海域磷酸盐平面分布

表 10.5 2012 年度厦门海域无机氮含量的统计特征值 单位：mg/L

层次	特征值	丰水期	平水期	枯水期
表层	最小值	0.169	0.130	0.175
	最大值	1.89	3.45	1.55
	平均值	0.789	0.856	0.591
底层	最小值	0.153	0.109	0.179
	最大值	0.864	2.16	1.27
	平均值	0.551	0.594	0.483
总体均值		0.670	0.725	0.537

10.1.5.2 海水总无机氮平面分布特征

2012 年厦门海域总无机氮平面分布如图 10.5 所示。

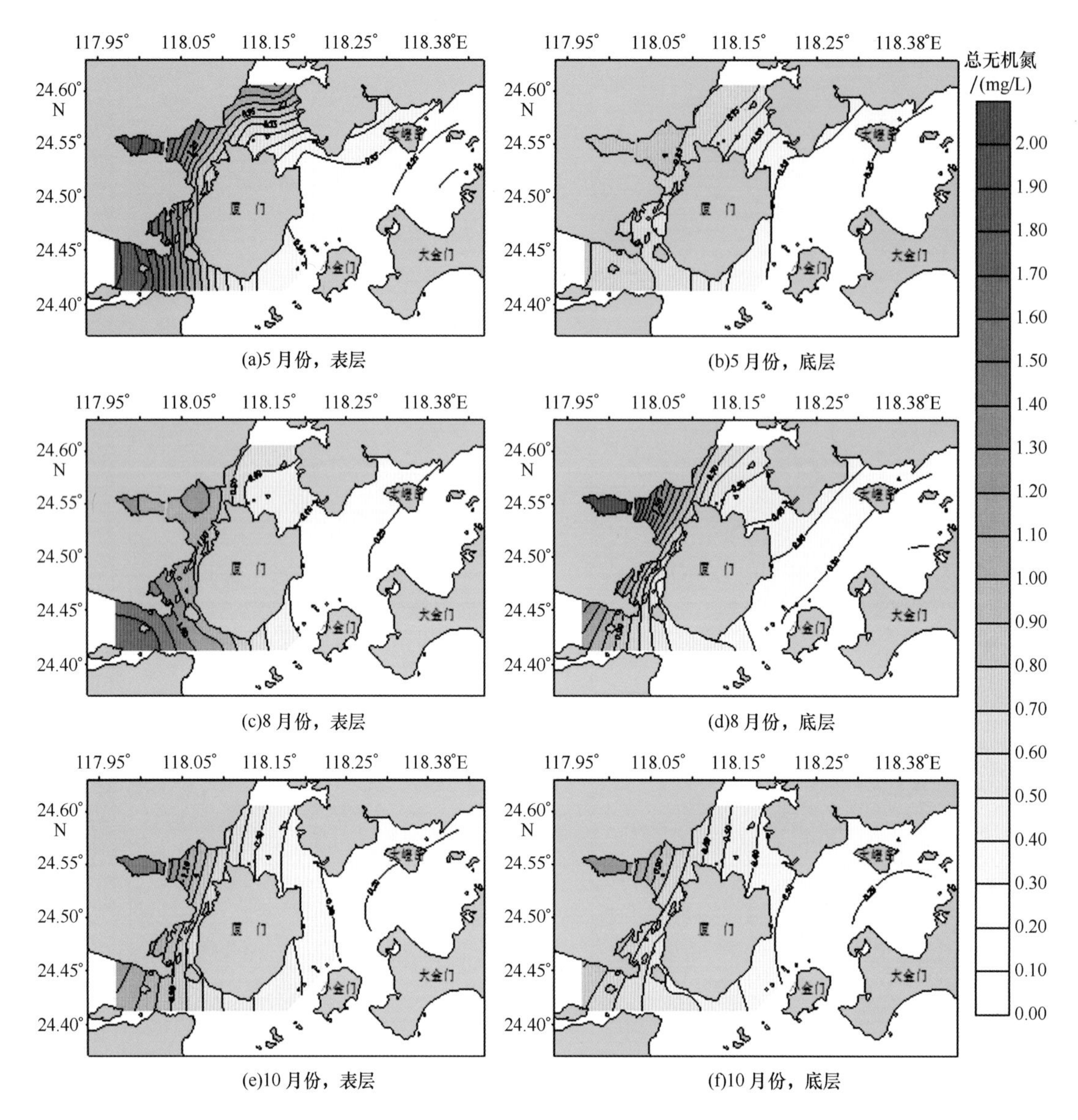

图 10.5　2012 年度厦门海域总无机氮平面分布

由图 10.5 可见，厦门海域总无机氮水平分布特征同样呈湾外低、湾内高的趋势。5 月份处于丰水期，受陆源输入以及富含营养盐的九龙江淡水的影响，5 月份西海域和九龙江口表层总无机氮含量较高。各调查航次均呈现表层高、底层低的规律。而外海域主要受到低营养盐的外海水输入以及水体混合能力较强，总无机氮水平相对较低。马銮湾内因水体交换动力差以及底部沉积物再释放影响较大，其水体总无机氮含量最高。

10.1.6　海水化学需氧量

10.1.6.1　海水化学需氧量统计特征

2012 年厦门海域化学需氧量的调查统计结果见表 10.6。

由表 10.6 可见，2012 年厦门海域调查期间平水期化学需氧量均值高达 2.44 mg/L，其中底层最大值为 28.8 mg/L，但是其他调查期间化学需氧量相对较低，均处于一类海水水质标准水平。

表 10.6 2012 年度厦门海域化学需氧量的统计特征 单位：mg/L

层次	特征值	丰水期	平水期	枯水期
表层	最小值	0.45	0.53	0.54
	最大值	3.90	6.42	2.07
	平均值	1.04	1.40	0.84
底层	最小值	0.30	0.44	0.38
	最大值	1.01	28.8	1.35
	平均值	0.62	3.48	0.77
总体均值		0.83	2.44	0.81

10.1.6.2 海水化学需氧量平面分布特征

2012 年厦门海域化学需氧量平面分布如图 10.6 所示。

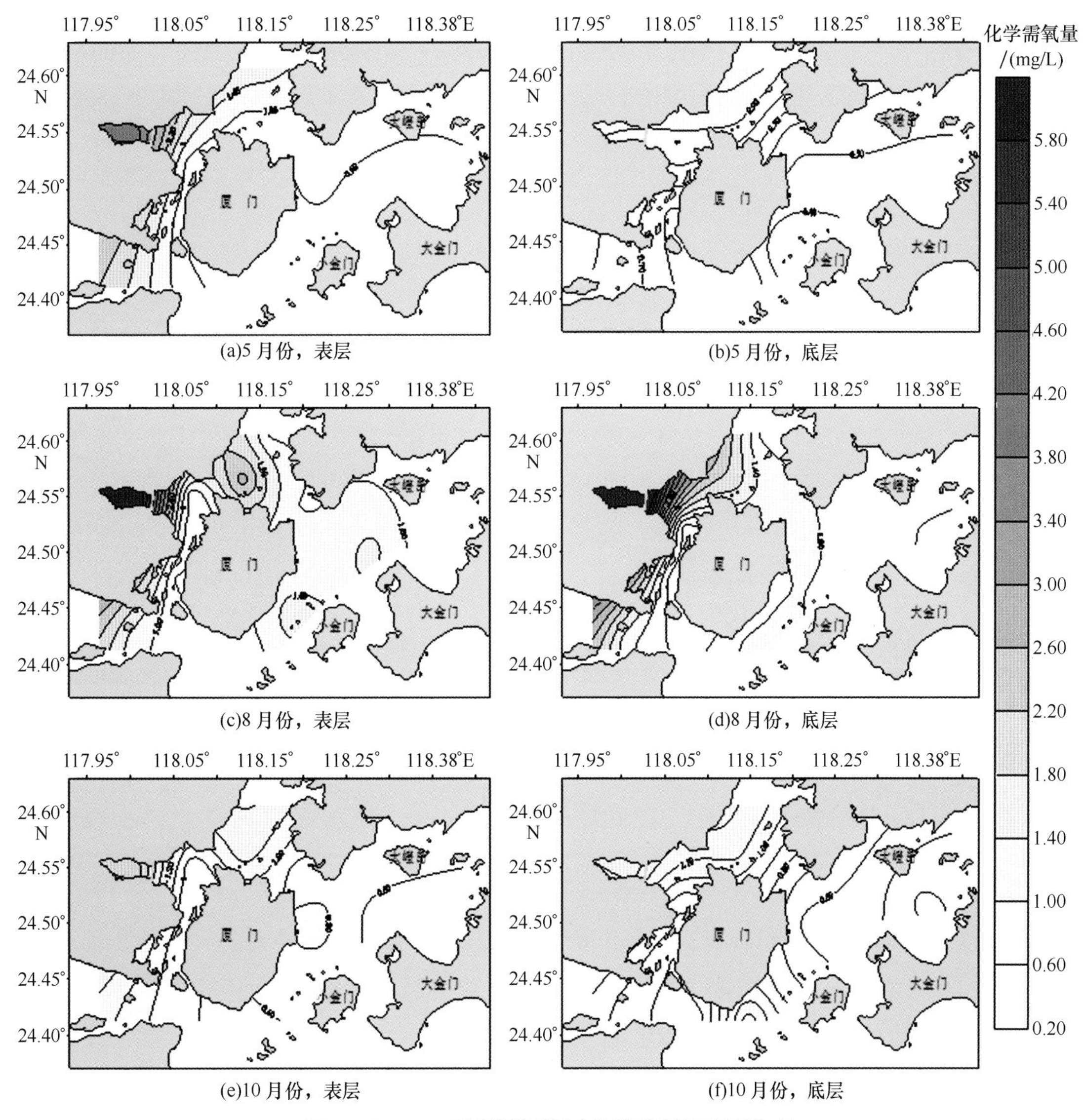

图 10.6 2012 年度厦门海域化学需氧量平面分布

由图 10.6 可见，厦门海域化学需氧量除马銮湾较高之外，其他海域的化学需氧量基本在 1.00 mg/L 左右，分布相对较为均匀，基本符合一类水质标准值。8 月份马銮湾内化学需氧量过高，反映了有机污染程度比较严重，这可能是由于陆源输入以及底层有机质分解所致。

10.1.7 海水叶绿素 a

10.1.7.1 海水叶绿素 a 统计特征

海洋藻类和浮游植物依靠光合作用生长，叶绿素 a 是所有藻类的主要光合作用色素，海水中叶绿素 a 含量可作为其光合作用潜力的一种指标。

2012 年厦门海域叶绿素 a 统计结果见表 10.7。

由表 10.7 可见，2012 年厦门调查海域水体 8 月份平水期叶绿素 a 含量远高于丰水期和枯水期的平均含量，其中表层、底层呈最大值分别为 17.7 μg/L 和 12.1 μg/L，该调查结果表明 8 月份受适宜气温等环境因素的影响，该调查海域初级生产力相对较高。

表 10.7 2012 年度厦门海域叶绿素 a 的统计特征值 单位：μg/L

层次	特征值	丰水期	平水期	枯水期
表层	最小值	0.02	0.57	0.34
	最大值	7.24	17.7	5.43
	平均值	1.04	4.34	1.49
底层	最小值	0.01	0.26	0.32
	最大值	1.61	12.1	8.01
	平均值	0.37	4.61	1.69
总体均值		0.71	4.48	1.59

10.1.7.2 海水叶绿素 a 平面分布特征

2012 年厦门海域叶绿素 a 平面分布如图 10.7 所示。

从图 10.7 可以看出，厦门海域叶绿素 a 的平面分布总体呈现由西北向至东南向逐渐降低的趋势，在季节变化上，8 月份叶绿素 a 含量总体较高，表层高于底层，而 8 月份表层高值主要分布在马銮湾和同安湾两个海域，底层最高值则主要分布在同安湾海域，这表明 8 月份浮游植物生长繁殖活动旺盛，初级生产力较高。

10.2 沉积物

厦门海域沉积物化学要素包括氧化还原电位、硫化物、有机碳共 3 个参数。监测频次为平水期（8 月）监测一次。总共布设 12 个调查站位（图 9.1 及表 9.2）。厦门海域沉积物体中的氧化还原电位、硫化物、有机碳的统计特征值见表 10.8。

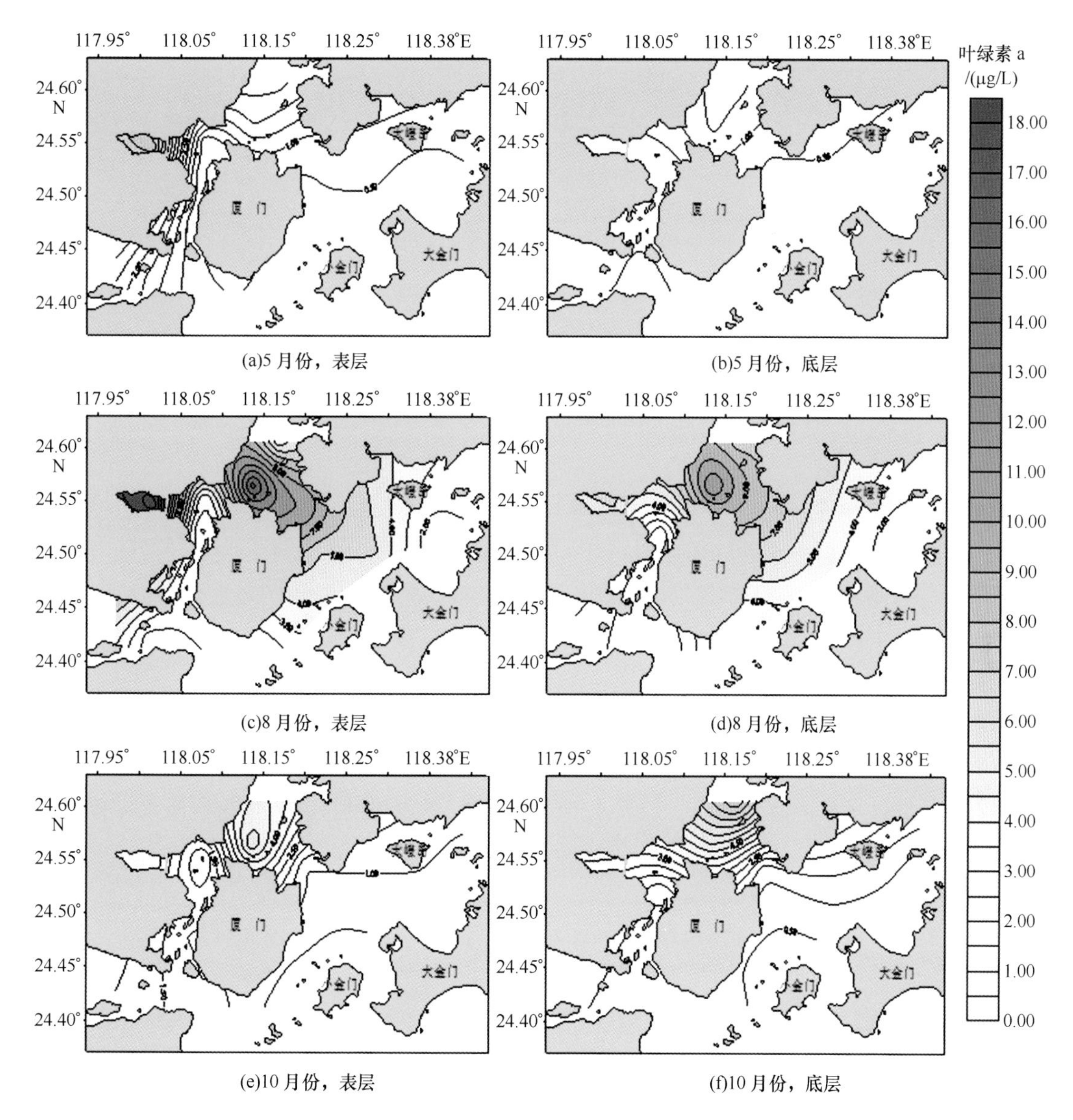

(a)5 月份，表层　(b)5 月份，底层

(c)8 月份，表层　(d)8 月份，底层

(e)10 月份，表层　(f)10 月份，底层

图 10.7　2012 年度厦门海域叶绿素 a 平面分布

表 10.8　2012 年度厦门海域沉积物化学要素的统计特征值

监测 站位	硫化物 ($\times10^{-6}$)	有机碳 (%)	Eh /mV
XM01	5 117	4. 12	-199. 8
XM02	99. 2	1. 17	123. 1
XM03	156	1. 18	17. 3
XM04	382	1. 18	35. 8
XM06	425	1. 4	42. 2
XM07	114	0. 93	54. 2
XM09	76	0. 56	75. 5
XM11	55. 8	0. 65	73. 5
XM12	11. 2	1. 00	96. 6

续表

监测站位	硫化物（×10⁻⁶）		有机碳（%）		Eh /mV
XM13	90.3		1.05		82.4
XM14	9.5		0.42		227.3
XM16	5.78		0.59		63.7
最小值	9.5		0.42		-199.8
最大值	5 117		4.12		227.3
平均值	545.1		1.19		57.7
海洋沉积物质量标准	一类	二类		三类	劣三类

由表10.8看出，厦门海域海洋沉积物质量总体状况良好，沉积物监测要素超标的站位主要在马銮湾，其中马銮湾内沉积物的硫化物和总有机碳含量分别达到劣三类的水平，XM04、XM06站位的硫化物达到三类水平。

10.3 浮游植物

2012年分别在丰水期和枯水期，设XM02、XM03、XM04、XM06、XM07、XM09、XM11、XM12、XM13、XM14和XM16共11个调查站位。按《海洋监测规范》（GB 17378.3）和《海洋调查规范》（GB 12763.4）的有关要求，以浅水III型网进行垂直拖网，并采集表层海水，鲁歌氏液固定后带回实验室分析鉴定。

相关数据处理及公式如下。

（1）多样性指数（Shannon-Wiener 1963）：$H' = -\sum_{i=1}^{s} p_i \ln p_i$ （10.1）

（2）均匀度指数（Pielou 1966）：$J = H'/\ln S$ （10.2）

（3）丰度指数（Margalef 1958）：$d = (S-1)/\ln N$ （10.3）

（4）群落优势度（Manauhton）：$D_2 = (N_1+N_2)/N_T$ （10.4）

（5）物种优势度：$Y = (n_i/N) \times f_i$ （10.5）

式中，

p_i——第i种的个体数量与样品总数量的比值；

S——样品中的种类数；

N——样品的总个体数；

N_1——样品中第一优势种的个数；

N_2——样品中第二优势种的个数；

N_T——样品的总个体数；

f_i——出现率。

10.3.1 丰水期浮游植物

10.3.1.1 浮游植物种类组成

丰水期调查共鉴定记录浮游植物7门70属180种（包括变种和变型等，后同）。种类组成如图

10.8所示，其中硅藻门45属141种、甲藻门12属19种、蓝藻门4属4种，绿藻门6属13种，金藻门1属1种，隐藻门1属1种，黄藻门1属1种。硅藻的种类占优势，甲藻的种类居第二，其中绿藻的种类均为淡水种。

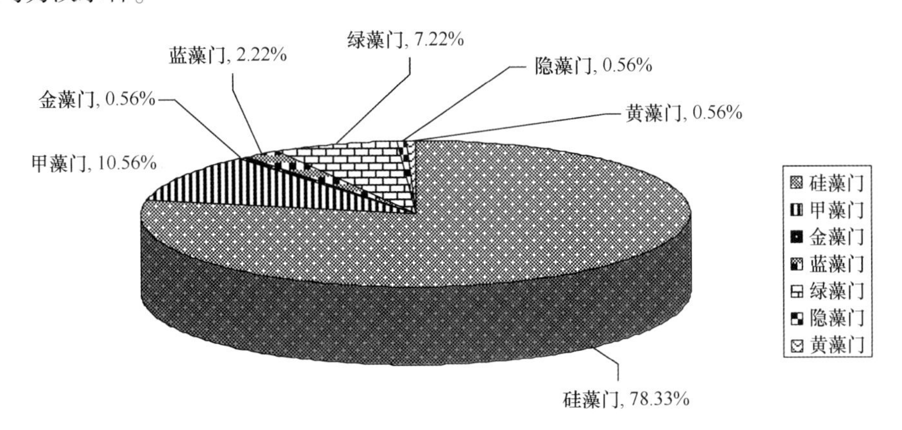

图10.8　厦门调查海域丰水期浮游植物种类组成

调查海域各站位浮游植物种类数在35~75种之间，平均为57.5种。种类分布状况如图10.9所示，其中种类数最大值出现在XM07站位，为75种，其中种类数最小值出现在XM03站位，为35种。硅藻种类数在27~64种之间，其中XM16站位的硅藻种类数最多，为64种；XM03站位的硅藻种类数最少，为27种。甲藻种类数在1~10种之间，其中XM16站位的甲藻种类数最少为1种。在XM02、XM04、XM14、XM16站位均未监测到蓝藻，其余各站位的蓝藻种类数均在1~4种之间。除XM02、XM14、XM16站位未监测到绿藻外，其余各站位绿藻种类数均在1~11种之间。除XM03、XM07站位未监测到隐藻外，其余各站位都监测到1种隐藻。XM02、XM04站位金藻种类数出现1种，其余站位均未监测到。XM06站位黄藻种类数出现1种，其余站位均未监测到。

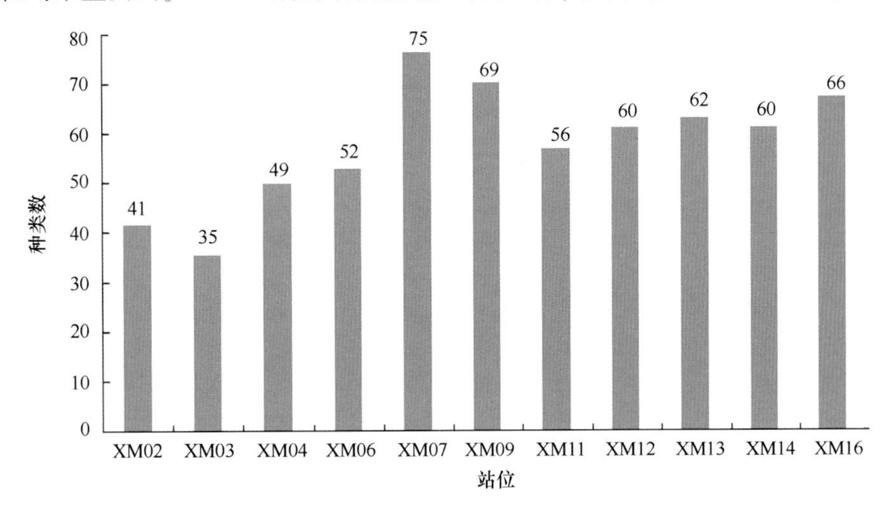

图10.9　2012年度厦门调查海域丰水期浮游植物种类数分布

10.3.1.2　浮游植物数量分布

1）细胞总数量分布

丰水期浮游植物（水样）细胞总数量范围为21.10×10^4 cells/L至100.56×10^4 cells/L，平均数

量为 60.88×10^4 cells/L。XM02 站位细胞总数量最低，XM09 站位细胞总数量最高，最高值是最低值的 4.77 倍。细胞总数量的分布趋势见图 10.10，其中 XM09、XM14 站位细胞总数量较高，XM02、XM03 站位细胞总数量较低。各站位硅藻数量占绝对优势。

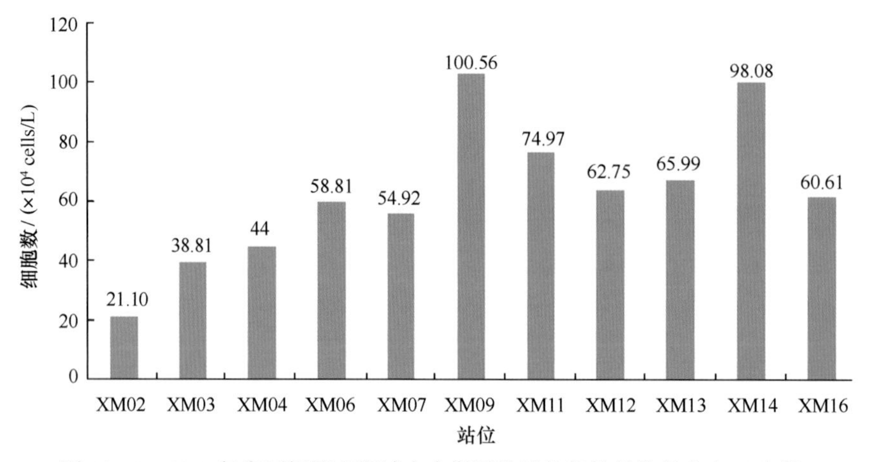

图 10.10 2012 年度厦门调查海域丰水期浮游植物细胞总数量分布（水样）

丰水期浮游植物（网样）细胞总数量范围为 3.29×10^4 cells/L 至 576.85×10^4 cells/L，平均数量为 233.08×10^4 cells/L。XM02 站位细胞总数量最低，XM14 站位细胞总数量最高，最高值是最低值的 175.33 倍。细胞总数量的分布趋势见图 10.11，其中 XM07、XM09、XM14 站位细胞总数量较高，XM02、XM03、XM04 站位细胞总数量较低。各站位硅藻数量占绝对优势。

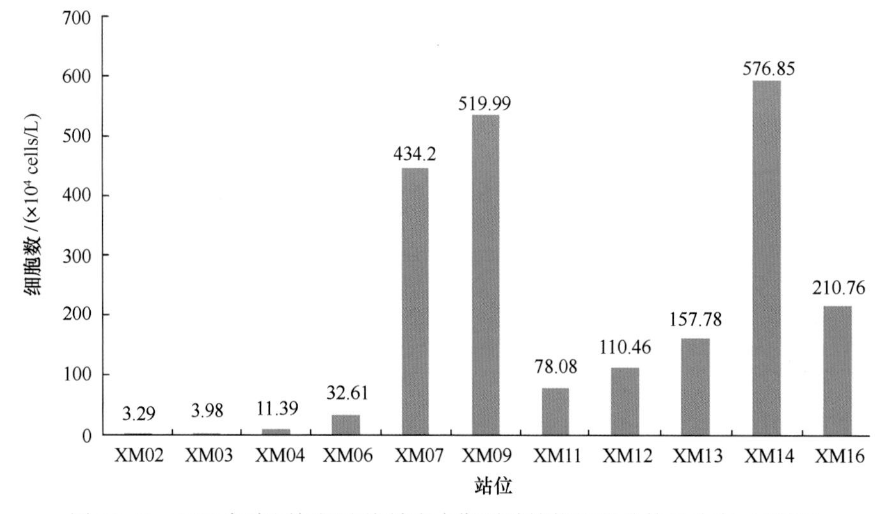

图 10.11 2012 年度厦门调查海域丰水期浮游植物细胞总数量分布（网样）

2）主要优势种（属）数量及分布

丰水期浮游植物（水样）数量优势的种类主要有隐藻、新月筒柱藻、菱形海线藻等。这些优势种多为福建沿岸常见的种类，各测站优势种数量比例见表 10.9。

表 10.9　2012 年度厦门调查海域丰水期各站浮游植物主要优势种属（水样）

站位	主要优势种属（数量比例）
XM02	菱形藻（21.28%）、隐藻（10.64%）、原甲藻（10.64%）
XM03	中肋骨条藻（22.89%）、原甲藻（16.87%）、柏氏角管藻（12.05%）
XM04	隐藻（19.39%）、环沟藻（11.22%）、菱形海线藻（11.22%）
XM06	羽纹藻（12.98%）、微小平裂藻（10.69%）、四尾栅藻（9.92%）
XM07	新月筒柱藻（28.70%）、菱形海线藻（8.07%）、布氏双尾藻（6.96%）
XM09	海链藻（14.73%）、拟菱形藻（13.84%）、菱形海线藻（10.27%）
XM11	隐藻（42.52%）、角毛藻（5.99%）、旋链角毛藻（5.99%）
XM12	隐藻（39.02%）、叉状角藻（15.45%）、菱形海线藻（10.57%）
XM13	隐藻（51.70%）、窄隙角毛藻（6.12%）、新月筒柱藻（4.08%）
XM14	新月筒柱藻（26.37%）、菱形海线藻（9.95%）、拟菱形藻（7.96%）
XM16	新月筒柱藻（16.30%）、拟菱形藻（12.59%）、羽纹藻（10.37%）

丰水期浮游植物（网样）数量优势的种类主要有菱形海线藻、中肋骨条藻、布氏双尾藻等。这些优势种多为福建沿岸常见的种类，生态性质一般为广布性，各测站优势种数量比例见表 10.10。

表 10.10　2012 年度厦门调查海域丰水期各站浮游植物主要优势种属（网样）

站位	主要优势种属（数量比例）
XM02	柏氏角管藻（19.15%）、聚生角毛藻（14.18%）、具槽直链藻（13.48%）
XM03	柏氏角管藻（39.37%）、中肋骨条藻（28.12%）、菱形海线藻（8.79%）
XM04	具槽直链藻（26.67%）、柏氏角管藻（14.38%）、菱形海线藻（11.81%）
XM06	中肋骨条藻（37.31%）、具槽直链藻（11.07%）、并基角毛藻（10.90%）
XM07	菱形海线藻（35.23%）、中肋骨条藻（31.38%）、布氏双尾藻（15.99%）
XM09	菱形海线藻（38.42%）、中肋骨条藻（26.45%）、布氏双尾藻（14.98%）
XM11	并基角毛藻（28.09%）、菱形海线藻（27.29%）、旋链角毛藻（16.69%）
XM12	旋链角毛藻（30.32%）、并基角毛藻（21.86%）、菱形海线藻（9.79%）
XM13	旋链角毛藻（33.70%）、并基角毛藻（17.75%）、菱形海线藻（14.84%）
XM14	菱形海线藻（23.05%）、中肋骨条藻（14.06%）、旋链角毛藻（12.73%）
XM16	奇异棍形藻（27.83%）、菱形海线藻原变种（25.21%）、布氏双尾藻（25.21%）

隐藻：淡水、海水均有分布。水样平均数量为 8.64×10^4 cells/L，占水样浮游植物细胞总数量的 14.20%，数量于 0.45×10^4 ~ 34.12×10^4 cells/L 之间，XM03、XM07 站位未监测到隐藻。

新月筒柱藻：世界广布性种。水样平均数量为6.08×10⁴ cells/L，占水样浮游植物细胞总数量的9.98%，数量范围为0.45×10⁴~25.86×10⁴ cells/L，XM02站位未监测到新月筒柱藻。

菱形海线藻：世界广布种。水样平均数量为3.25×10⁴ cells/L，占水样浮游植物细胞总数量的5.34%，数量范围为0.45×10⁴~10.33×10⁴ cells/L，XM02、XM03、XM06站位未监测到菱形海线藻。网样平均数量为60.51×10⁴ cells/L，占网样浮游植物细胞总数量的27.68%，数量范围为0.22×10⁴~243.47×10⁴ cells/L，XM02、XM16站位未监测到菱形海线藻。

中肋骨条藻：世界广布种，富营养化指示种，常见赤潮种，在福建近岸或者内湾及半咸淡水中往往生长良好。网样平均数量为48.03×10⁴ cells/L，占网样浮游植物细胞总数量的21.97%，数量范围为0.19×10⁴~204.33×10⁴ cells/L 。

布氏双尾藻：世界广布种，网样平均数量为28.44×10⁴ cells/L，占网样浮游植物细胞总数量的13.01%，数量范围为0.06×10⁴~142.91×10⁴ cells/L，XM03站位未监测到布氏双尾藻。

3）多样性指数和均匀度

丰水期浮游植物多样性指数（H'）范围为3.11 ~ 3.88，平均值为3.47（表10.11），均匀度（J）范围为0.63 ~0.86，平均值为0.71（表10.11）。H'值的最低值位于XM03站位，H'值的最高值出现在XM14站位；J值的最低值位于XM13站位，J值的最高值出现在XM02站位。各站位多样性指数和均匀度数值均处于福建近岸海域一般范围。

表10.11 2012年度厦门调查海域丰水期浮游植物多样性指数（H'）和均匀度（J）

站位	种类多样性指数 H'		均匀度指数 J	
	水样	网样	水样	网样
XM02	3.68	3.90	0.90	0.81
XM03	3.63	2.58	0.84	0.62
XM04	4.02	3.54	0.86	0.70
XM06	4.49	3.20	0.87	0.67
XM07	4.07	2.70	0.83	0.46
XM09	4.02	2.51	0.83	0.45
XM11	3.37	3.12	0.73	0.58
XM12	3.21	3.42	0.72	0.62
XM13	3.23	3.18	0.64	0.61
XM14	3.98	3.78	0.83	0.68
XM16	4.13	3.20	0.87	0.57
总平均值	3.80	3.19	0.81	0.62

10.3.2 平水期浮游植物

10.3.2.1 浮游植物种类组成

平水期调查共鉴定记录浮游植物5门62属140种（包括变种和变型等，后同）。种类组成如图

10.12 所示，其中：硅藻门 44 属 109 种、甲藻门 10 属 18 种、蓝藻门 3 属 4 种，绿藻门 4 属 8 种，隐藻门 1 属 1 种。硅藻的种类占优势，甲藻的种类居第二，其中绿藻的种类均为淡水种。

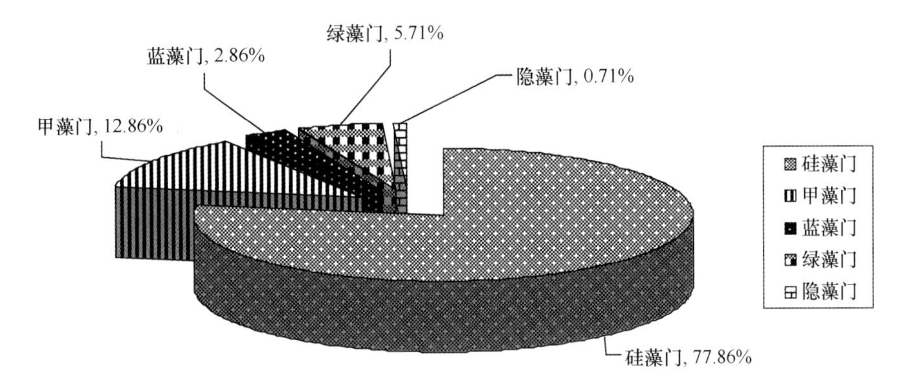

图 10.12 2012 年厦门调查海域平水期 8 月份浮游植物种类组成

厦门调查海域各测站浮游植物种类数在 22～65 种之间，平均为 48.8 种。种类分布趋势见图 10.13，其中种类数最大值出现在 XM11 站位，为 65 种；种类数最小值出现在 XM02 站位，为 22 种。硅藻种类数在 16～59 种之间，其中 XM11 站位的硅藻种类数最多，为 59 种；XM02 站位的硅藻种类数最少，为 16 种。甲藻种类数在 1～9 种之间，其中 XM07 站位的甲藻种类数最多，为 9 种；XM09 站位的甲藻种类数最少，为 1 种。在 XM02、XM03、XM04、XM06 站位监测到蓝藻，蓝藻种类数在 1～4 种之间，其余各测站均未监测到蓝藻。在 XM02、XM04、XM06、XM07 站位监测到绿藻，绿藻种类数在 1～5 种之间，其余各测站均未监测到绿藻。在 XM02、XM03、XM04 站位监测到隐藻，隐藻种类数都为 1 种，其他站位均未监测到隐藻。

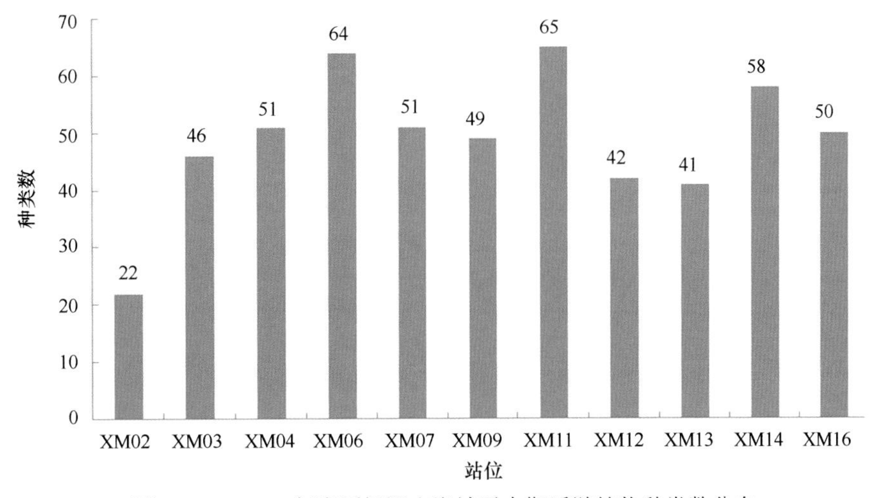

图 10.13 2012 年度厦门调查海域平水期浮游植物种类数分布

10.3.2.2 浮游植物数量分布

1）细胞总数量分布

平水期浮游植物（水样）细胞总数量范围为 0.85×10^4～409.20×10^4 cells/L，平均数量为 60.01×10^4 cells/L。XM04 站位细胞总数量最低，XM11 站位细胞总数量最高，最高值是最低值的 479.27 倍。细胞总数量的分布趋势见图 10.14，其中 XM11、XM12 站位细胞总数量较高，XM04 站位细胞总数量较低。各站位硅藻数量占绝对优势。

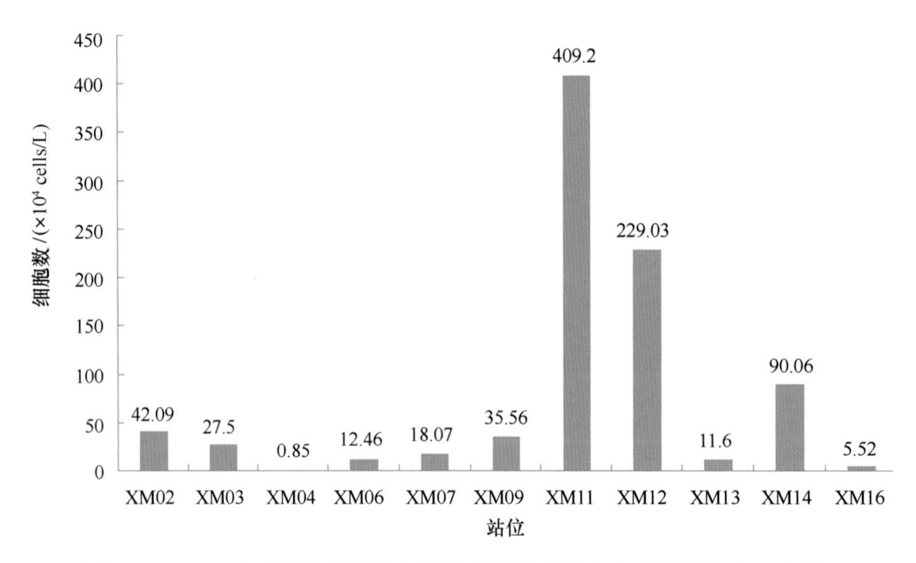

图 10.14 2012 年度厦门调查海域平水期浮游植物细胞总数量分布（水样）

平水期浮游植物（网样）细胞总数量范围为 $0.13\times10^6 \sim 331.49\times10^6$ cells/L，平均数量为 77.45×10^6 cells/L。XM02 站位细胞总数量最低，XM11 站位细胞总数量最高，最高值是最低值的 2240.42 倍。细胞总数量的分布趋势见图 10.15，其中 XM09、XM11 站位细胞总数量较高，XM02、XM03、XM04、XM06 站位细胞总数量较低。各站位硅藻数量占绝对优势。

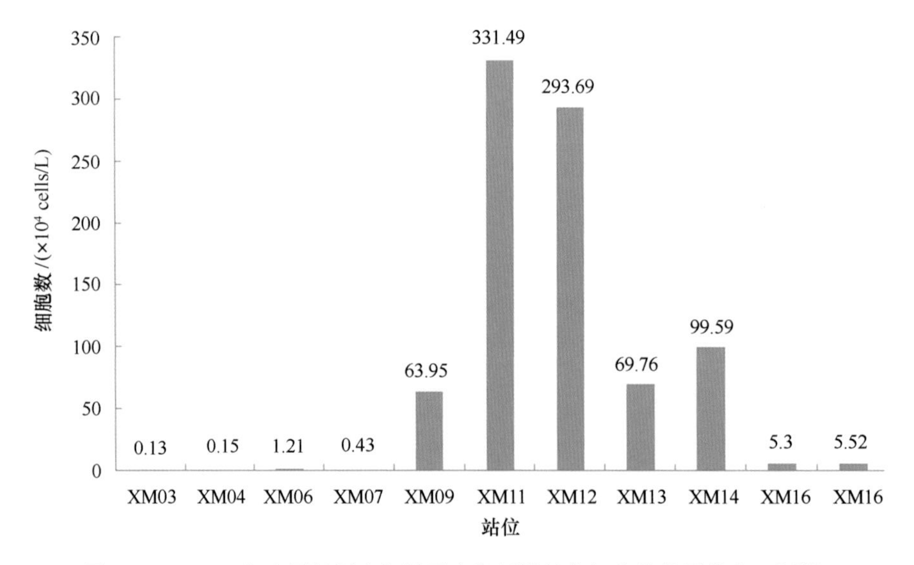

图 10.15 2012 年度厦门调查海域平水期浮游植物细胞总数量分布（网样）

2）主要优势种（属）数量及分布

平水期浮游植物（水样）数量优势的种类主要有中肋骨条藻、窄隙角毛藻、角毛藻等。这些优势种多为福建沿岸常见的种类，各测站优势种数量比例见表 10.12。

表 10.12 2012 年度厦门调查海域平水期各站浮游植物主要优势种属（水样）

站位	主要优势种（数量比例）
XM02	银灰平裂藻（43.73%）、锥状斯氏藻（15.47%）、小环藻（10.67%）
XM03	隐藻（45.31%）、羽纹藻（8.57%）、中肋骨条藻（7.35%）
XM04	锥状斯氏藻（21.87%）、尖刺菱形藻（10.93%）、柔弱根管藻（10.15%）
XM06	中肋骨条藻（32.88%）、四尾栅藻（10.36%）、小环藻（8.56%）
XM07	中肋骨条藻（42.24%）、菱形藻（17.08%）、新月筒柱藻（6.52%）
XM09	中肋骨条藻（38.25%）、柔弱菱形藻（16.25%）、中华根管藻（5.75%）
XM11	中肋骨条藻（41.14%）、角毛藻（17.99%）、柔弱角毛藻（9.65%）
XM12	窄隙角毛藻（48.32%）、中肋骨条藻（47.16%）、海链藻（1.13%）
XM13	中肋骨条藻（66.09%）、窄隙角毛藻（12.41%）、柔弱根管藻（4.71%）
XM14	中肋骨条藻（39.90%）、小细柱藻（6.48%）、旋链角毛藻（6.11%）
XM16	中肋骨条藻（21.01%）、柔弱菱形藻（19.32%）、柔弱根管藻（14.01%）

平水期浮游植物（网样）数量优势的种类主要有中肋骨条藻、旋链角毛藻、菱形海线藻等。这些优势种多为福建沿岸常见的种类，生态性质一般为广布性，各测站优势种数量比例见表 10.13。

表 10.13 2012 年度厦门调查海域平水期各站浮游植物主要优势种属（网样）

站位	主要优势种（数量比例）
XM03	中肋骨条藻（37.06%）、佛氏海毛藻（11.89%）、布氏双尾藻（9.79%）
XM04	佛氏海毛藻（42.40%）、布氏双尾藻（11.71%）、钟形中鼓藻（11.08%）
XM06	中肋骨条藻（40.32%）、布氏双尾藻（15.86%）、佛氏海毛藻（12.13%）
XM07	中肋骨条藻（27.24%）、佛氏海毛藻（26.88%）、布氏双尾藻（15.77%）
XM09	中肋骨条藻（73.70%）、旋链角毛藻（5.97%）、菱形海线藻（3.29%）
XM11	中肋骨条藻（91.38%）、旋链角毛藻（1.32%）、菱形海线藻（1.06%）
XM12	中肋骨条藻（94.45%）、旋链角毛藻（1.23%）、尖刺菱形藻（0.70%）
XM13	中肋骨条藻（89.51%）、旋链角毛藻（1.61%）、窄隙角毛藻（1.00%）
XM14	中肋骨条藻（80.79%）、旋链角毛藻（4.39%）、菱形海线藻（3.50%）
XM16	中肋骨条藻（50.12%）、旋链角毛藻（10.65%）、菱形海线藻（9.76%）

中肋骨条藻：水样平均数量为 27.46×10^4 cells/L，占水样浮游植物细胞总数量的 39.78%，数量范围为 0.05×10^4 cells/L（XM04 站位）至 168.45×10^4 cells/L（XM11 站位）。网样平均数量为 68.77×10^6 cells/L，占网样浮游植物细胞总数量的 88.80%，数量范围为 0.01×10^6 cells/L（XM04 站位）至 302.93×10^6 cells/L（XM11 站位）。

窄隙角毛藻：世界广布种，水样平均数量为 9.00×10^4 cells/L，占水样浮游植物细胞总数量的 13.05%，数量范围为 0.06×10^4 cells/L（XM04 站位）至 110.67×10^4 cells/L（XM11 站位），在

XM04、XM09、XM11、XM12、XM13、XM45站位监测到窄隙角毛藻，其他站位均未监测到。

角毛藻：世界广布种，水样平均数量为6.01×10^4 cells/L，占水样浮游植物细胞总数量的8.78%，数量范围为0.07×10^4 cells/L（XM16站位）至73.63×10^4 cells/L（XM11站位），在XM04、XM12、XM13、XM14站位均未监测到窄隙角毛藻。

旋链角毛藻：广温性沿岸种，网样平均数量为1.69×10^6 cells/L，占网样浮游植物细胞总数量的2.18%，数量范围为0.002×10^6 cells/L（XM04站位）至4.38×10^6 cells/L（XM11站位）。

菱形海线藻：世界广布种。网样平均数量为1.14×10^6 cells/L，占网样浮游植物细胞总数量的1.47%，数量范围为0.000 9×10^6 cells/L（XM03站位）至3.5×10^6 cells/L（XM11站位），XM06站位未监测到菱形海线藻。

3）多样性指数和均匀度

平水期浮游植物多样性指数（*H'*）范围为0.96（XM12站位）至3.66（XM04站位），平均值为2.58，均匀度（*J*）指数范围为0.19（XM12站位）至0.74（XM04站位），平均值为0.53（见表10.14）。*H'*和*J*值的最低值都位于XM12站位，*H'*和*J*值的最高值都位于XM04站位。各站位多样性指数和均匀度数值变化范围较大。

表10.14 2012年度厦门调查海域平水期浮游植物多样性指数（*H'*）和均匀度指数（*J*）

站位	种类多样性指数 *H'*		均匀度指数 *J*	
	水样	网样	水样	网样
XM02	2.85	—	0.64	—
XM03	3.14	3.46	0.68	0.72
XM04	4.13	3.19	0.83	0.65
XM06	3.81	2.79	0.78	0.51
XM07	3.23	3.10	0.65	0.68
XM09	3.39	1.91	0.68	0.36
XM11	3.18	0.79	0.62	0.14
XM12	1.39	0.53	0.28	0.10
XM13	2.08	0.89	0.42	0.19
XM14	3.55	1.44	0.72	0.27
XM16	3.51	2.92	0.79	0.54
总平均值	3.11	2.10	0.65	0.42

注：“—”为未采样。

第 11 章　厦门海域水体富营养状况评价

11.1　富营养化研究进展

水体富营养化是赤潮发生的主要诱因。研究赤潮的生成、演化及预测并进行控制，首先必须对水体的富营养化程度有充分的认识。20 世纪 70 年代以来，国内外许多学者致力于研究并提出了几十种海水富营养化评价方法，但迄今尚未形成统一的富营养化评价标准或模型。从发展趋势来看，已从以营养盐为基础的第一代评价体系发展到当前的以富营养化症状为主体的第二代多参数富营养化评价模型和方法。

11.1.1　第一代富营养化评价方法

第一代海水富营养化评价方法着重衡量目标海域海水富营养化直接结果为特征的海水富营养状况，在很大程度上忽视了营养物质输入信号与环境生态响应之间的相互作用关系。依据评价参数选择的不同，该类评价方法主要可分为两大类：单因子法和综合指数法。

11.1.1.1　单因子法

单因子法包括物理参数法、化学参数法及生物参数法。

1）物理参数法

物理参数包括气温、水色、透明度、照度、辐射量等，常使用透明度。

2）化学参数法

化学参数主要包括与藻类增殖有直接关系的 DO、CO_2、N、P、COD、Mn 等。

3）生物学参数法

生物学参数主要包括藻类现存量或叶绿素 a、浮游植物种类、多样性指数、AGP（藻类增殖的潜力）等。

单一的物理、化学和生物学指标难以准确地表示复杂的富营养化现象。高浓度的营养盐并不一定意味着高的营养水平，低浓度的营养盐也不说明富营养现象并不存在（Cloern，2001）。

11.1.1.2　综合指数法

综合指数法主要包括富营养化指数法、营养状态质量法、水质指数法、溶解氧饱和度法、营养盐正态分布法、潜在性富营养化评价法及统计判别法等。

1）富营养化指数法

富营养化指数法最早由日本的冈市友利于 1972 年提出，后由邹景忠等研究渤海湾富营养化问题时引入我国（邹景忠，1983）。

$$E = \frac{\text{COD} \times \text{DIN} \times \text{DIP} \times 10^6}{4\,500} \tag{11.1}$$

式中：

COD——化学需氧量（mg/L）；

DIN——溶解无机氮（mg/L）；

DIP——溶解无机磷（mg/L）。

当 $E \geqslant 1$ 时，则表示海域水体已呈富营养化状态。

但近些年来，随着人们对富营养化认识水平的加深，也有不少学者认为：在所有海区中均完全照搬此公式是不科学的（陈彬等，2002；张景平等，2009）。这主要原因在于本公式中的分母 4 500 是来源于特定海区中的 COD、DIN、DIP 三者富营养单项阈值的乘积，而在不同的海区中，这三者的阈值是不同的。

2）营养状态质量法

以调查海域海水中总氮、总磷浓度为基本环境要素，以叶绿素含量和化学需氧量浓度增加来表征海水富营养化直接或间接环境生态效应：

$$\text{NOI} = \frac{\text{COD}}{\text{COD}^S} + \frac{\text{TN}}{\text{TN}^S} + \frac{\text{TP}}{\text{TP}^S} + \frac{\text{Chl-a}}{\text{Chl-a}^S} \tag{11.2}$$

式中，上标“S”表示相应参数的标准值。NQI<2 表示海水处于贫营养水平，2≤NQI<3 表示中等营养水平，NQI≥3 表示富营养水平。

3）水质指数法

以海水中总氮、总磷浓度为基本环境要素，以 COD 浓度升高和 DO 浓度降低表征海水富营养化直接或间接环境生态效应：

$$A = \frac{\text{COD}}{\text{COD}^S} + \frac{\text{TN}}{\text{TN}^S} + \frac{\text{TP}}{\text{TP}^S} - \frac{\text{DO}}{\text{DO}^S} \tag{11.3}$$

式中，$A<2$ 表示海水处于正常营养水平，$2 \leqslant A<4$ 表示处于中等营养水平，而 $A \geqslant 4$ 表示处于富营养水平。

4）潜在富营养化评价法

郭卫东等（1998）根据海洋浮游植物对 N、P 营养盐吸收的 Redfield 比值，提出了潜在性富营养化的概念，以 DIN、DIP 含量和 N、P 比值对潜在性富营养化类型进行分类和分级。该方法将海水分为 9 类富营养化状况。

表 11.1 潜在性富营养化评价标准

等级	营养级	DIN/（mg/L）	PO_4^{3-}-P/（mg/L）	C_N/C_P
Ⅰ	贫营养	<0.20	<0.030	8~30
Ⅱ	中度营养	0.20~0.30	0.030~0.045	8~30
Ⅲ	富营养	>0.30	>0.045	8~30
$Ⅳ_P$	磷限制中度营养	0.20~0.30	—	>30
$Ⅴ_P$	磷中度限制潜在性富营养	>0.30	—	30~60
$Ⅵ_P$	磷限制潜在性富营养	>0.30	—	>60
$Ⅳ_N$	氮限制中度营养	—	0.030~0.045	<8
$Ⅴ_N$	氮中度限制潜在性营养	—	>0.045	4~8
$Ⅵ_N$	氮限制潜在性富营养	—	>0.045	<4

5）营养盐正态分布法

将水体分为近岸海湾水、离岸海湾水、近岸大洋水和离岸大洋水四类，应用统计学方法统计分析将目标海域 N、P 历史数据归一化，使数据成正态分布，并确定相应平均值（μ）和标准差（σ）。实测值介于 μ 和（$\mu+\sigma$）之间的目标水域为贫营养型，介于（$\mu+\sigma$）和（$\mu+2\sigma$）之间为中营养型，而介于（$\mu+2\sigma$）和（$\mu+3\sigma$）之间为富营养型（Ignatiades et al.，1992）。

6）营养指数 TRIX

Vollenweider 等（1998）提出的营养指数 TRIX 是指 DIN（μmol/L）、TP（μmol/L）、Chl-a（μg/L）和 aDO%四个状态变量对数的线性组合，其中 aDO% = ｜100-溶解氧饱和度｜。此方法广泛应用于亚得里亚海、黑海、里海、波斯湾、蒙特哥河口、赫尔辛基海和墨西哥东南部海域等。

$$\mathrm{TRIX} = \frac{\lg(\mathrm{Chl\text{-}a} + \mathrm{aDO\%} + \mathrm{DIN} + \mathrm{TP}) + k}{m} \tag{11.4}$$

式中：

k，m——属地相关的比例因子，比如，在亚得里亚海，$k=1.5$，$m=1.2$；

TRIX——一般介于 0~10 之间，TRIX 值越低，表示营养状况越好。

7）统计判别法

统计判别法应用模糊数学、主成分分析、聚类分析、人工神经网络、集对分析等现代统计方法，计算所选择环境要素对不同等级海水标准的隶属度，并根据隶属度最大原则客观得出目标海域应归属的海水富营养化级别。

综合指数法不仅体现了海水富营养化的直接原因，也反映了一部分富营养化结果指标，具有计算公式简单、评价参数常见、数据易得的优点。但是应用上述简单的营养盐负荷信号线性函数的经验模型来进行所有海洋系统响应的描述是存在一定缺陷的，在不同河口和沿岸海域生态系统无论在响应程度还是特征方面都存在重大差异（Cloern，2001）。

11.1.2 第二代富营养化评价方法

目前广泛应用的第二代分析方法主要为侧重于沿岸海域的综合评价法（OSPAR-COMPP）（OSPAR，2001）和侧重于河口体系的“河口富营养化评价”（NEEA-ASSETS）（Bricker et al.，1999；Bricker et al.，2003）。两种方法均包括富营养化的致害因素、初级症状和次级症状，所选参数也大都相同或类似。但评价因子的侧重点和评价原则不同，评价标准的参考值也不同。

11.1.2.1 综合评价法（OSPAR-COMPP）

“综合评价法”是由欧盟于 2001 年提出并应用于所有欧盟国家之沿岸海域的富营养化状况评价。其评价因子包括营养盐过富程度、富营养化的直接效应、富营养化的间接效应、富营养化可能产生的其他效应四类。

首先，根据盐度分布状况将评价海域分为沿岸海域和远岸海域。再判别每项指示因子中任一环境要素是否呈“趋势增加/水平提高/转变或改变”，在每一项评价因子的最后定级中适用“一损俱损”原则来确定每项指示因子是否具备富营养化条件。最后，将四类因子的级别进行集合，若某海域中后三类中有一类以上为“趋势增加/水平提高/转变或改变”，则判定该海域为“问题海域”；若第一类超标而其他类均未超标，则判定为“潜在问题海域”；若所有类别均未超标，则判定为“无问题海域”。

OSPAR-COMPP 使用区域专属的背景值作为评价标准可以比较准确地区分人为影响和自然变化，充分体现了富营养化问题的人为性；但区域专属背景值的确定是需要较长时间序列的资料，尤其是早期的资料，而这些资料往往比较缺乏，因而其可操作性较差；并且在因子的评判过程中，未考察描述症状的数据资料的时空代表性（如空间覆盖率、持续时间、频率等）。

11.1.2.2 河口富营养化评价法（NEEA-ASSETS）

河口营养状况评价方法（NEEA-ASSETS）是在美国“国家河口富营养化评价”（National Estuary Eutrophication Assessment，NEEA）基础上精炼而成的（Bricker et al.，2003）。其评价因子包括压力、状态和响应趋势三部分，各类评价因子中包含若干评价参数。

首先将目标海域划分为感潮淡水区、河口混合区和海水区三类水域，根据给定的标准值对三类评价因子进行赋分评判，进而结合压力项、状态项和响应趋势项分值，应用评价因子组合矩阵标准判别表来确定目标海域海水富营养化状况和变化趋势，共形成优、良、中、差、劣五种海水富营养化状况。

NEEA-ASSETS 使用统一的评价标准，且具备较完善的可操作性强的一系列分值计算方法和公式。然而，其对人为影响（即压力）的评价只考查河口中人为的无机氮（DIN）浓度比率，并且把河流输入通量均视为人为影响的结果，而忽略河流的自然背景值（王保栋，2006）；同时也忽视了人为因素对 PO_4^{3-}-P 浓度的影响。并且富营养化的症状一般来说需要一定的时间才能表现出来，因此在时间上的灵敏度不足。此外，由于 NEEA-ASSETS 方法侧重于对河口在较长一段时间内的变化做出评价，对于短时间内出现的极端事件（如赤潮）则较难体现（陈鸣渊，2007）。

11.2 厦门海域水体富营养评价结果

由于国内海岸带调查与监测内容及参数与国外并不相同，第二代富营养化评价体系尚不能在国内海水水体富营养化评价中成熟运用。本次调查采用富营养化指数法，并结合 C_N/C_P 的潜在富营养化划分方法（表 11.1）对厦门海域 2012 年丰水期、平水期、枯水期的富营养化水平进行评价。

11.2.1 厦门海域水体富营养化水平

根据上述富营养化指数公式，将计算结果列于表 11.2。

表 11.2 厦门各海区富营养化指数计算结果

时间	各海区						
	马銮湾	西海域	南部海域	九龙江口	东部海域	同安湾	大嶝海域
丰水期	16.09	1.35	0.38	2.95	0.12	2.23	0.05
平水期	467.56	0.94	0.67	11.40	0.15	0.92	0.03
枯水期	20.18	0.87	0.46	1.07	0.34	0.68	0.09
平均值	167.94	1.05	0.50	5.14	0.20	1.28	0.05

注：贫营养水平（$E<0.4$）、中营养水平（$0.4\leq E<1$）、富营养化水平（$E\geq 1$）。

图 11.1 和图 11.2 为马銮湾海区和其他海区 3 个水期的富营养化指数柱状图，从表 11.2 可以看出马銮湾和九龙江河口区已呈严重富营养状态，其中马銮湾平水期富营养指数高达 467.56，年平均指数高达 167.94；西海域和同安湾总体呈现一定的富营养化水平，年平均富营养指数也超出 1；南部海域呈现一定的中营养水平，东部海域和大嶝海域则水质良好。

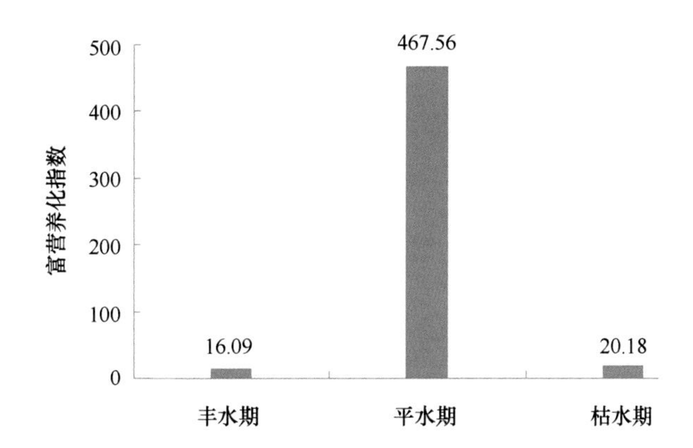

图 11.1　马銮湾海区三个水期富营养化指数

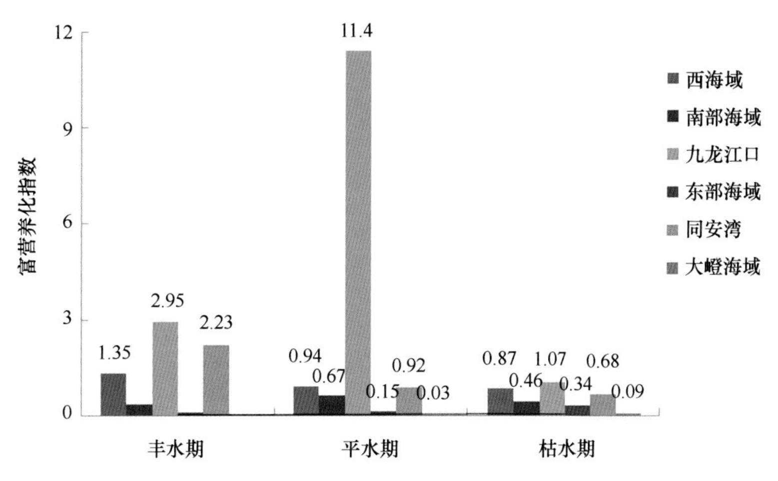

图 11.2　其他海区三个水期富营养化指数

11.2.2　厦门海域水体富营养级划分

根据表 11.1 对厦门海域各海区不同水期富营养水平进行等级划分，见表 11.3 至表 11.5。

表 11.3　厦门海域富营养等级划分（丰水期）

序号	海区	DIN	DIP	C_N/C_P	营养等级
1	马銮湾	1.888	0.059	70.9	Ⅲ
2	西海域	0.888	0.045	43.4	Ⅲ
3	南部海域	0.763	0.024	71.1	$Ⅵ_P$
4	九龙江口	1.344	0.046	64.0	Ⅲ
5	东部海域	0.355	0.019	42.3	$Ⅳ_P$
6	同安湾	0.723	0.088	18.3	Ⅲ
7	大嶝海域	0.220	0.011	43.0	Ⅰ

注：表中 DIN、DIP 单位为 mg/L，C_N/C_P 为物质的量之比。

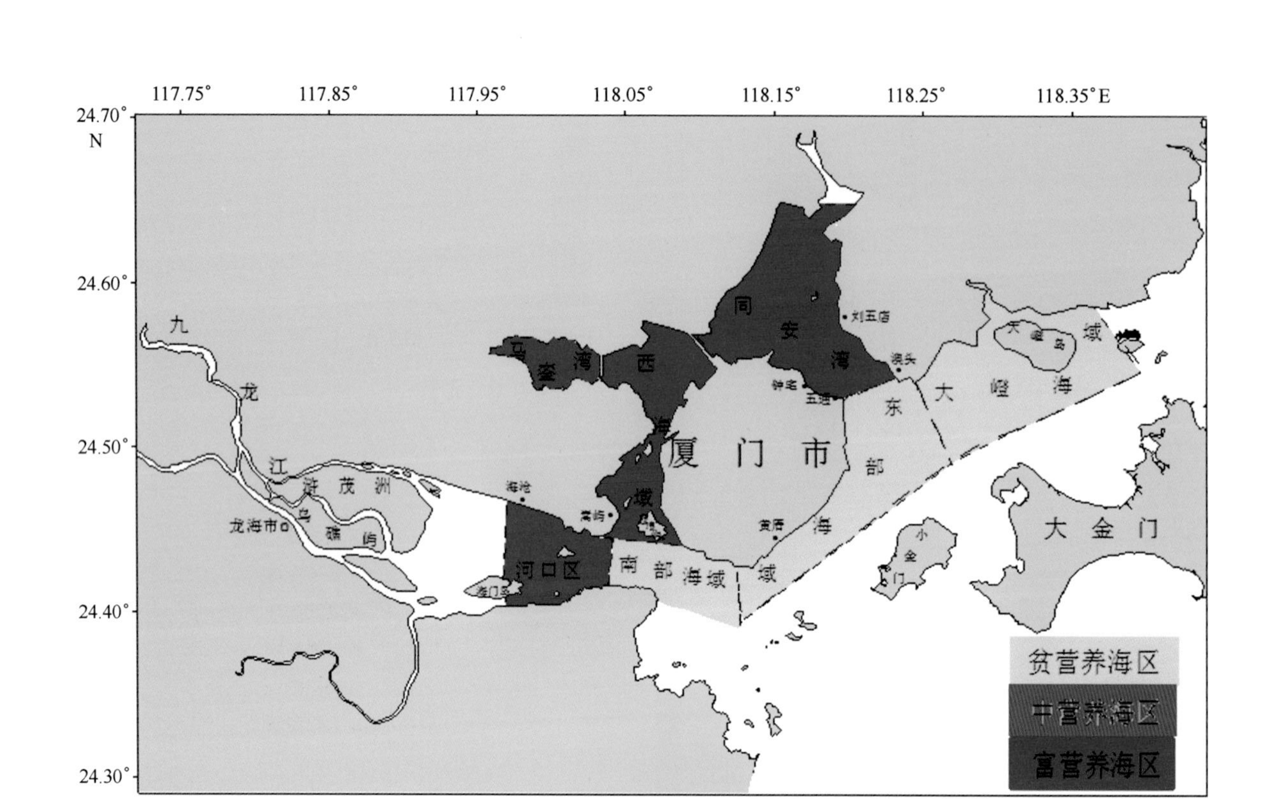

图 11.3　厦门海域丰水期富营养化评价

从图 11.3 可见，丰水期厦门海域马銮湾、西海域、九龙江河口区以及同安湾处于富营养化水平，南部海域、东部海域以及大嶝海域则处于贫营养水平。

表 11.4　厦门近海各海区富营养等级划分（平水期）

序号	海区	DIN	DIP	C_N/C_P	营养等级
1	马銮湾	1.629	0.440	8.2	Ⅲ
2	西海域	0.893	0.049	40.7	Ⅲ
3	南部海域	0.811	0.034	53.3	V_P
4	九龙江口	3.452	0.074	103.7	Ⅲ
5	东部海域	0.368	0.009	86.5	$Ⅵ_P$
6	同安湾	0.543	0.031	38.5	Ⅱ
7	大嶝海域	0.131	0.007	40.0	Ⅰ

注：表中 DIN、DIP 单位为 mg/L，C_N/C_P 为物质的量之比。

从图 11.4 可见，平水期厦门海域马銮湾以及九龙江河口区处于富营养水平，同安湾、西海域以及南部海域处于中营养水平，东部海域以及大嶝海域处于贫营养水平。

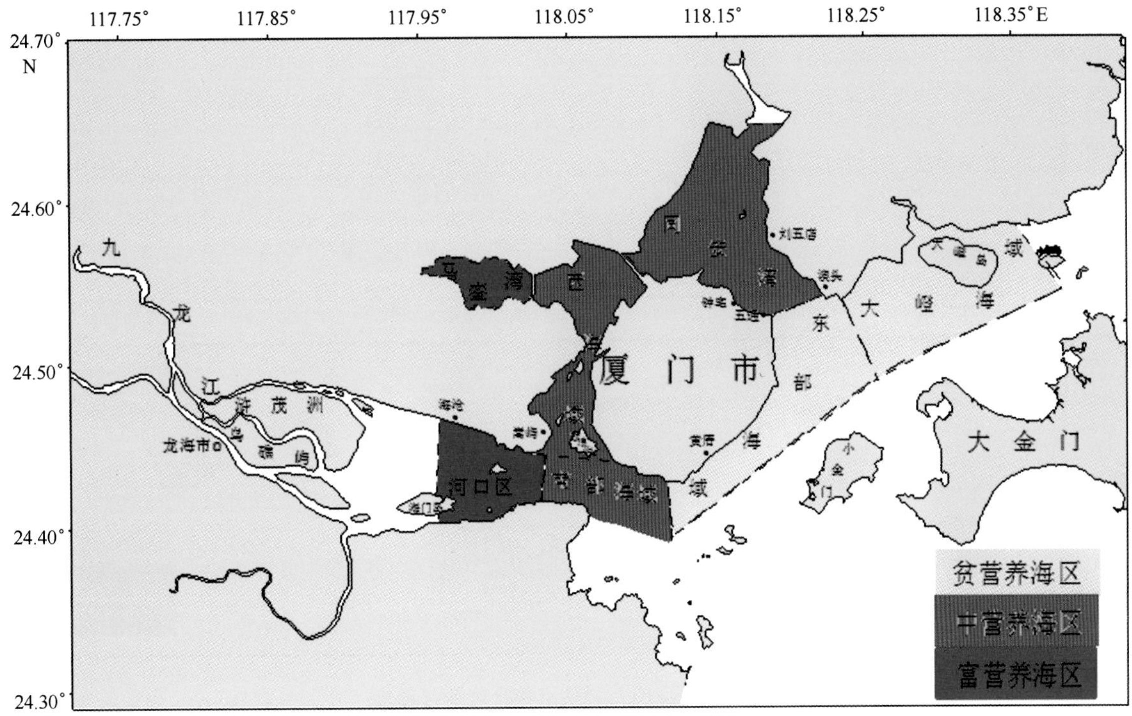

图 11.4 厦门海域平水期营养化评价

表 11.5 厦门近海各海区富营养等级划分（枯水期）

序号	海区	DIN	DIP	C_N/C_P	营养等级
1	马銮湾	1.409	0.226	13.8	Ⅲ
2	西海域	0.743	0.045	36.2	Ⅲ
3	南部海域	0.582	0.036	36.1	$Ⅳ_P$
4	九龙江口	0.879	0.042	46.1	Ⅲ
5	东部海域	0.378	0.031	26.6	$Ⅴ_P$
6	同安湾	0.434	0.039	24.4	Ⅱ
7	大嶝海域	0.189	0.025	16.6	Ⅰ

注：表中 DIN、DIP 单位为 mg/L，C_N/C_P 为物质的量之比。

从图 11.5 可见，枯水期厦门海域马銮湾以及九龙江河口区处于富营养水平，同安湾、西海域以及南部海域处于中营养水平，东部海域以及大嶝海域处于贫营养水平。

11.3 厦门海域水环境质量长期变化及其富营养化趋势

11.3.1 溶解氧

图 11.6 为长期以来厦门海域各海区溶解氧含量的变化趋势。

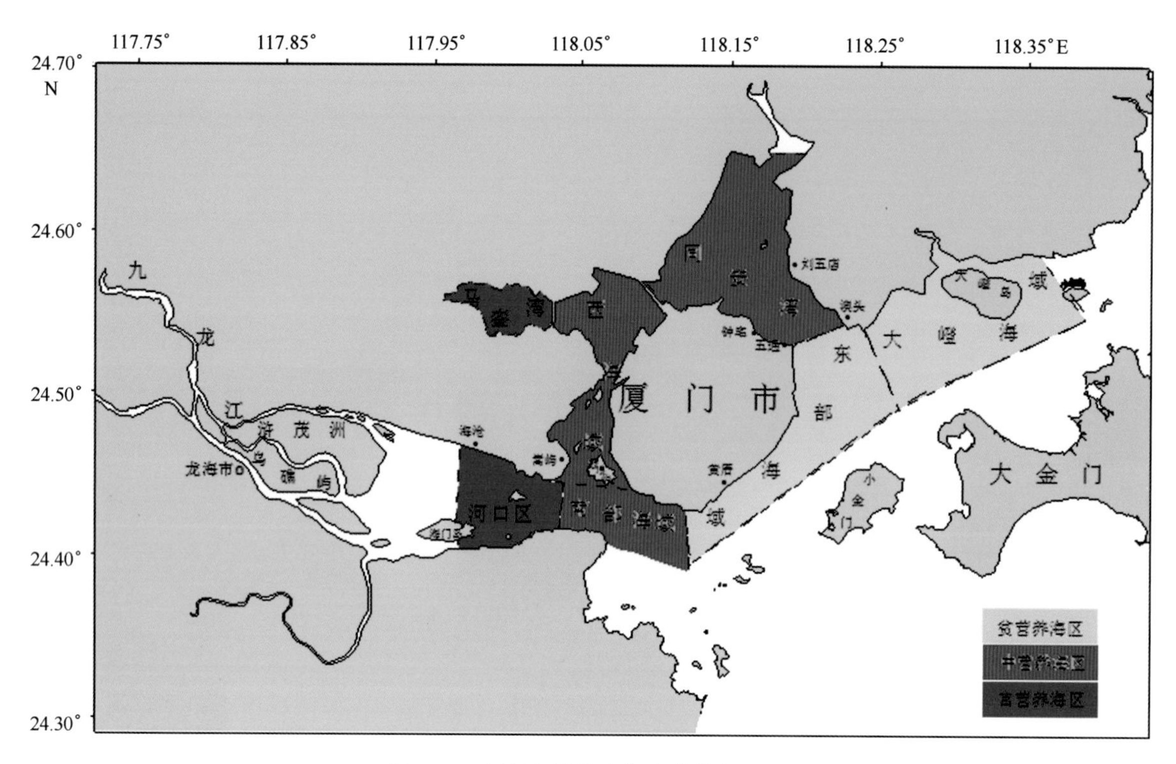

图 11.5 厦门海域枯水期富营养化评价

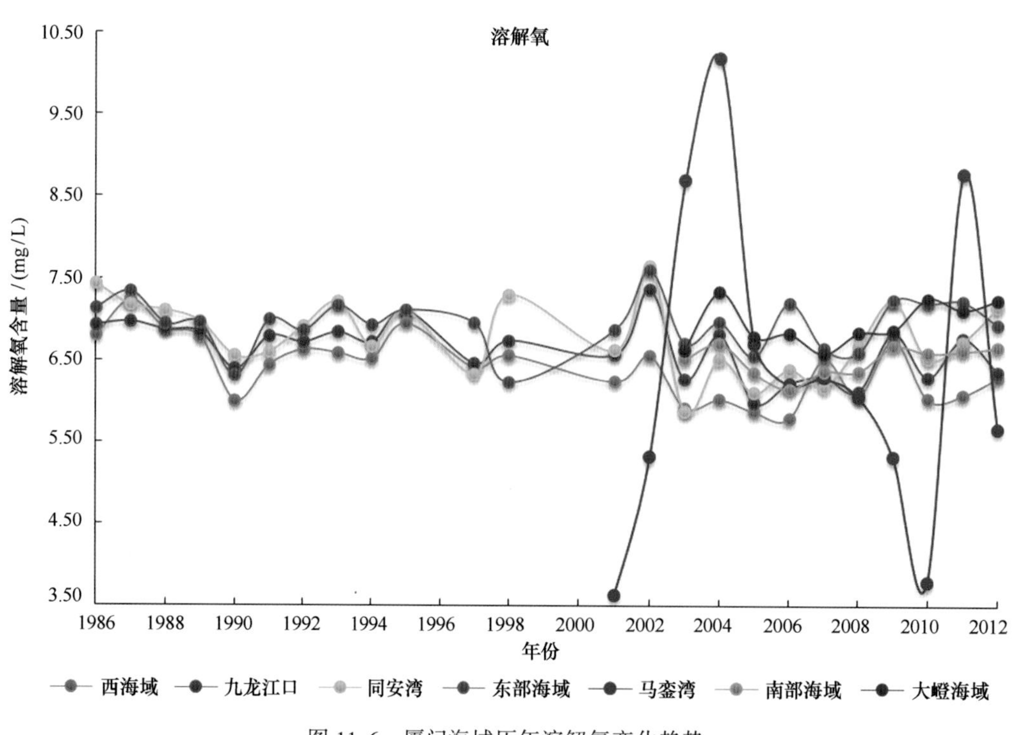

图 11.6 厦门海域历年溶解氧变化趋势

由图 11.6 可见，厦门海域长期以来溶解氧含量除马銮湾以外总体水平符合一类水质标准。长期以来西海域、同安湾、马銮湾以及九龙江河口区总体表现为减少的趋势，东部海域、南部海域以及大嶝海域总体表现为增加的趋势。

11.3.2 磷酸盐

图 11.7 为长期以来厦门海域各海区磷酸盐含量的变化趋势。

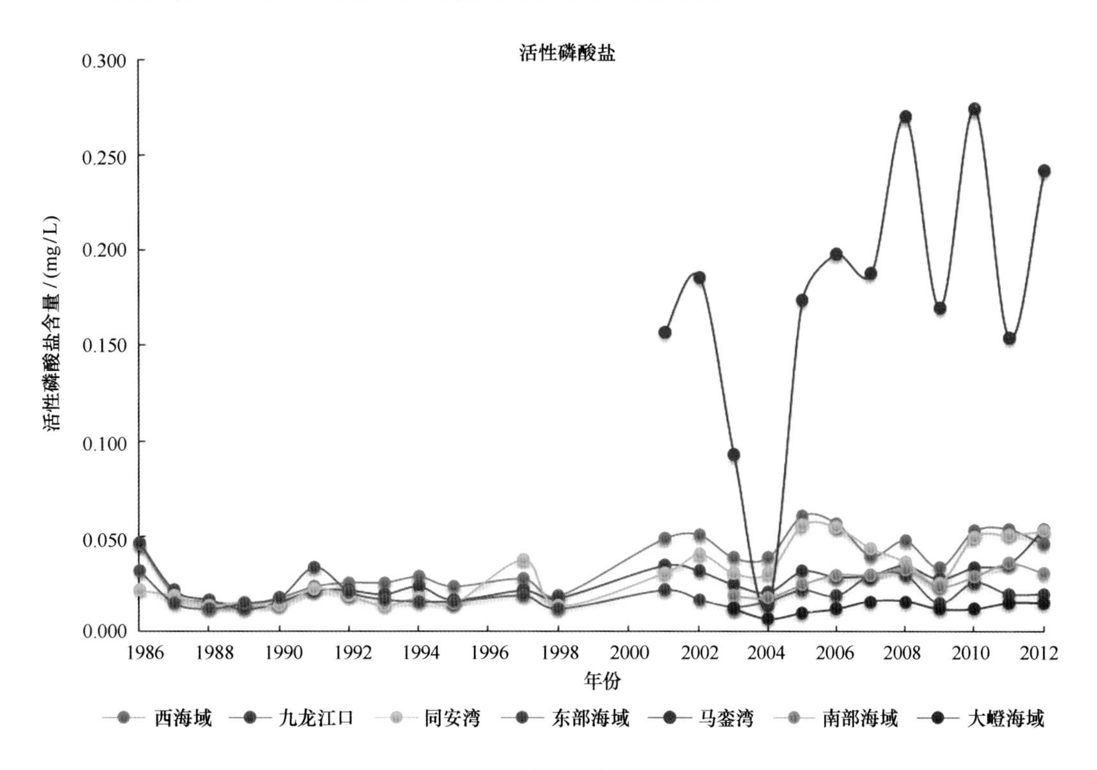

图 11.7 厦门海域历年磷酸盐变化趋势

由图 11.7 可见，厦门海域长期以来磷酸盐含量除马銮湾外基本处于一类水质与二类水质之间，呈现不同程度的上升趋势。马銮湾内磷酸盐含量基本都处于四类水质水平，长期以来含量增加趋势明显。

11.3.3 总无机氮

图 11.8 为长期以来厦门海域各海区总无机氮含量的变化趋势。

由图 11.8 可见，厦门海域长期以来总无机氮含量大嶝海域基本保持在一类水质的水平，东海域基本维持在二类至三类水质水平，其他海域总无机氮的含量随着时间的推移，逐年呈现不同程度增加的趋势，已超出四类水质标准，其中马銮湾的增加趋势最为明显。

11.3.4 化学需氧量

图 11.9 为长期以来厦门海域各海区化学需氧量的变化趋势。

由图 11.9 可见，厦门海域长期以来化学需氧量除马銮湾外基本保持在一类水质标准水平，马銮湾内化学耗氧量长期以来处于二类至超四类水质的水平。

11.3.5 叶绿素 a

图 11.10 为长期以来厦门海域各海区叶绿素 a 含量的变化趋势。

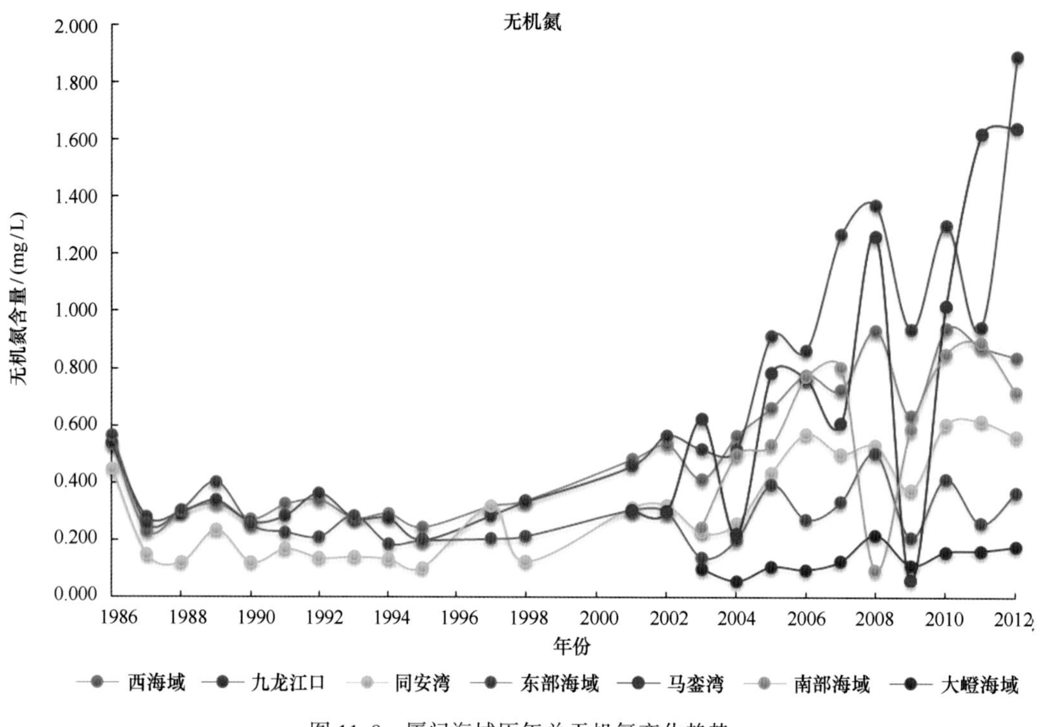

图 11.8　厦门海域历年总无机氮变化趋势

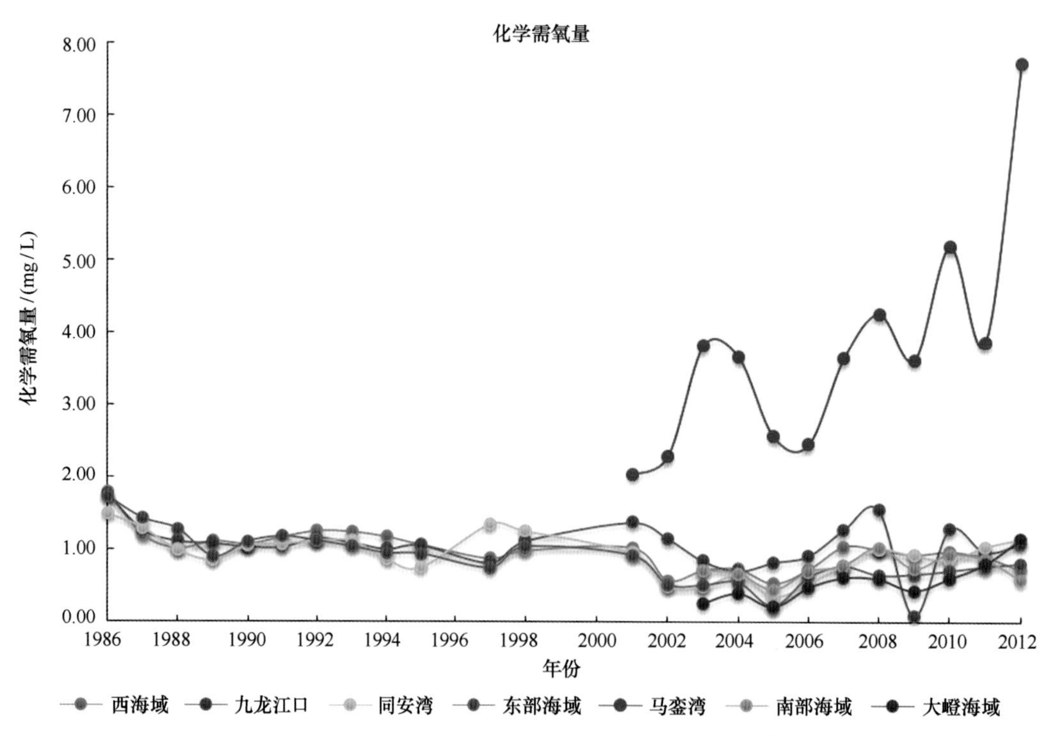

图 11.9　厦门海域历年化学需氧量变化趋势

由图 11.10 可以看出，厦门海域长期以来叶绿素 a 的含量除马銮湾外基本上都保持在 7.00 μg/L 以内，2003—2012 年马銮湾内叶绿素含量在 2.52～64.00 μg/L 之间。除同安湾海域以外，叶绿素 a 含量总体呈现逐年增加之势。

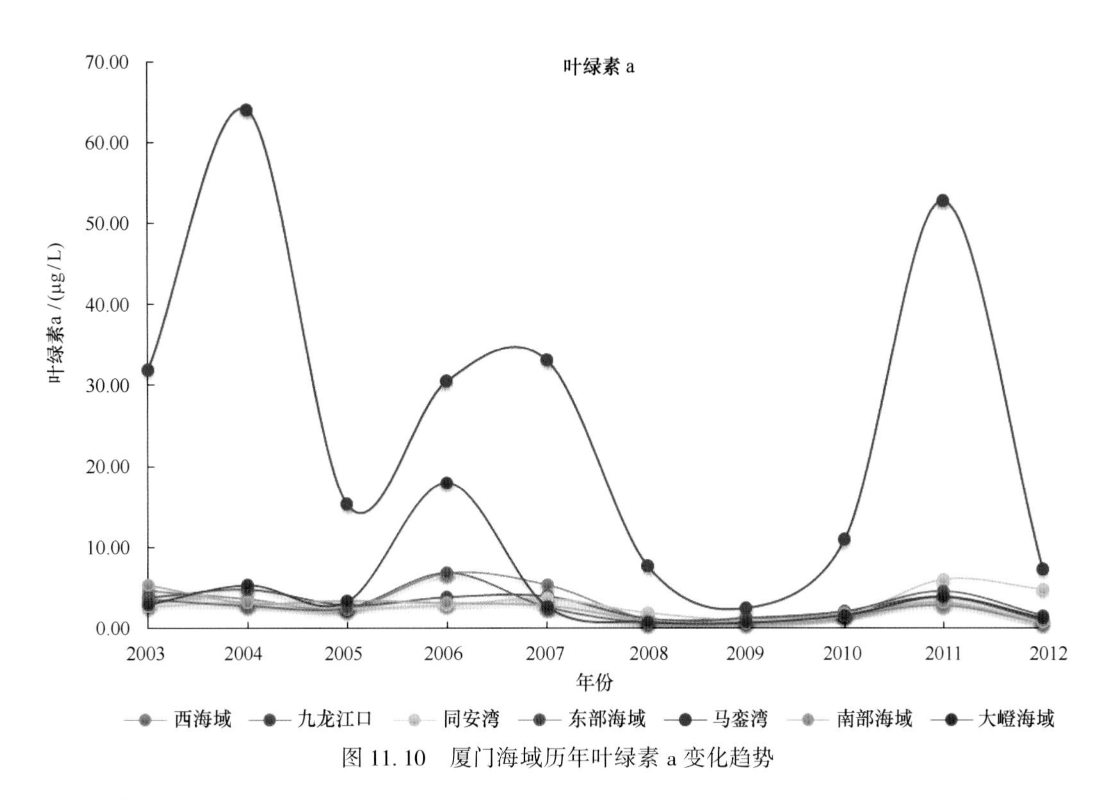

图 11.10　厦门海域历年叶绿素 a 变化趋势

11.3.6　盐度

图 11.11 为长期以来厦门海域各海区盐度的变化趋势。

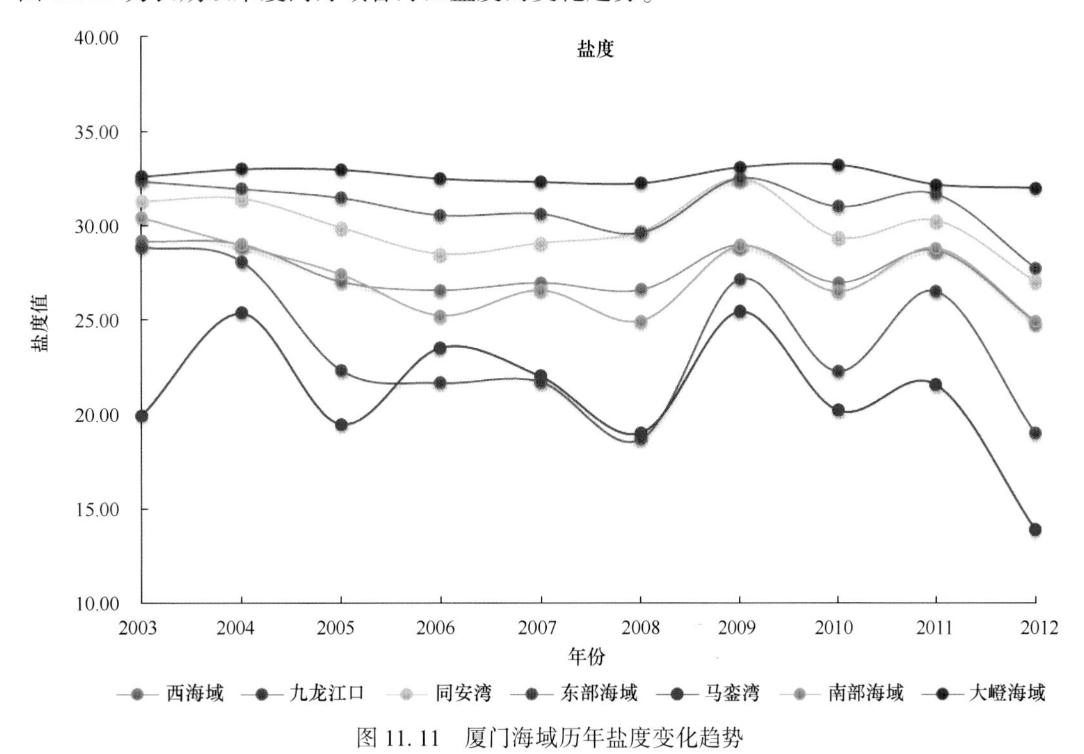

图 11.11　厦门海域历年盐度变化趋势

由图 11.11 可见，厦门海域长期以来盐度含量除马銮湾以外，基本上都保持在 28.00 左右，大嶝海域能与外海水体进行良好的交换，盐度长期保持在 32.50 左右，马銮湾海域盐度只保持在 22.00 左右。

11.4 厦门海域近年来富营养化指数值变化趋势

图 11.12 为近年来厦门各海区富营养变化趋势。

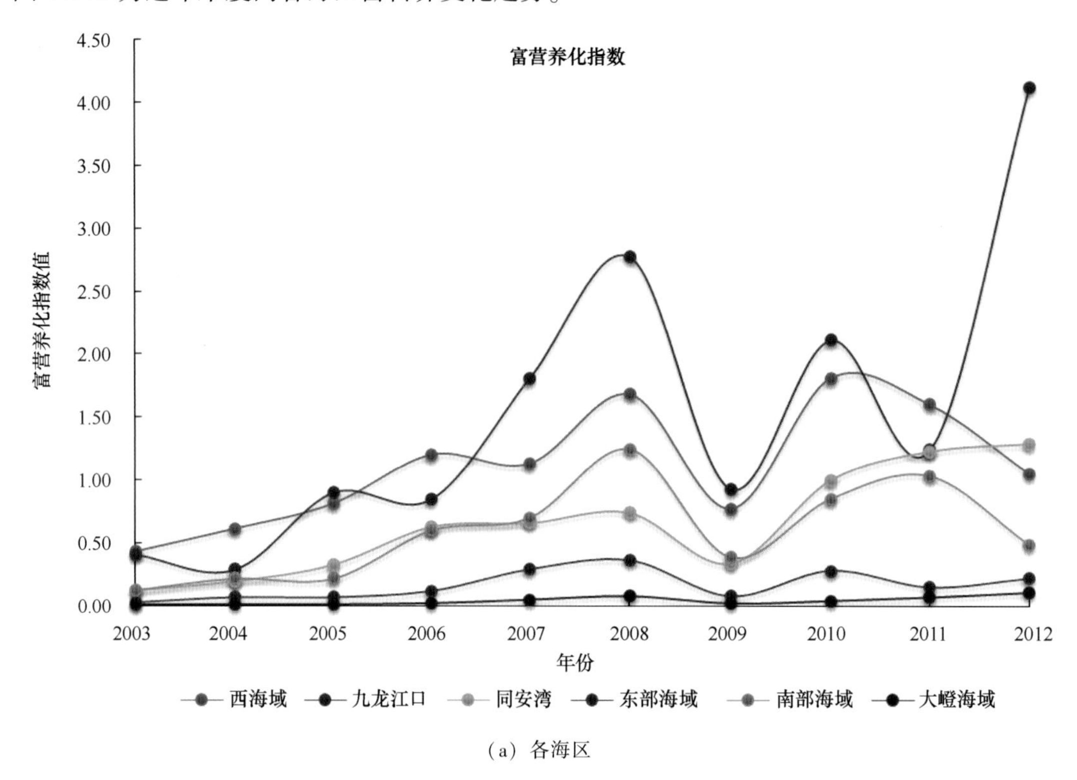

（a）各海区

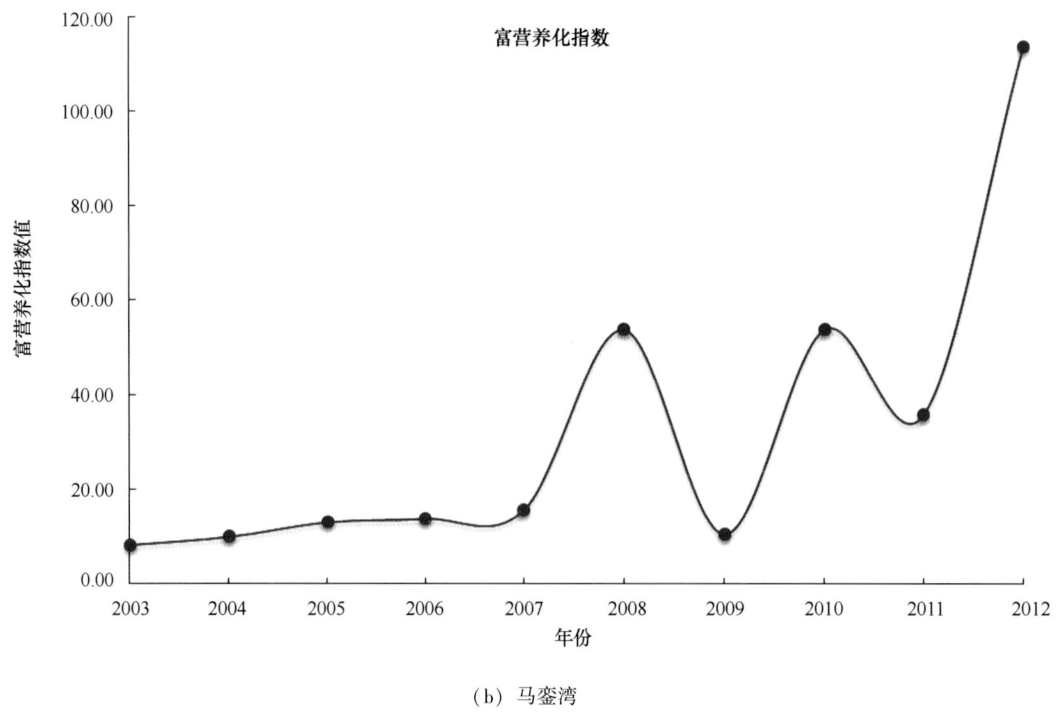

（b）马銮湾

图 11.12 厦门各海区近年富营养化趋势

由图11.12（b）可见，近年来，马銮湾海域一直处于富营养状态，且远高于富营养化指数上限值（$E=1$），此外还呈现逐年增加的趋势明显；由图11.12（a）可见，东部海域以及大嶝海域处于贫营养状态（$E<0.4$），水质较为良好；南部海域总体处于中营养状态（$0.4\leq E<1$），在2008年和2011年达到富营养化状态；同安湾、西海域、九龙江河口区富营养化指数逐年增加，近几年来一直处于富营养化状态。

11.5 小结

（1）2012年厦门海域各海区海水水温正常，总体均值在26.63 ℃左右；各海区pH值基本符合一类至二类水质标准，除了10月份马銮湾是三类至四类水质水平；各海区溶解氧基本符合一类水质标准，九龙江河口区、西海域和南部海域在8月份以及马銮湾在10月份溶解氧含量较低；各海区的化学需氧量基本也处于一类水质标准，只有马銮湾在8月和10月含量较高；而各海区磷酸盐和总无机氮含量较高，基本都超出四类水质标准。

（2）2012年厦门海域沉积物中硫化物和有机碳含量基本处于一类质量标准，只有马銮湾内两者的含量较高，处于劣三类质量标准。

（3）2012年厦门海域浮游植物多样性指数和均匀度平均值在5月份分别为3.47和0.71，8月份分别为2.58和0.53，多样性指数和均匀度数值基本处于福建近岸海域一般范围。

（4）2012年，马銮湾和九龙江河口区已呈严重富营养状态；西海域和同安湾总体呈现一定的富营养化水平，年平均富营养化指数也超出1；南部海域呈现一定的中营养水平，东部海域和大嶝海域为贫营养水平，水质良好。

（5）厦门海域营养盐整体含量呈上升趋势，特别在马銮湾、九龙江河口区含量较高；近年来，厦门内湾各海区富营养化指数呈现明显的上升趋势，东部海域和大嶝海域富营养化指数相对较低。

第 12 章　厦门海域近年来赤潮发生原因及规律

厦门海洋资源丰富，但资源总量较小，开发利用强度过大，造成海域面积和纳潮量大幅度减少，水动力减弱，港区、航道淤积加剧，影响了港口的通航能力；与此同时，水质下降，赤潮发生频率增加，生物多样性指数降低。

根据资料表明，在赤潮的多发季节或多发期间，一旦天气由阴雨转晴好，1~3 天内就会有赤潮先兆或赤潮出现（陈付华，2011）。厦门海域赤潮发生时，天气大多为晴或晴到多云、偏南风 2~3 级。在赤潮多发年份，有时天气为局部小雨偏东风 3~4 级的情况下，也有可能发生赤潮。如 2003 年在九龙江河口区由米氏凯伦藻引发的赤潮，当天就是偏东风 3~4 级。一般情况下，如果在赤潮持续阶段出现风雨天气，赤潮会很快消失。但在多发年份，有时天气出现小阵雨或阵雨，赤潮仍然持续，或在 1 日内赤潮种类发生演变再继续。如 2003 年西海域由旋链角毛藻引发的赤潮即是如此。厦门海域赤潮的发生以及赤潮发生过程是个十分复杂的生态异常过程，影响因素也是错综复杂，而且重复性较差。

12.1　厦门海域近年来赤潮发生情况

根据历史相关记录资料（张有份，2000；齐雨藻，2003；厦门市海洋与渔业局，2003—2011），对厦门海域发生赤潮情况进行统计，结果见表 12.1。

表 12.1　厦门海域近年来赤潮发生情况（1986—2011 年）

年份	发生时间	发生海域	主要优势种类
1986	4 月	同安湾	夜光藻
	5 月 17—24 日	西海域	地中海指管藻
	6 月 18—28 日	西海域	裸甲藻
1987	3 月 17 日左右	西海域	聚生角刺藻，柔弱角刺藻，短角弯角藻，尖刺拟菱形藻
	4 月 18 日左右	西海域	柔弱角刺藻，地中海指管藻
	5 月 11—27 日	西海域	短角弯角藻
1989	5 月—7 月	同安湾	地中海指管藻
1997	10 月	西海域	微型蓝藻
2000	不详	西海域	角毛藻
2001	6 月 18—29 日	西海域	中肋骨条藻，角毛藻
2002	5 月 8—10 日	西海域	中肋骨条藻
	6 月 3—6 日	西海域	中肋骨条藻
	6 月 4—6 日	同安湾	中肋骨条藻
	6 月 21—25 日	西海域	中肋骨条藻
2003	4 月 25—30 日	西海域	中肋骨条藻，裸甲藻

续表

年份	发生时间	发生海域	主要优势种类
	6月3—6日	西海域	米金裸甲藻，红色中缢虫
	6月23—30日	西海域，同安湾	地中海指管藻，中肋骨条藻，角毛藻
	7月2—5日	西海域	中肋骨条藻，柔弱角毛藻
	7月14—15日	西海域	诺氏海链藻
	7月22—28日	西海域	角毛藻，中肋骨条藻
	8月25—30日	西海域	旋链角毛藻，中肋骨条藻
2004	5月31日至6月3日	西海域	角毛藻
	6月14—19日	西海域，同安湾	旋链角毛藻
	6月26—28日	西海域	旋链角毛藻
2005	5月1—5日	同安湾	旋链角毛藻
	6月9—12日	同安湾	角毛藻，拟旋链角毛藻
	6月12—17日	西海域	旋链角毛藻
	7月3—8日	西海域	角毛藻，中肋骨条藻
	8月1—5日	西海域	角毛藻
	8月30日至9月1日	西海域	中肋骨条藻，角毛藻
	9月15—18日	西海域	中肋骨条藻，角毛藻
	9月30日至10月2日	西海域	角毛藻
2006	6月21—27日	西海域	中肋骨条藻
	6月26—29日	西海域	中肋骨条藻，旋链角毛藻
	6月25日至7月7日	同安湾，东海域	聚生角毛藻，中肋骨条藻，旋链角毛藻
	7月21—25日	同安湾	角毛藻
	8月30日至9月6日	同安湾	角毛藻，中肋骨条藻，丹麦细柱藻
	9月5—6日	西海域	中肋骨条藻
2007	1月12—22日	同安湾	中肋骨条藻
	5月3—4日	同安湾	布氏双尾藻
	5月28日至6月1日	西海域	角毛藻，旋链角毛藻
	5月29日至6月1日	同安湾	旋链角毛藻
	6月20—27日	西海域	中肋骨条藻，角毛藻
	6月22—26日	同安湾	角毛藻
	7月3—5日	九龙江口	中肋骨条藻
2008	3月16日至4月3日	同安湾	血红哈卡藻
	7月15—18日	同安湾	角毛藻
2009	2月5—26日	同安湾，西海域	血红哈卡藻
	7月31日至8月3日	同安湾	中肋骨条藻
	8月18—22日	同安湾	中肋骨条藻
2010	5月21—25日	同安湾	血红哈卡藻
	7月1—2日	西海域	红色中缢虫
	7月5—8日	同安湾	角毛藻，中肋骨条藻
	8月4—7日	同安湾	角毛藻
2011	7月26日至8月7日	同安湾	中肋骨条藻，血红哈卡藻，角毛藻

12.1.1 赤潮发生的频率变化

厦门海域在1986—2011年期间有记录的赤潮发生次数为59起，每年发生赤潮的情况见图12.1，其中2003年、2005年、2006年以及2007年是赤潮发生的高峰期，发生赤潮的次数较多。

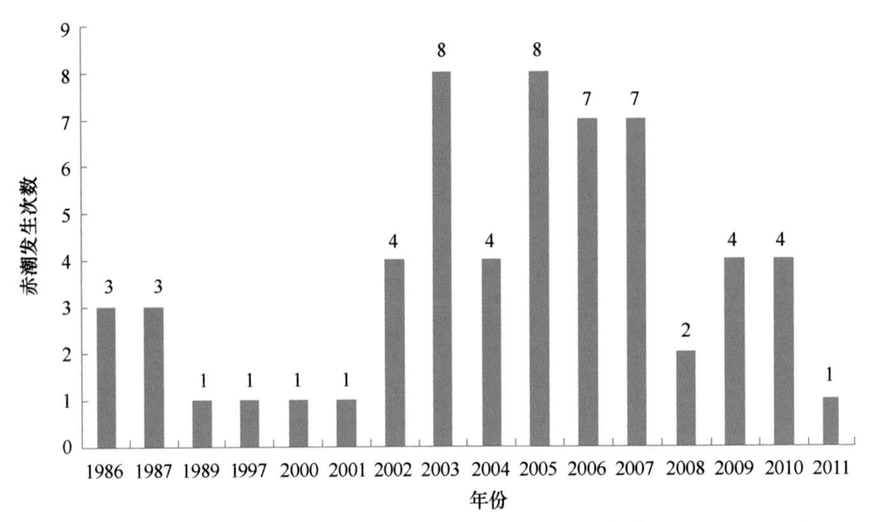

图12.1 厦门海域年均发生赤潮次数统计

12.1.2 赤潮发生的区域变化和季节变化

近年来厦门湾各海区的赤潮发生次数如图12.2所示。由图12.2可见，西海域和同安湾海域是厦门海域赤潮多发区，西海域占总发生次数的57.63%，同安湾占总发生次数的38.98%。由表12.1可以看出，厦门海域赤潮发生主要出现在春季（3—5月）和夏季（6—8月），在秋季（9—11月）和冬季（12—2月）出现的情况较少。

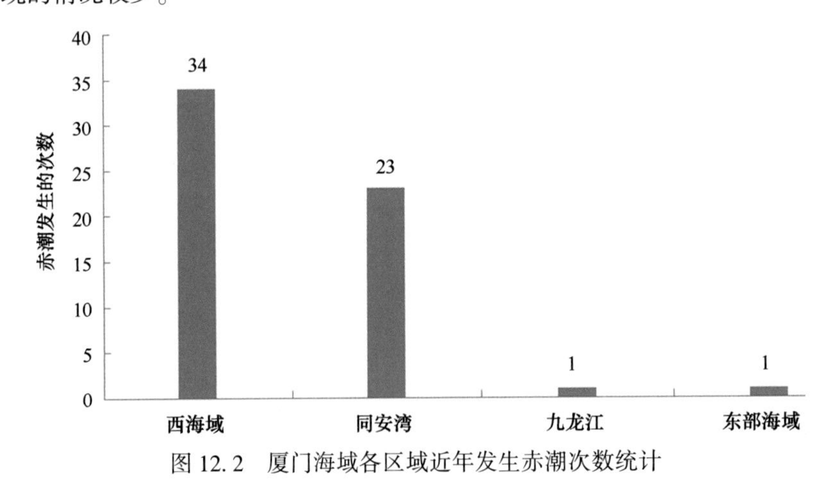

图12.2 厦门海域各区域近年发生赤潮次数统计

12.1.3 赤潮生物种类的变化

历史资料表明，厦门海域浮游植物群落结构，尤其是优势种类的组成发生了很大的变化。厦门海域最常见的赤潮生物是无毒性的硅藻类物种，仅在2003年发生的甲藻属米氏凯伦藻赤潮是有毒的。厦门海域分布的赤潮生物分别隶属于甲藻门、硅藻门、隐藻门、裸藻门、绿藻门，其中甲藻类

（比如血红哈卡藻）和硅藻类（中肋骨条藻、角毛藻）已经成为厦门海域赤潮事件的主要种类。

12.2 厦门海域赤潮发生的影响因素

赤潮是一种严重的海洋灾害，它不仅污染环境，而且对海洋的养殖业构成极大威胁。

12.2.1 气候因素

厦门常年气候适宜，水温较高，海流较平缓，特别有利于赤潮生物的生长与繁殖。一旦气候发生变化，将会导致赤潮生物的暴发，进而引起赤潮。例如，2008 年 3 月初春和 2009 年 2 月在同安湾发生的血红哈卡藻赤潮，都与海水水温异常增高有密切关系。

蓝虹等的研究表明（2004），中肋骨条藻赤潮发生前 5 天内，西海域水文气象过程发生明显变化。水温持续上升，梯度达 0.58 ℃/d；盐度持续下降，幅度达 1.8；气压先升高后下降，赤潮发生前 3 天气压由 1 013.9 hPa 下降至 1 005.7 hPa；风速较小，平均为 2.8 m/s，赤潮发生前 3 天转为偏南风。这些水文气象的变化都有利于中肋骨条藻赤潮的发生。气候变化可能有利于赤潮生物的生长繁殖和聚集，是厦门海域赤潮发生的重要原因。

12.2.2 生物因素

厦门海域赤潮的主要生物是甲藻和硅藻。赤潮生物的暴发性繁殖或者大量高密度聚集同样也会引发赤潮。在适宜的环境和气候条件下，赤潮生物高密度繁殖，在 2～3 d 内即可形成大规模的赤潮。近年来，厦门海域的赤潮事件除了 1987 年西海域的短角弯角藻赤潮以外都是待赤潮发生并发展到一定的规模后才被发现。这说明了赤潮生物的大量暴发是造成赤潮形成的直接原因。

12.2.3 化学因素

赤潮的发生与海域的富营养程度密切相关，海水中的营养盐（主要是无机氮和无机磷）以及一些微量元素的存在直接影响赤潮生物的生长、繁殖和代谢，这些化学因素是赤潮发生的物质基础。

厦门海域的赤潮多发区（西海域、同安湾）一直处于富营养或中营养状态，C_N/C_P 值远远高于 16：1，2012 年西海域 C_N/C_P 约值为 40.1，同安湾 C_N/C_P 约值为 27.0。对于厦门海域来讲，无机氮比较丰富，无机磷相对匮乏，无机磷是厦门海域浮游植物繁殖的限制因子。理论上讲，只要控制无机磷的排海量就可减少赤潮的发生，但是厦门海域海底淤泥中富含有机磷和无机磷，并且在合适的理化条件下，有机磷还可转化为无机磷并输入海水，以满足浮游植物的生长繁殖。

12.2.4 环境因素

由于环境污染日益加剧，农业生产大量施用化肥，生活中大量使用含磷洗衣粉，排放的工业污水、生活污水以及养殖污水中都富含 N 和 P。这些污水未经处理不断流入江河，汇入大海，使得近岸海水中 N 和 P 过剩，造成海水富营养化，进而导致赤潮生物的大量繁殖。环境污染造成的近岸水体富营养化是引发赤潮的根本原因。

12.3 厦门海域富营养化原因调查及讨论

12.3.1 人口迅速增长及其引起的生活污染的加剧

近年来，厦门人口快速增长，人口数量由 2000 年的 205.31 万人增长到 2010 年的 353.13 万人，平均年增长率到达5.57%（厦门市统计局，2011）。厦门人口基数的快速增长，反映出经济高速增长对人口的需求。劳动力的投入对经济增长贡献很大。人口密度更为直接地表现了人口数量与环境的关系，人口密度影响环境的本质是高密度的人口通过高强度的经济活动和资源利用对环境施加了更大的压力（中国海洋学会，2005）。选取西海域为例探讨人口数量的增加对富营养化指数的影响（图12.3）。从图12.3可以看出，人口数量的增加对富营养化指数的影响呈上升趋势，说明了人口数量增长与污染程度的正相关性。

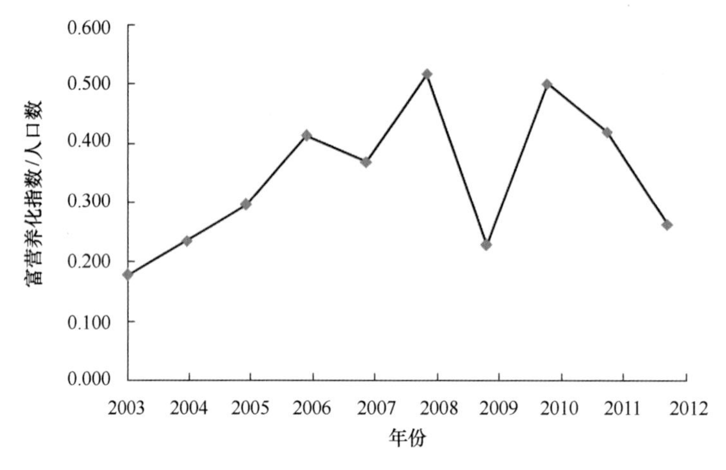

图12.3 人口数量对富营养化指数的影响

12.3.2 经济发展及其引起的污染

近年来，厦门经济发展迅速，国内生产总值由2003年的759.69亿元增长到2011年的2 535.80亿元，工业总产值由2003年的1 394.17亿元到2011年的4 464.83亿元（见图12.4）。经济的迅猛发展必然要消耗能源和原材料和排放污染物，给周围的环境造成较大的压力。选取厦门西海域为例探讨国内生产总值（GDP）的增加对富营养化指数的影响情况（图12.5）。从图12.5可以看出GDP的增加对富营养化指数的影响呈上升趋势，说明了GDP的发展加重了厦门海域水体富营养化的程度。

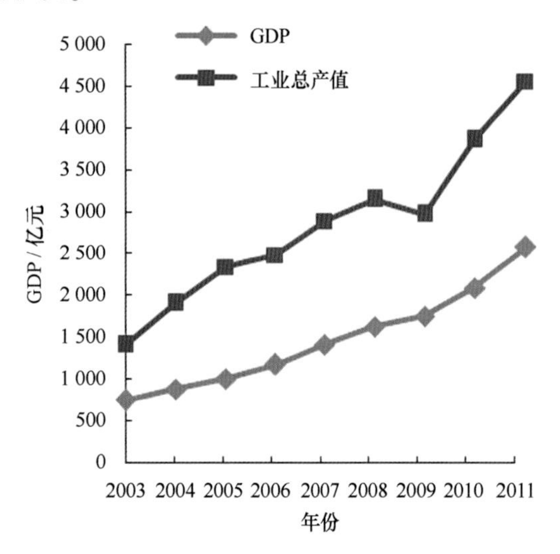

图12.4 2003—2011年厦门GDP和工业生产总值

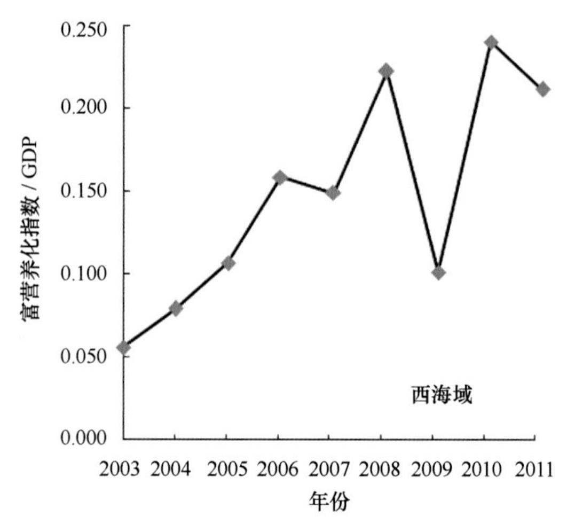

图12.5 GDP对富营养化指数的影响

12.4 厦门海域主要赤潮生物及其生态特征

12.4.1 中肋骨条藻（*Skeletonema costatum*）

中肋骨条藻细胞为透镜形或圆柱形，直径为6~22 μm。壳面圆而鼓起，着生一圈细长的刺与邻细胞的对应刺相接组成长链。刺的多寡差别很大，有8~30条。细胞间隙长短不一，往往大于细胞本身的长度。色素体1~10个，但通常呈现2个，位于壳面，各向一面弯曲，数目少的形状大。2个以上的色素体为小颗粒状。细胞核位于细胞中央。有增大孢子，形状圆，直径2~3倍于母细胞的直径。当链的直径是6 μm时，增大孢子直径是17~20 μm（郭皓等，2004；梁玉波，2012）。

本种是常见的浮游种类，广温广盐的典型代表。分布极广，从北极到赤道，从外海高盐水团到沿岸低盐水团，甚至在半咸水中皆有，但以沿岸为最多。曾多次引发赤潮。该种是近年来厦门海域最为常见的无毒赤潮生物之一。

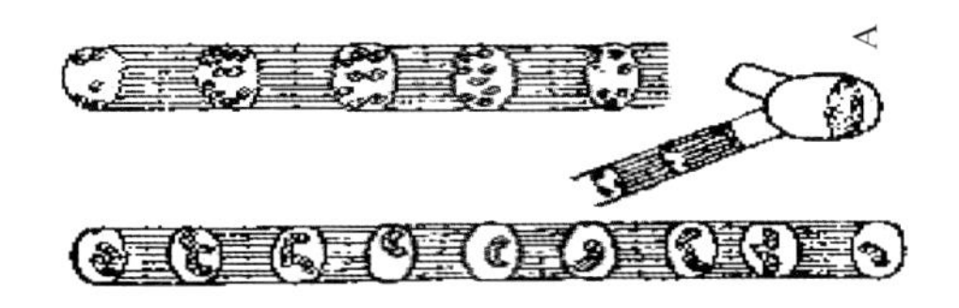

图12.6 壳环面观（示意图，链状群体）

图12.7 壳环面观（LM，链状群体）

12.4.2 旋链角毛藻（*Chaetoceros curvisetus*）

旋链角毛藻细胞借角毛基部交叉组成螺旋状的群体，一般链长。宽壳环面为四方形，宽7~30 μm（图12.8，图12.9）。壳面椭圆形，两边稍平。胞间隙纺锤形、椭圆形至圆形。壳套很低，一般小于细胞高度的1/3。壳环带高，上下凹缢明显。角毛细而平滑，自细胞角生出，皆弯向链凸起的一侧，长度为细胞宽度的4~6倍。端角毛与其他角毛无明显的差别。色素体单个，位于壳环面中央，往往色素体中央有蛋白核。休止孢子生在接近母细胞的中央，形体小，两壳凸圆，壳面平滑无小刺，只是在初生壳的边缘有一小圈点。

本种为广盐性沿岸种类，暖季分布较多。该种在2008年之前是厦门海域常见的赤潮物种，在最近几年并没有发生赤潮的记录。

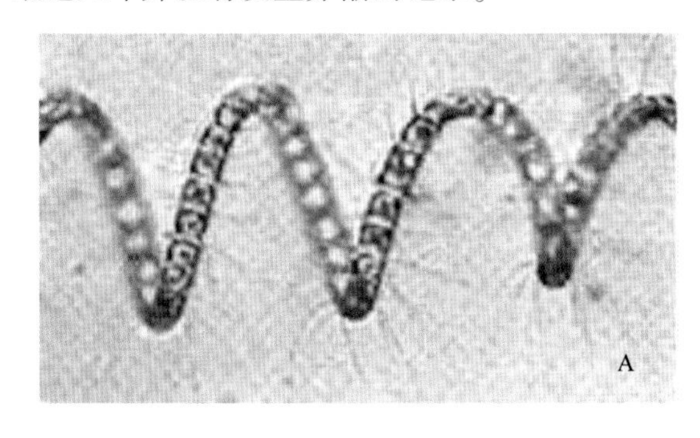

图12.8 壳环面（LM，链状群体）

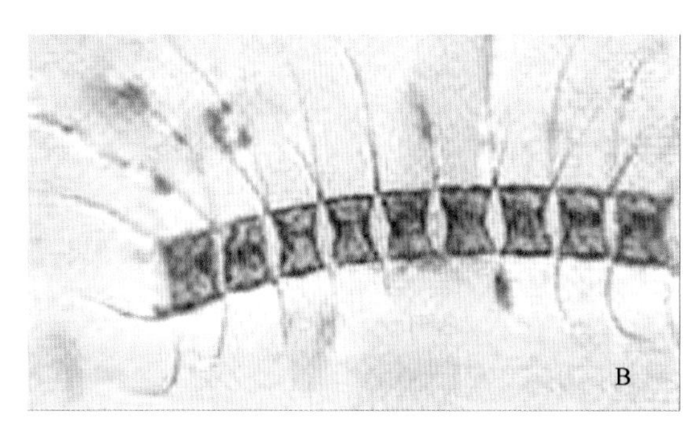

图12.9 宽壳环面（LM）

12.4.3 血红哈卡藻（*Akashiwo sanguinea*）

血红哈卡藻归属于甲藻门哈卡藻属，曾定名为光亮裸甲藻（*Gymnodinium splendens*）、尼氏裸甲藻（*Gymnodinium nelsonii*）和红色裸甲藻（*Gymnodinium sanguineum*）。2002 年，齐雨藻重新更名为血红哈卡藻。

血红哈卡藻外部形态结构简单，细胞壁薄，背腹扁平，藻细胞大小（45~55）μm×（30~35）μm（高×宽）。纵鞭毛扁平状，由纵沟伸出体外，打动水体驱使藻体边旋转向前运动。许多固定液无法固定细胞做仔细的外部形态观察，因此，在相关文献中，有关其外部形态特征描述简单，多有错误鉴定的事情发生。

2008 年 3 月 16 日，根据同安湾监测浮标的监测数据，厦门市海洋与渔业环境监测站监测到血红哈卡藻赤潮。本次赤潮为同安湾有记载的赤潮事件中的第一次甲藻赤潮，约持续 20 d，密度最高达 5.26×10^{6} cells/L，发生面积最大约 60 km^2，赤潮区海面为红褐色、褐色，赤潮呈块状、斑块状分布。藻毒实验未确定该藻类有毒性，也未有明确该藻类产生毒素的报道。血红哈卡藻是否有毒，目前尚无明确结论。

同安湾连续几年发生同一藻种的赤潮事件，引起了政府有关部门和公民的关注。相关专家会商认为：该藻种为厦门海域原有种类，尤其在东坑湾等垦区虾池中多见；赤潮发生的近几日天气变暖，且该海域水体交换能力较差，同时海水富营养化程度较高，具备了赤潮发生的气候及理化条件；东坑湾垦区的海水排放以及同安湾的清淤作业使底层营养物质上翻，增加了水体的富营养化程度，为该藻种的大量暴发提供了有利的条件。

12.5 小结

（1）厦门海域发生赤潮事件主要集中在春、夏两季节；西海域和同安湾是赤潮发生的主要海域；赤潮生物主要是以无毒甲藻和无毒硅藻为主。

（2）水温的骤然变化是厦门海域发生赤潮的重要原因，丰富的化学物质是赤潮发生的物质基础，赤潮生物的聚集暴发是直接因素，环境污染造成的近岸水体富营养化是赤潮引发的根本原因。

第 13 章　赤潮毒素的累积、预警值研究与应用

13.1　麻痹性贝类毒素累积实验

麻痹性贝类毒素（Paralylic Shellfish Poisoning，PSP）是海洋贝类毒素中比较普遍的一种，含有毒素的藻类通过食物链毒化海洋鱼、贝类，人类食用染毒的贝类可发生食物中毒或死亡。这种毒素原产于海洋有毒藻类中，但主要积累在海产贝类体内，人或动物摄食之后，毒素会对神经肌肉产生麻痹作用而使之中毒，故称之为麻痹性贝类毒素，毒素几乎遍布全球，中毒案例到处都有，但较为流行的地区在太平洋西北部及加拿大沿岸，在我国南方的浙江、福建、广东及台湾等地也时有发现，每年造成的致病案例的确切数字不很清楚，据估计在 3 000 多人，其中死亡人数有可能达到 300 人左右。

随着污染的增加，有毒赤潮的发生将会越来越频繁，贝毒问题相应也会日益严重，目前发达国已有一套相应完整的贝毒监测体制。我国也逐步重视这个问题，在加强研究工作的基础上开始逐步建立对贝毒的监测体制及法规。

亚历山大藻属 *Alexandrium* 是一类重要的海洋赤潮甲藻，广泛分布于北美、欧洲、亚洲等海域中，我国常见的有毒种类为塔玛亚历山大藻和链状亚历山大藻，有毒亚历山大藻产生的麻痹性贝毒毒素是赤潮毒素中分布最广、危害最大的一种。塔玛亚历山大藻（*A. tamarense*）属于涡鞭毛藻纲，是一种可产生 PSP 的海洋微藻，在美国、欧洲、南美、菲律宾、我国香港等国家和地区有较高的赤潮发生频率（Glibert et al.，1988）。塔玛亚历山大藻的适应性强、生存范围广，在我国北至胶州湾、南至大鹏湾都有发现。

翡翠贻贝分布于我国东海南部和南海沿岸，是重要的海水养殖品种，具有一定的代表性。本文以翡翠贻贝为材料，着重研究翡翠贻贝对塔玛亚历山大藻的摄食压力和累积毒素的情况。

13.1.1　材料与方法

13.1.1.1　实验材料

塔玛亚历山大藻，三角褐指藻（*Phaeodactylum tricornutum*），扁藻（*Platymonas* sp.）由本实验室保存，实验室内单种培养，选用 f/2 培养液，温度为 20 ℃，光照强度为 2 500 lx，光照周期为 $L:D=12\ h:12\ h$。

翡翠贻贝取自厦门杏林水产养殖场，在实验室内置于塑料盆中暂养 2~3 d，连续充气，投喂足量三角褐指藻进行驯化。暂养期间，温度控制在 20 ℃左右，盐度为 30，每天换水 1 次。实验前 24 h，改用 0.45 μm 滤膜抽滤过的海水饲养，让其断食。选取带壳重约 20 g 左右的贻贝个体供实验用。

13.1.1.2　滤食率测定方法

实验容器采用装有 5 L 实验用海水的玻璃容器，实验前将 1 个实验贝移入容器中，投喂准备好

的微藻，使饲育海水水中的藻密度达到实验要求，时间为 1 h。实验结束后，取水样用浮游植物计数板计算藻类细胞数，称量实验贝的干重。实验用的海水均为经 0.45 μm 滤膜抽滤过的远海海水，盐度为 30。实验过程中不断充气搅拌。滤食率的计算公式如下（高亚辉等，1988）：

$$G = V \cdot (\ln C_t - \ln C_{tf}) \cdot (C_{tf} - C_0) / [N \cdot W \cdot t \cdot (\ln C_{tf} - \ln C_0)] \quad (13.1)$$

式中：

G——滤食率［cells/（g·h）］，即单位体重单位时间过滤的饵料细胞数；

V——食物溶液体积（L）；

W——实验贝软组织的干重（g）；

N——实验贝数；

C_{tf}——实验瓶中的剩余食物浓度（cells/L）；

C_0——起始食物浓度（cells/L）；

C_t——对照瓶中的最终食物浓度（cells/L）；

t——摄食时间（h）。

13.1.1.3 藻毒素提取与藻毒力测定

取达对数生长末期的塔玛亚历山大藻 500 mL，以 2 500 r/min 离心 10 min，弃掉上清液，加入约 8 mL 的 0.1 mol/L HCl 并以 1 mol/L NaOH 调整其 pH 值至 3~4，在冰水浴中超声破碎 5~8 min 后镜检，当细胞全部破碎后，将其置于沸水中水浴 5 min，冷却至室温后，用 1 mol/L HCl 和 1 mol/L NaOH 调整其 pH 值为 3，再以蒸馏水定容至 10 mL，3 000 r/min 离心 10 min，取上清液作藻毒力实验用。

毒力测定依照美国分析化学家协会（Association of Official Analytical Chemist，AOAC）所推荐的“麻痹性贝毒小白鼠生物检测法”进行毒性实验。取 1 mL 提取液，腹腔注射入重约 20 g 左右的小白鼠（昆明鼠，由厦门大学抗癌研究中心实验动物室提供），记录死亡时间，每个实验重复 3 次，根据 Sommer's Table 换算成毒力，用鼠单位（MU）来表示。再根据藻细胞计数结果，换算成每个藻细胞平均毒力（MU/cell）。

13.1.1.4 贻贝体内毒素提取方法

取适量实验贝肉，剪碎、研磨、混匀后，用 0.1 mol/L HCl 制成浓度为 0.5 g/mL 的酸性肉提取液。毒力测量与藻毒力测量相同。

13.1.1.5 实验内容

1）光照、温度影响

光照实验组设光照强度为 0、3 000、6 000、10 000 lx 4 个实验组，每组设 3 个重复和 1 个空白对照（不放实验贝）。温度实验组设 15 ℃、20 ℃、25 ℃、30 ℃ 4 个温度梯度，每组设 3 个重复和 1 个对照。实验时塔玛亚历山大藻密度为 10^6 cells/L。实验时间为 1 h。在不同光照和温度条件下分别测定翡翠贻贝对塔玛亚历山大藻的滤食率。

2）翡翠贻贝对不同微藻的摄食压力

分别投喂塔玛亚历山大藻，三角褐指藻，扁藻，测定各滤食率，每组设 3 个重复和一个对照。实验时设藻密度为 10^6 cells/L，温度 20 ℃，实验时间为 1 h。

3）翡翠贻贝对不同塔玛亚历山大藻浓度的摄食压力

实验组设 10^5、5×10^5 和 10^6 cells/L 3 个浓度梯度，每组设 3 个重复和 1 个对照。观察食物浓度对翡翠贻贝摄食的影响，实验时设实验海水温度 20 ℃，实验时间为 1 h。

4）翡翠贻贝对毒素的累积

实验容器采用 5 L 玻璃容器，实验前将 10 个实验贝称重，移入容器中，投喂塔玛亚历山大藻，使实验海水中的藻密度达到实验要求。实验在 23 ℃恒温培养室中进行，实验用的海水均为经 0.45 μm 滤膜抽滤过的海水，盐度为 30。实验过程中不断充气搅拌。实验过程中通过滴加法保持实验海水中饵料藻的浓度稳定；依照实验贝的滤食率向实验容器内不断滴加饵料藻高浓度重悬浮液，不定时镜检实验海水中藻浓度，并相应调节滴加的速度，至该实验结束。实验设 10^5、5×10^5 和 1×10^6 cells/L 三个浓度组。累积实验进行 24 h，实验完毕后称量实验贝软组织重量，分别测量其毒素含量。

13.1.2 结果和讨论

13.1.2.1 翡翠贻贝对塔玛亚历山大藻的摄食特点

各种光照强度下翡翠贻贝对塔玛亚历山大藻的滤食率见表 13.1，经方差分析，光照并不显著影响翡翠贻贝对塔玛亚历山大藻的摄食。在本实验设置的 4 组温度梯度范围内（15～30 ℃），可见翡翠贻贝对塔玛亚历山大藻的摄食压力随着温度的上升而增高（表 13.2）。本实验的结果和杨晓新等采用亚心形扁藻为实验饵料所得出的结论一致（杨晓新，2000）。

翡翠贻贝是一种广温、广盐的养殖贝类，其适温范围 11～33 ℃，最适范围为 20～30 ℃。实验表明即使不在最适温度范围内（15℃），翡翠贻贝仍然对塔玛亚历山大藻保持一定的摄食压力［0.97×10^5 cells/（g·h）］（见表 13.2）。

表 13.1 不同光照强度下翡翠贻贝对塔玛亚历山大藻的滤食率

光照强度/lx	实验贝干重/g	G/［cells/（g·h）］
0	1.39	1.23×10^5
3 000	1.40	0.99×10^5
6 000	1.48.	1.14×10^5
10 000	1.38	1.06×10^5

表 13.2 不同温度下翡翠贻贝对塔玛亚历山大藻的滤食率

温度/℃	实验贝干重/g	G［cells/（g·h）］
15	1.30	0.97×10^5
20	1.33	1.03×10^5
25	1.47	1.65×10^5
30	1.43	1.77×10^5

已经有很多研究结果（沈国英等，1965；高亚辉等，1989；高亚等，1990）表明滤食性水生动物的滤食率一般随食物浓度的增加而升高。这是由于在较高食物浓度下，过滤同样多海水得到的食物增加。表 13.3 的实验结果大致上反映了这样的一种趋势。在养殖海域里，滤食性水产养殖动物对有毒赤潮藻的滤食率升高将会导致其体内藻毒累积增加，造成危害。由此可见，在自然海域的环境监测中，对有毒赤潮藻的浓度进行检测是必要和高效的方法，在超出警戒浓度的时候及时采取有效措施，就能够避免或降低水产养殖业的损失。

表 13.3 不同饵料藻浓度下翡翠贻贝对塔玛亚历山大藻的滤食率

塔玛亚历山大藻浓度/（cells/L）	实验贝干重/g	G/［cells/（g·h）］
1×10^5	1.34	1.10×10^4
5×10^5	1.33	2.68×10^4
1×10^6	1.45	1.23×10^5

关于翡翠贻贝对塔玛亚历山大藻的摄食压力和其他饵料微藻的区别研究还未见报道。本实验初步选择了 2 种水产养殖上常用的饵料微藻，在同样条件下分别测其被贻贝摄食的 G 值，与塔玛亚历山大藻做比较。实验结果如表 13.4 所示。由表 13.4 中，可明显看出翡翠贻贝对塔玛亚历山大藻的滤食率显著低于其他两种饵料藻。有研究表明，滤食动物对食物的选择可能和藻的大小有关（高亚辉，1999）。该实验中，塔玛亚历山大藻细胞直径为其他两种饵料藻的 2~5 倍，可能是导致 G 值偏低的原因之一。至于是否存在其他选择性摄食的机理，比如化学感受摄食现象，或某种对有毒藻的摄食排斥机制，有待进一步研究。

表 13.4 翡翠贻贝对不同饵料微藻的滤食率

藻种	细胞直径/μm	浓度/（cells/L）	G/［cells/（g·h）］
塔玛亚历山大藻（*Alexandrium tamarense*）	33	1×10^6	1.17×10^5
扁藻（*Platymonas* sp.）	16	1×10^6	1.96×10^6
三角褐指藻（*Phaeodactylum tricornutum*）	6	1×10^6	3.64×10^6

13.1.2.2 塔玛亚历山大藻浓度变化对翡翠贻贝的毒素累积影响

多数国家都规定了一个有毒赤潮藻的警戒浓度线。当海域中该藻超过这个浓度就采取措施。本实验初步探讨了在不同塔玛亚历山大藻浓度下翡翠贻贝累积毒素的情况。实验结果见表 13.5。

表 13.5 不同塔玛亚历山大藻浓度对翡翠贻贝累积毒素的影响

塔玛亚历山大藻浓度（cells/L）	G/［cells/（g·h）］	藻细胞毒力/（MU/cell）	贻贝软组织毒素/（MU/100 g）
1×10^5	1.10×10^4	6.4×10^{-6}	未检出
5×10^5	2.68×10^4		未检出
1×10^6	1.23×10^5		426.33

多数国家的 PSP 毒素临界值为 80 μg/100 g STX，相当于约 400 MU/100 g。这个浓度是所有欧盟国家的官方行动限值。有些国家如爱尔兰的行动限值为白鼠生物检验法检测 PSP 毒素的检出限。本实验中塔玛亚历山大藻浓度 1×10^6 cells/L 组的贻贝已经达到了大多数国家的检测行动限值。

13.2 麻痹性贝类毒素预警值研究

本研究采用目前国际公认的标准 AOAC 小白鼠生物检验法，分析厦门海域的 PSP 毒素。该法测定整个动物对毒素积累及其反应，可以间接测定人体的毒性效应。试验过程不需要昂贵的仪器设备，也不需要麻烦的样品处理和提纯，可直接测定能产生急性毒性效应的毒素。本文根据翡翠贻贝分布广，对塔玛亚历山大藻毒性有较强的适应和累积能力，选择翡翠贻贝对塔玛亚历山大藻的滤食率和毒素累积能力以及从翡翠贻贝贝毒提取和毒力进行研究，并依据国际贝毒预警标准，提出适合南方赤潮多发区的贝毒预警值（Hallegraeff et al.，1993；于仁等，1998；关春江等，2002；邹迎麟等，2001；钱树本等，1983；李瑞香等，1995；Qi et al.，1996；林元烧等，1996）。

13.2.1 材料和方法

13.2.1.1 实验材料

塔玛亚历山大藻由厦门大学生命科学学院藻种室保存，实验室内单种培养，选用f/2培养液，温度为20 ℃，光照强度为2 500 lx，光照周期为$L:D=12h:12h$。实验室用的海水，是盐度为30的大洋表层海水，采用0.45 μm滤膜过滤和杀菌处理后提供本实验使用。

采集厦门西海域杏林水产养殖场个体健康大小一致的翡翠贻贝0.5 kg（20只左右），采样后立即送往厦门大学生命科学学院藻种室，在实验室内置于塑料盆中暂养2~3 d，连续充气，投喂足量的塔玛亚历山大藻进行驯化。暂养期间温度控制在20 ℃左右，盐度为30，每天换水1次。在麻痹性贝毒检测前24 h，改用0.45 μm滤膜抽滤过的海水饲养让翡翠贻贝断食，供国家海洋局第三海洋研究所实验室内做白鼠生物检验实验。

13.2.1.2 麻痹性毒素的提取与检验方法

1）塔玛亚历山大藻（*A. tamarense*）毒素直接提取方法

取对数生长末期的塔玛亚历山大藻500 cm^3，以2 500 r/min转速离心10 min，弃掉上清液，加入约8 cm^3的HCl（0.1 mol/L）并以NaOH（1 mol/L）调整其pH值至3~4，在冰水浴中超声破碎5~8 min后镜检，当细胞全部破碎后，将其置于沸水中水浴5 min，冷却至室温后用HCl（1 mol/L）和NaOH（1 mol/L）调整其pH值为3，再以蒸馏水定容至10 cm^3，3 000 r/min转速离心10 min，取上清液作藻毒实验用。

2）翡翠贻贝肉中毒素提取方法

实验容器采用5 L玻璃容器，实验前将20只翡翠贻贝称重，移入容器中，使实验海水中的塔玛亚历山大藻密度达到实验要求。实验在23 ℃恒温培养室中进行，实验过程中不断充气搅拌，实验过程中通过滴加法保持实验海水中塔玛亚历山大藻的浓度稳定；依照翡翠贻贝的滤食率向实验容器内不断滴补充塔玛亚历山大藻以弥补翡翠贻贝滤食的消耗，不定时镜检监控实验海水中藻类浓度，并相应调节滴加速度至该实验结束。实验采用了1×10^5 cells/L、5×10^5 cells/L和1×10^6 cells/L的3组浓度。对翡翠贻贝进行24h摄食毒素累积试验，试验完毕后称量实验贝软组织重量，取适量实验贝肉剪碎、研磨、混匀后，用HCl（0.1 mol/dm^3）制成浓度为0.5 g/cm^3，3 000 r/min转速离心10 min，取上清液作藻毒实验用。

3）麻痹性毒素检验方法

藻毒检验依照美国分析化学家协会（AOAC）所推荐的“麻痹性贝毒小白鼠生物检测法”进行毒性实验。取1 cm^3提取液，腹腔注射入重约20 g左右的无孕雌性小白鼠（昆明鼠，由厦门大学抗癌研究中心实验动物室提供），记录死亡时间，每个实验重复6~8次，根据Sommer's Table换算成毒力，用鼠单位（MU）来表示。最后再根据藻细胞计数结果，换算成每个藻细胞平均毒力（MU/cell）。

13.2.2 结果与讨论

13.2.2.1 麻痹性毒素的毒力检验

1）塔玛亚历山大藻毒素直接提取液的毒力检验结果

本试验组每次均试验6只小白鼠，每次注射量为1 cm^3塔玛亚历山大藻毒素直接提取液。原液藻密度 9.9×10^6 cells/L，小白鼠平均死亡时间为 3 min；藻密度 5×10^5 cells/L、1×10^6 cells/L 时，小白鼠出现气喘增大、昏迷、未死亡的现象。表 13.6 可见白鼠平均死亡时间随藻密度的增加而缩短，这是由于在较高的藻密度下，藻毒素浓度越高，毒性越大。致死浓度为在动物急性毒素试验中使受试动物死亡的毒素浓度。从表 13.6 试验结果可以看出藻密度 1×10^6 cells/L 时，白鼠有中毒反应，但未死亡；藻密度 1.98×10^6 cells/L 时，白鼠发生死亡，平均死亡时间为 11 min，因此我们初步界定致死浓度在 1×10^6～1.98×10^6 cells/L 范围内。

表 13.6 塔玛亚历山大藻不同藻密度下的毒力

组号	稀释倍数（倍）	藻密度 /（cells/L）	结果
Ⅰ	15	6.6×10^5	气喘增大、昏迷、未死亡
Ⅱ	10	9.9×10^5	气喘增大、昏迷、未死亡
Ⅲ	5	1.98×10^6	死亡时间 11 min
Ⅳ	4	2.47×10^6	死亡时间 9 min
Ⅴ	3	3.3×10^6	死亡时间 5 min
Ⅵ	2	4.95×10^6	死亡时间 4 min
Ⅶ	1.5	6.6×10^6	死亡时间 4 min

2）经过驯养的翡翠贻贝肉中麻痹性毒素提取液的毒力检验结果

本实验中均试验 6 只小白鼠，每次注射量为 1 cm^3 经过驯养的翡翠贻贝肉中麻痹性毒素提取液。从表 13.7 的实验结果大致反映了这样的一种趋势：随着藻密度的增大，藻毒素含量的增高，白鼠平均死亡时间缩短。从试验结果可以看出投喂藻密度 1×10^5 cells/L 时，白鼠未死亡；投喂藻密度 1×10^6 cells/L 时，白鼠发生死亡。按《海洋有害藻华（赤潮）监测技术导则》（HY/T 069—2003）及相关解释，致死时间的定义为在一特定毒物浓度下受试动物死亡所需要的时间，以最后一次喘息为死亡判断标准（国家海洋局科技司等，1998）。塔玛亚历山大藻的致死浓度范围可以初步界定投喂藻密度 1×10^6 cells/L，致死时间为 4 min 内。

表 13.7 贻贝体内塔玛亚历山大藻不同藻密度下的毒力

<table>
<tr><th>组号</th><th>藻密度 /（cells/L）</th><th>培养天数/d</th><th>结果</th></tr>
<tr><td rowspan="2">Ⅰ</td><td rowspan="2">1×10^3</td><td>1～3</td><td>气喘、均未死亡</td></tr>
<tr><td>7</td><td>气喘增强，未死亡</td></tr>
<tr><td>Ⅱ</td><td>1×10^4</td><td>7</td><td>气喘明显，略昏迷、未死亡</td></tr>
<tr><td>Ⅲ</td><td>1×10^5</td><td>5</td><td>气喘强度大、昏迷、未死亡</td></tr>
<tr><td rowspan="4">Ⅳ</td><td rowspan="4">1×10^6</td><td rowspan="2">1</td><td>平均死亡时间 4 min</td></tr>
<tr><td>100 g 贝类软组织毒素含量 426.4 MU</td></tr>
<tr><td rowspan="2">2</td><td>平均死亡时间 5 min</td></tr>
<tr><td>100 g 贝类软组织毒素含量 410.9 MU</td></tr>
</table>

3）未经驯养厦门西海域翡翠贻贝中麻痹性毒素的毒力检验结果

实验采用厦门西海域杏林水产养殖场个体健康大小一致的翡翠贻贝，未经驯养的翡翠贻贝肉提取液。剪碎、研磨混匀后，提取上清液。通过白鼠生物检验，小白鼠有气喘现象，但 15 min 内未发现死亡，实验结果列入表13.8，可以初步判定现场未发现有毒毒素对小白鼠产生致死作用。

表13.8 现场翡翠贻贝体内塔玛亚历山大藻的毒素

实验材料	采样时间	采样地点	试验样品	试验方法	试验结果
贻贝：吊养	每月采样一次	杏林新阳大桥边（属西海域）：翡翠贻贝	贻贝12~22只，55~88 mm	《赤潮毒素——麻痹性贝毒检测》（GB17378：7—1998）	1. 小白鼠重量 18~23 g 2. 每个样（组）注射8只白鼠注射翡翠贻贝肉组织提取液1.0 mL 3. 现象：均有气喘，但15 min内未死亡

13.2.2.2 塔玛亚历山大藻麻痹性贝毒的预警值的确定

塔玛亚历山大藻不同藻密度下的毒力测定试验表明，藻密度 1×10^6 cells/L时，白鼠有中毒反应，但未死亡；藻密度 1.98×10^6 cells/L时，白鼠发生死亡，平均死亡时间为11 min（表13.6）。由于贝类对麻痹性贝毒的积累能力除与有毒藻数量和摄食的环境温度、盐度及光（包括光强、光周期）等因素有关外，贝类软组织的毒素含量与贝类对毒藻的摄食、贝类对毒藻的吸收和代谢能力等诸多因素有关，同时贝类自身会对毒素进行累积、转化和排出，所以在贻贝体内塔玛亚历山大藻不同藻密度下毒力测定中，藻密度 1×10^5 cells/L时，白鼠未死亡；藻密度 1×10^6 cells/L时，白鼠发生死亡。

根据《海洋有害藻华（赤潮）监测技术导则》（HY/T 069—2003）推荐的有关国家监测毒藻华行动临界值和监测方法，表13.9可以看出香港、日本、韩国等亚洲国家或地区的临界值较低，为30 μg/100 g，多数国家的PSP毒素临界值为80 μg/100 g STX，我国规定上市贝类PSP毒素必须低于80 μg/100 g贝肉，相当于400 MU/100 g。本实验中塔玛亚历山大藻浓度 1×10^6 cells/L组的贻贝检出贻贝软组织毒素为426.4 MU/100 g。结合试验结果，同时参考各国临界值标准，考虑厦门、大亚湾和大鹏湾海域实际情况（江天久等，2002），我们把塔玛亚历山大藻的PSP毒素预警值定为藻密度 1×10^5 cells/L，低于我国的上市贝类毒素临界值80 μg/100 g STX。

表13.9 我国（包括香港地区）与一些国家检测藻华毒素行动临界值和检测方法

毒素类型	国家（地区）	临界值	方法
麻痹性贝毒（PSP）	中国	80 μg/100 g	白鼠生物检验
	澳大利亚	80 μg/100 g	白鼠生物检验
	加拿大	80 μg/100 g	白鼠生物检验
	法国	80 μg/100 g	白鼠生物检验
	德国	80 μg/100 g	白鼠生物检验
	中国香港	30 μg/100 g	白鼠生物检验
	意大利	80 μg/100 g	白鼠生物检验
	日本	30 μg/100 g	白鼠生物检验
	韩国	30 μg/100 g	白鼠生物检验
	菲律宾	40 μg/100 g	白鼠生物检验
	新加坡	80 μg/100 g	白鼠生物检验
	瑞典	80 μg/100 g	白鼠生物检验
	美国	80 μg/100 g	白鼠生物检验
	英国	80 μg/100 g	白鼠生物检验

13.3 ELISA 法定量检测麻痹性贝类毒素

近年来，利用抗原抗体结合的酶联免疫法（Enzyme-Linked Immunosorbent Assay，ELISA）在海洋生物毒素检测方面得到了迅速发展，并有多种可靠的诊断试剂盒用于分析不同毒素，特别在定性定量初筛检测方面效果很好，已成为德国的官方方法，并被美国分析化学家协会（AOAC）推荐使用（黄玉柳等，2012）。与小白鼠生物法重现性差、灵敏度低、耗时长，且易受多种因素干扰而影响结果的准确性相比，ELISA 法具有简便、灵敏、可靠的特点。应用酶联免疫试剂盒检测麻痹性贝类毒素，全部试验过程在 4 h 内完成。在本研究中利用 ELISA 法，建立了亚历山大藻毒素浓度与吸收值之间的关系，并根据 13.7 中提出的预警值，检测了厦门附近海域麻痹性毒素的情况。

13.3.1 材料和方法

13.3.1.1 试剂与主要仪器

美国 ABRAXIs 贝类毒素试剂盒、酶标比色仪、离心机、微量进样器。

13.3.1.2 实验材料及样品

藻种来源：塔玛亚历山大藻 *Alexandrium tamarense* 由厦门大学生命科学学院藻种室保存，实验室内单种培养，选用 f/2 培养液，温度为 20 ℃，光照强度为 2 500 lx，光照周期为 $L:D=12h:12h$。实验室用的海水，是盐度为 30 的大洋表层海水，采用 0.45 μm 滤膜过滤和杀菌处理后提供本实验使用。

样品：海水样品分别采集自厦门东部海域、西海域、南部海域、杏林湾、筼筜湖。采样后立即放在冰盒中保存，当天送回实验室检测。

13.3.1.3 方法

测定原理采用直接竞争 ELISA 方法，用特异性抗体识别石房蛤毒素。样本中的石房蛤毒素可与石房蛤毒素—酶结合物竞争，同包被在微孔板上的兔抗-石房蛤毒素抗体结合。石房蛤毒素抗体与包被在微孔底部的二抗结合，洗板后加入底物溶液，显蓝色。蓝色的深度与石房蛤毒素在样本中的浓度成反比。颜色反应在规定时间内终止，颜色用酶标仪读值。每孔的样本浓度值可以通过标准曲线来读取。

13.3.1.4 样品前处理

吸取 1 mL 海水样品，4 ℃，10 000 r/min 离心 5 min，收集上清液。将收集到的上清液，0.45 μm 滤膜过滤。

13.3.1.5 测定程序

（1）加样：依次在预包被抗体的微孔板中加入处于对数生长过程中不同浓度梯度的亚历山大藻和待测样品提取液各 50 μL。不同样品需要 2~3 次的重复。

（2）加入竞争酶标物：每个微孔中加入 50 μL 石房蛤毒素酶标记物与 50 μL 石房蛤毒素抗体，混合后覆盖上薄膜，轻轻摇动拍打微孔板使之混合均匀，室温孵育 30 min。

（3）洗涤：孵育完成后，把封口膜取掉，将微孔中的溶液用力地倒入水槽中，用洗液洗板 4 次，每孔每次至少加入 300 μL 洗液。

（4）显色：每个微孔加入 100 μL 的显色液（底物）。封口膜把微孔板盖上，轻轻震荡微孔板

30 s，使里面的液体混匀，不要使液体洒出。室温孵育 230 min，此步骤避免太阳光照射。反应结束后每个微孔中加入 100 μL 终止液。

（5）测定：用酶标测定仪在 450 nm 处测量吸光度值。

（6）绘制标准曲线，并根据标准曲线确定从厦门附近海域采集的样品 PSP 浓度是否超过预警值：标准曲线的绘制可以先计算标准的吸光度值的平均值，然后计算每个标准的 D/D_0（用其他标准的吸光度值除以零标准的吸光度值乘以 100%）。以每个标准的 D/D_0 作 y 轴、塔玛亚历山大藻的浓度作 x 轴构建标准曲线。

利用标准曲线把样品的 D/D_0 代入标准可以计算出样品塔玛亚历山大藻的浓度，然后与 13.7 中提出 1×10^5 cells/L 预警值进行比较，若低于此浓度则呈阴性，高于此浓度则样品相应海域很可能发生麻痹性贝毒赤潮，应引起高度重视。

13.3.2 结果与讨论

13.3.2.1 塔玛亚历山大藻浓度吸光度值标准曲线的建立

分别选取浓度为 1×10^3 cells/L、8×10^3 cells/L、1×10^4 cells/L、2×10^4 cells/L、4×10^4 cells/L、6×10^4 cells/L、8×10^4 cells/L、1×10^5 cells/L、1×10^6 cells/L 处于对数生长期的塔玛亚历山大藻以及培养藻所用的 f/2 培养液作为负对照，用 ELISA 法测定其吸光度值，见表 13.10 每个浓度的 3 个平行样有很好的重复性。然后计算每个标准的 D/D_0（用其他标准的吸光度值除以零标准的吸光度值乘以 100%）。以每个标准的 D/D_0 作 y 轴、塔玛亚历山大藻的浓度作 x 轴构建标准曲线。在浓度为 1×10^3 cells/L 到 1×10^5 cells/L 之间有较好的线性，所得的标准曲线为 $y=-8.3E^{-6}x+0.9805$、$R^2=0.9882$，见图 13.1。

表 13.10 不同浓度下塔玛亚历山大藻的吸光度值

处于对数生长时期的塔玛亚历山大藻（*A. tamarens*）浓度/（cells/L）	平均吸光度值 D	D/D_0
0	1.146	1
1×10^3	1.136	0.991
8×10^3	1.070	0.936
1×10^4	1.051	0.851
2×10^4	0.955	0.802
4×10^4	0.764	0.664
6×10^4	0.573	0.552
8×10^4	0.382	0.308
1×10^5	0.191	0.167
1×10^6	0.082	0.071

13.3.2.2 厦门附近海域海水样品 PSP 贝毒的检测应用

将来自厦门西海域、南部海域、东海域、杏林湾、筼筜湖都采用 ELISA 法进行麻痹性贝毒检测，结果显示这几个区域均未达到 1×10^5 cells/L 的预警值，具体结果见表 13.11。每个样品重复检测 3 次，获得很好的重复性。

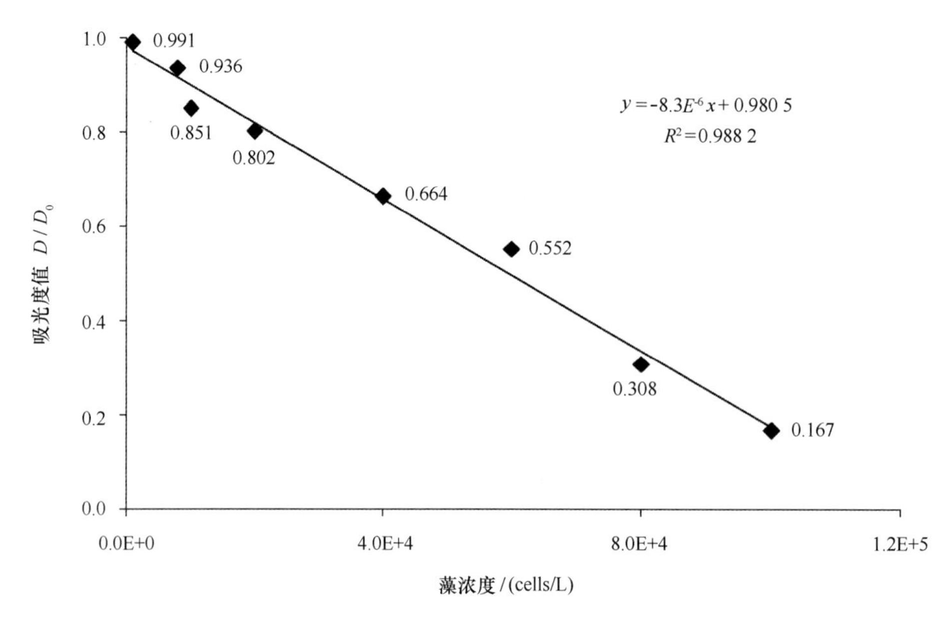

图 13.1 塔玛亚历山大藻浓度吸光度标准曲线

表 13.11 不同海区塔玛亚历山大藻麻痹性贝毒检测

海区	平均吸光度值 D	D/D_0	对应浓度/（cells/L）	是否达到预警值
西海域	1.021	0.891 2	1.0×10^3	否
南部海域	0.931	0.812 7	2.0×10^3	否
东部海域	0.982	0.857 2	1.4×10^3	否
杏林湾	1.053	0.919 2	0.7×10^3	否
筼筜湖	0.975	0.851 1	1.5×10^3	否

从本实验中可以看出 ELISA 法具有灵敏度高，操作简便，花费时间少等特点，是快速筛选贝类毒素和藻类毒素的首选技术（于兵，2005）。随着免疫学分析技术的发展，应用酶联免疫技术（ELISA）作为快速筛选的首选方法逐渐成为潮流。

13.4 建立麻痹性合成毒素 SXTA 基因的 PCR 检测方法

近年来随着分子生物学技术的发展，PCR 技术也广泛地运用于有毒赤潮藻类的鉴定与检测，目前大部分检测基于的都是 18S rRNA 基因，因为 18S rRNA 基因作为内参基因具有在机体内稳定表达且拷贝数多的特点。但是随着对亚历山大藻产毒机理研究的深入，并非所有的亚历山大藻都产毒，Stuken 等发现仅有拥有 SXT 基因簇的部分亚历山大藻才能产生麻痹性贝毒（Stuken et al.，2011）。而由于 18S rRNA 基因高度的性，不同亚历山大藻的相似性很高，因此如果采用 18S rRNA 作为内参基因，很可能会产生假阳性的结果（即无毒的亚历山大藻 18S rRNA 同样会通过 PCR 反应扩增出来），该结果就不能准确地反映麻痹性赤潮藻的情况，因此为了避免产生这样的问题，Shauna 等发现澳大利亚附近海域中亚历山大藻的 SXT 基因簇中 SXTA 基因表达稳定适合作为内参基因（Shauna et al.，2011），因此在本研究中我们分析了来源为福建附近海域中的塔玛亚历山大藻的 SXTA 基因在作为内参基因的可靠性和可行性，以期为下一步运用相对定量 PCR 方法测定现场样品塔玛亚历山大藻 SXTA 基因奠定基础。

13.4.1 材料与方法

13.4.1.1 藻种来源

塔玛亚历山大藻由厦门大学生命科学学院藻种室保存，实验室内单种培养，选用f/2培养液，温度为20 ℃，光照强度为2 500 lx，光照周期为$L:D=12h:12h$。实验室用的海水，是盐度为30的大洋表层海水，采用0.45 μm滤膜过滤和杀菌处理后提供本实验使用。

13.4.1.2 常用分子生物学试剂

DNA限制性内切酶，T4 DNA连接酶，pGEM-TEasyVector，购自美国Promega公司，高保真PCR扩增的DNA聚合酶Pyrobest购自日本Takara公司。DNA回收试剂盒购自上海申能博彩公司。

13.4.1.3 亚历山大藻DNA提取

亚历山大藻DNA的提取采用CTAB法，具体步骤如下。

（1）称取1.0 g离心之后的藻细胞，在研钵中加入液氮预冷，将藻细胞放到液氮中研磨均匀，直至全部研磨至粉末，转入1.5 mL离心管中，加入600 μL 65 ℃预热的CTAB溶液（用前加入2%的巯基乙醇）；

（2）将装有CTAB和样品的EP管放入65 ℃水浴，约1 h；

（3）冷却后，加入600 μL的酚：氯仿：异戊醇（25：24：1），混匀，12 000 r/min，离心15 min；

（4）取上清液，装入一新的EP管。加入600 μL氯仿：异戊醇（24：1=576：24），12 000 r/min。离心15 min；

（5）取上清液，转入一新的离心管中，加入1/3体积的NaAc（3 mol/L）；

（6）加入1 mL-20℃预冷的无水乙醇，混匀后置于-20℃过夜，12 000 r/min，10 min弃上清；

（7）向离心管中加入75%的乙醇洗涤2~3次，置于吸水纸上倒置晾干，加入ddH_2O（10~20 μL）溶解。

13.4.1.4 RNA提取

称取1.0 g离心之后的藻细胞，液氮研磨后，用TRIzolReagent（Invitrogen，Carlsbad）提取总RNA，步骤如下。

（1）取样品材料液氮研磨，加1 mL Trizol试剂，混匀后室温5 min；

（2）加入200 μL氯仿，使劲摇匀，室温3 min；

（3）12 000 r/min 4度离心15 min，取上清液于新的EP管中；

（4）加等体积的异丙醇沉淀，使劲混匀；

（5）12 000 r/min 4度离心10 min；

（6）取沉淀，加入75%乙醇洗两次，吹干；

（7）加200 μL DEPC水溶解并测OD值定量。

然后将提取的总RNA用RNase-free DNAaseI（Takara，Shiga）去除DNA，操作如下。

（1）10XDNaseI Buffer 9 μL，DNaseI 5 μL，RNase inhibitor 1 μL，RNA样品20 μg补足DEPC水至90 μL体系37 ℃ 30 min去除DNA；

（2）在以上体系中加入400 μL DEPC水和600 μL水饱和酚，11 000 r/min离心10 min；

（3）取上清液，加1/2体积的酚和1/2体积的氯仿，11 000 r/min离心10 min；

（4）取上清液，加入 1/10 体积 3 *M* 的醋酸钠，再加两倍体积的乙醇，-20 ℃下沉淀过夜；

（5）13 000 r/min 离心 10 min 取沉淀加 70%乙醇清洗；

（6）加入 100%乙醇脱水并吹干；

（7）加 20 μL DEPC 水溶液，并测 OD 值定量用于后续实验。

13.4.1.5 PCR 反应条件及测序

用 SXT*A* 基因的简并引物上游 SXT-F（5' TGCAGCGMTGCTACTCCTACTAC 3'）和下游 SXT-R（5' GGTCGTGGTCYAGGAAGGAG 3'）约 450 bp 以及 18S rRNA 基因的引物 18S-F（5' TTGATC-CTGCCAGTAGTCATATGCTTG 3'）and18S-R（5' CCTTGTTACGACTTCTCCTTCCTC 3'），分别以亚历山大藻 cDNA 与 DNA 做模板，基本 PCR 反应条件：94 ℃，5 min；94℃，30 s；58℃，30 s；72 ℃，50 s（30 循环）；72 ℃，5 min 延伸，延伸时间视具体反应可做调整。PCR 产物切胶回收，连接 T-easy 载体，转化培养，蓝白斑筛选，阳性克隆送英骏（invitrogen）测序，测序结果再与 NCBI 数据库比对。

13.4.2 结果与讨论

13.4.2.1 SXT*A* 表达序列分析

如图 13.2 所示，SXT*A* 的序列与 NCBI 数据库比对相似性在 99%以上，与 18S rRNA 的结果类似，也就证明了在来源为福建附近海域的亚历山大藻中 SXT*A* 基因也能稳定表达，因此可以作为麻痹性贝毒检测的一个参照基因。

Score	Expect	Identities	Gaps	Strand
806 bits(436)	0.0	445/449(99%)	1/449(0%)	Plus/Plus

```
Query  1    CCCGGTTGGGTGGTTCGCCGGCGCCGGCCGGGACTCGCAGGAGCAGGAGGTCCACGTCCA  60
            |||||||||| |||||||||||||||||||||||||||||||||||||||||||||||||
Sbjct  1    CCCGGTTGGG-GGTTCGCCGGCGCCGGCCGGGACTCGCAGGAGCAGGAGGTCCACGTCCA  59

Query  61   CCGGACGCTGAACGTGGTGGGCAGCGGGGCGCAGCACCAGACGCTCTTCACGGATCTCGT  120
            ||||||||||||||||||||||||||||||||||||||||||||||||||||||||||||
Sbjct  60   CCGGACGCTGAACGTGGTGGGCAGCGGGGCGCAGCACCAGACGCTCTTCACGGATCTCGT  119

Query  121  GCGGCTCATTGACTCGGTCTTCGCGGGCGGGGACTTCGCGTGGCAGCCGGCGTACGTCGT  180
            ||||||||||||||||||||||||||||||||||||||||| ||||||||||| ||||||
Sbjct  120  GCGGCTCATTGACTCGGTCTTCGCGGGCGGGGACTTCGCGTCGCAGCCGGCGTTCGTCGT  179

Query  181  GGACACGGGGTGCGGCGACGGCCGCTTGCTCAGGCGCATCTACGAGCACGTGAAGAGCAA  240
            ||||||||||||||||||||||||||||||||||||||||||||||||||||||||||||
Sbjct  180  GGACACGGGGTGCGGCGACGGCCGCTTGCTCAGGCGCATCTACGAGCACGTGAAGAGCAA  239

Query  241  CGCGCCGCGCGGGAAGGCGCTCGCCGAGCACCCGCTCACGATGGTCGGCGTCGACTTCAA  300
            | ||||||||||||||||||||||||||||||||||||||||||||||||||||||||||
Sbjct  240  CACGCCGCGCGGGAAGGCGCTCGCCGAGCACCCGCTCACGATGGTCGGCGTCGACTTCAA  299

Query  301  CAAGGACTCTCGGGTGGCGACGGAGCTCAACCTGAGCAGGCACGCGGTCCCGCACCTGGT  360
            ||||||||||||||||||||||||||||||||||||||||||||||||||||||||||||
Sbjct  300  CAAGGACTCTCGGGTGGCGACGGAGCTCAACCTGAGCAGGCACGCGGTCCCGCACCTGGT  359

Query  361  GCTGTTCGGGGACGTTCGGCAAGCCCGCCGACATCATGGAGATCCTCGGGCGGAAGGGGG  420
            ||||||||||||||||||||||||||||||||||||||||||||||||||||||||||||
Sbjct  360  GCTGTTCGGGGACGTTCGGCAAGCCCGCCGACATCATGGAGATCCTCGGGCGGAAGGGGG  419

Query  421  TGGACCCGAGCAGGTCCCTCCACGTGCGC  449
            |||||||||||||||||||||||||||||
Sbjct  420  TGGACCCGAGCAGGTCCCTCCACGTGCGC  448
```

图 13.2 SXT*A* 基因序列比对（Subject：JF343247.1 Genebank）

13.4.2.2 PCR 法、小白鼠法和 ELISA 法比较

PCR 法具有非常高的灵敏度，有文献报道每升水中含有 5 个藻细胞就有可能被扩增，此外与小

白鼠法相比花费的时间比较少，与荧光定量 PCR 方法相结合可以定量分析海水样品中藻浓度的高低。但同时也要看到，在实际操作中 PCR 法也存在很多的不足，这种灵敏度建立在对引物的特异性上，如果引物序列位点出现突变，则可能导致扩增失败；此外由于 PCR 法对序列的特异性过高，而标准的建立都是依赖实验室种，如果以实验室保存种的塔玛亚历山大藻的基因为模板进行扩增，那么其他产麻痹性毒素的藻类很可能就检测不到，在实际应用中可能会存在海域实际 PSP 含量很高但是 PCR 法检测出来很低的情况；PCR 反应由于存在多轮扩增，对反应的初始条件要求很高，初始条件的细微变化就会导致最终结果的很大偏差，实际工作中可能较难获得好的重复结果；最后实时定量 PCR 反应由于涉及 RNA 的操作等，操作步骤繁复，对人员操作要求较高，推广比较困难。

13.5 小结

（1）不同藻密度下的塔玛亚历山大藻（*A. tamarense*）毒力测定中，藻密度 1×10^6 cells/L 时，白鼠有中毒反应，但未死亡；藻密度 1.98×10^6 cells/L 时，白鼠发生死亡，平均死亡时间为 11 min。在贻贝体内塔玛亚历山大藻不同藻密度下毒力测定中，藻密度 1×10^5 cells/L 时，白鼠未死亡；藻密度大于 1×10^6 cells/L 时，白鼠发生死亡。并且随着藻密度的增大，藻毒素含量的增高，白鼠平均死亡时间缩短。

（2）以试验结果和相关标准《海洋有害藻华（赤潮）监测技术导则》（HY/T 069—2003）推荐的有关国家监测毒藻华行动临界值为依据，结合厦门海域实际情况，建议赤潮多发区塔玛亚历山大藻的麻痹性贝毒预警值为藻密度 1×10^5 cells/L。通过对 PCR 法、小白鼠法和 ELISA 法比较分析，由于 ELISA 法操作简单，灵敏度高，花费时间短，推荐在未来麻痹性贝毒监测过程中采用 ELISA 法。

第 14 章　水质浮标监测监视赤潮演变预测

14.1　浮标多参数质量控制

为了确保厦门海域投放的浮标所获取的监测数据准确、可靠，客观反映厦门海域海洋水环境连续变化趋势与现状，浮标数据质量控制是关键。应严格按照海洋自动监测浮标内部校准规程进行多参数校准工作。制定切实有效的质量保证方案，方案从监测人员资质要求、仪器设备的校准周期、实验室的工作环境、比对分析及使用试剂与标准物质等进行严格的控制。

14.1.1　定期校准项目与校准方法

14.1.1.1　电导率（包括盐度）

校准前准备：由于仪器从海上拿回后会有沾污，所以必须对探头做校正前的清洗。把探头清洗干净，特别是探头的内孔，需要用配置的毛刷来回刷洗探头的内孔多次直致内孔没有生物附着。

校准标液：50 ms/cm（25 ℃）。

校准步骤和注意事项如下。

（1）将校正容器充满，保证校正杯或烧杯中的校正标准液的高度足以充满整个电导池；

（2）将多参数仪主机放入校正溶液时，摇动多参数仪主机以去除电导池上的气泡；

（3）校正过程中，考虑到温度的关系，在按照校正规程进行工作前，必须让传感器稳定一段时间（大约 60 s）。

（4）尽量在接近 25 ℃的温度下进行传感器的校正，这样可以减少温度补偿误差。

14.1.1.2　温度

温度传感器无须校正。

14.1.1.3　pH 值

pH 探头在校准前必须做清洗。pH 探头的清洗主要是针对其玻璃球部分。可用沾湿的棉签轻轻擦拭其玻璃球表面。如果 pH 玻璃球部分有贝类生物附着于其上，那就需要先用醋酸来浸泡 pH 探头使附着生物消解。

校准标液：pH = 7 和 pH = 10（海洋应用）。

校准步骤和注意事项如下。

（1）把校正杯充满，保证校正/贮藏杯中校正缓冲液的高度足以覆盖 pH 探头和温度传感器；

（2）pH 校准必须采用两点或两点以上校准，改变校正缓冲溶液时必须用去离子水冲洗传感器；

（3）pH 校正过程中，进行校正程序之前，考虑到温度的影响，必须让传感器稳定一段时间（大约 60 s）。

14.1.1.4　溶解氧

校正前准备：同样的，需要在校正前对探头做仔细清洗，特别是光学窗口部分的清洁，但是不可用粗糙的东西或者坚硬的东西去擦拭其光学窗口，可用湿润的柔性镜头纸轻柔地擦拭掉探头膜表面的玷污物。

校准液：净水。

校准步骤和注意事项如下。

（1）溶解氧的校准方法采用饱和空气校正法。在校正杯中放入少量的净水，不要淹没探头，只把主机旋入校正杯一丝或者不旋；

（2）等待10~15 min才开始校准，确认DO读数和温度都已经稳定。潮湿的热敏电阻指示的读数将会不准确，比正常偏低，这是水的蒸发引起的。这种情况会导致读数不准确，温度补偿不足。

14.1.1.5 浊度

校正前准备：同样的，需要在校正前对探头做仔细清洗，特别是光学窗口部分的清洁，但是不可用粗糙的东西或者坚硬的东西去擦拭其光学窗口，可用湿润的柔性镜头纸轻柔地擦拭掉光学窗口部分的污物。

校准液：0NTU（蒸馏水）和126 NTU。

校准步骤和注意事项如下。

（1）把探头浸没入校正液中，由于很有可能会有气泡刚好附着在光学窗口上从而影响读数的稳定，所以需要在进行校正前手动启动转刷来清扫一下光学探头；

（2）如果读数在30 s内无明显变化就可进行校准。

14.1.1.6 叶绿素a

校正前准备：同样的，需要在校正前对探头做仔细清洗，特别是光学窗口部分的清洁，但是不可用粗糙的东西或者坚硬的东西去擦拭其光学窗口，可用湿润的柔性镜头纸轻柔地擦拭掉光学窗口部分的污物。

校准液：0NTU（蒸馏水）和罗丹明WT。

校准步骤和注意事项：

把探头浸没入校正液中，由于很有可能会有气泡刚好附着在光学窗口上从而影响读数的稳定，所以需要在进行校正前手动启动转刷来清扫一下光学探头；

如果读数在30 s内无明显变化就可进行校准。

14.1.1.7 营养盐

1）配制试剂过程

（1）硝酸盐（紫外灯还原法）。

还原剂1：二乙基三胺五乙酸47.5 g，三羟甲基氨基甲烷237.8 g，加盐酸调节至pH约7.7，超纯水定容至1 000.0 mL，塑料瓶储存，保质期一个月。

显色剂1：磺胺20 g，浓硫酸144 mL，超纯水定容至2 000.0 mL。塑料瓶储存，保质期一个月。

显色剂2：盐酸萘乙二胺3 g，超纯水定容至2 000.0 mL，塑料瓶避光冷藏储存，保质期一个月。

（2）亚硝酸盐（盐酸萘乙二胺法）。

显色剂1：磺胺20 g，浓硫酸144 mL，超纯水定容至2 000.0 mL。塑料瓶储存，保质期一个月。

显色剂2：盐酸萘乙二胺3 g，超纯水定容至2 000.0 mL，塑料瓶避光冷藏储存，保质期一个月。

（3）磷酸盐（磷钼蓝法）。

还原剂1：抗坏血酸100 g，超纯水定容至1 000.0 mL。棕色塑料瓶避光冷藏保存，保质期一个月。

显色剂 1：酒石酸锑钾 0.48 g，钼酸钠 22 g，浓硫酸 108 mL，超纯水定容至 1 000.0 mL。塑料瓶储存，保质期一个月。

以上试剂均为分析纯。

2）标准液配置及校正

（1）硝酸盐。

标准储备液（1 000 mg/L）：称取 6.068 0 g $NaNO_3$，转移至小烧杯溶解，加入三氯甲烷 0.5 mL，超纯水定容至 1 000.0 mL。

中间液（10.00 mg/L）：用移液管移取 5.00 mL 硝酸盐标准储备液，蒸馏水定容至 500.0 mL。

校准使用液（1.00 mg/L）：用移液管移取 100.0 mL 硝酸盐中间液，蒸馏水定容至 1 000.0 mL。

（2）亚硝酸盐。

标准储备液（1 000 mg/L）：称取 4.930 0 g $NaNO_2$，转移至小烧杯溶解，加入三氯甲烷 0.5 mL，超纯水定容至 1 000.0 mL。

中间液（10.00 mg/L）：用移液管移取 5.00 mL 亚硝酸盐标准储备液，蒸馏水定容至 500.0 mL。

校准使用液（0.10 mg/L）：用移液管移取 10.00 mL 亚硝酸盐中间液，蒸馏水定容至 1 000.0 mL。

（3）磷酸盐。

标准储备液（1 000 mg/L）：称取 4.714 0 g KH_2PO_4，转移至小烧杯溶解，加入三氯甲烷 0.5 mL，超纯水定容至 1 000.0 mL。

中间液（10.00 mg/L）：用移液管移取 5.00 mL 磷酸盐标准储备液，蒸馏水定容至 500.0 mL。

校准使用液（0.10 mg/L）：用移液管移取 10.00 mL 磷酸盐中间液，蒸馏水定容至 1 000.0 mL。

3）校准

将配置好的试剂分别连接上营养盐监测仪，启动仪器，把相应试剂注满管路。用超纯水作为 0 点进行三项营养盐的试剂空白校准。之后分别注入硝酸盐（1.00 mg/L）、亚硝酸盐（0.10 mg/L）和磷酸盐（0.10 mg/L）的校准使用液，加入配置好的试剂，待仪器读数稳定后校准为相应浓度。

4）测定

NPA 监测仪按照硝酸盐、亚硝酸盐、磷酸盐顺序进行测定。采用蠕动泵抽取海水，经过玻璃纤维填充柱过滤，按顺序分别注入试剂，显色后测定吸光值。

14.1.1.8 校准周期

一个月进行一次校准。

14.2 现场监测结果与同步采样分析结果相比对

14.2.1 浮标值与实验室实测值相对误差分析

浮标质量控制工作目前还没有相关的国家和行业规范，在质量控制比对过程中将实验室测值认定为真实值，对浮标值进行相对误差分析，根据多年质控数据确定了水质浮标监测数据与同步采样实验室分析结果的相对误差允许值见表 14.1，相对误差超过允许值的数据认定为异常数据，将异常的数据量和获得的所有有效数据量之比定义为异常概率，作为对浮标数据的质量定性定量的判断依据。另外对浮标值和实测值进行相关性分析，从而衡量两种不同检测方法所得结果的相关密切程度，以此判断浮标的数据趋势是否具有代表性和指示性。由于浮标的叶绿素 a 值是半定量的检测方法，所以不对它进行相对误差分析，只对它做相关性分析。

表 14.1　浮标值与实验室实测值相对误差的允许值

项目	盐度	pH	DO	水温
相对误差（%）	≤±5	≤±2.5	≤±8	≤±4

注：根据经验值，将相对误差超过以上数值的浮标数据认定为异常值。

14.2.2　浮标多参数的异常概率和相关性分析

如表 14.2 所示，溶解氧的异常概率偏高，但是溶解氧的浮标值和实测值的相关系数较好，说明浮标溶解氧数据能够客观反映海水中溶解氧的连续变化趋势，溶解氧的异常概率偏高这个结果与溶解氧的检测方法有很大关系，在今后的质控工作中还需要进一步探讨溶解氧的质量控制方法，以获得更为准确的质控结果。

表 14.2　2012 年水质浮标值与实验室的实测值比对结果

项目	有效次数	浮标值	实测值	异常概率（%）	斜率	截距	r
盐度	23	26.88～31.57	25.08～32.11	8.7	0.333 9	19.649	0.683
pH	22	7.58～8.27	7.58～8.29	9.09	0.789 6	1.600 1	0.721
DO	8	5.61～8.68	5.70～8.78	25	1.014 6	−0.406	0.967
叶绿素 a	9	2.0～16.3	2.45～33.94	—	0.369 8	1.736 3	0.922

注：将 0.75 作为相关系数警戒值。

盐度和 pH 的异常概率较低，在 10%以内，说明浮标盐度和 pH 的数据 90%以上是可信的，但是这两参数与实测值的相关系数则偏低，均低于警戒值，这个问题需要在 2013 年进一步比对分析。

浮标的叶绿素 a 值是半定量，无法和实验室的实测值进行比较分析，但是浮标值和实测值的相关性较好，能够客观反映海水中叶绿素 a 的连续变化趋势。

如图 14.1 至图 14.4 所示，盐度、pH、溶解氧、叶绿素 a 浮标数据与实测数据有着非常相似的趋势变化，反映了浮标数据在总体趋势走向上是可靠的，可以为海洋环境自动水质浮标监测质量管理应用。

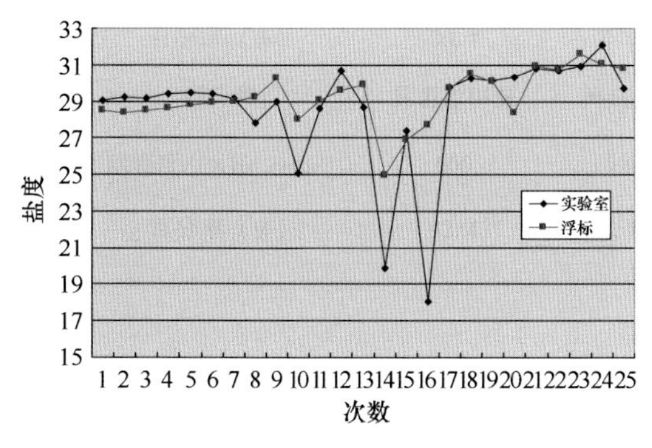

图 14.1　盐度的实测值与浮标值曲线

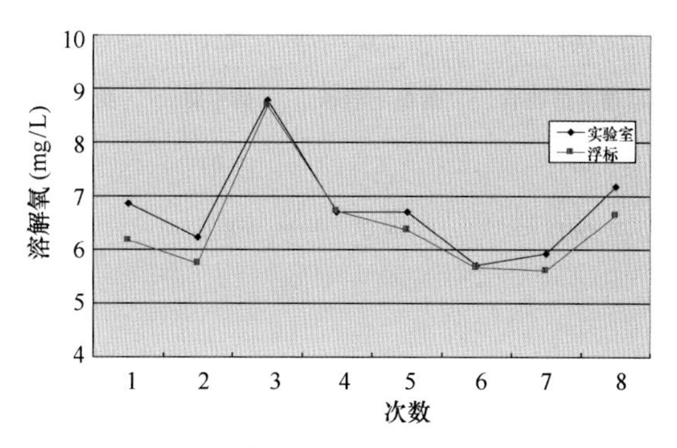

图 14.2　溶解氧的实测值与浮标值曲线

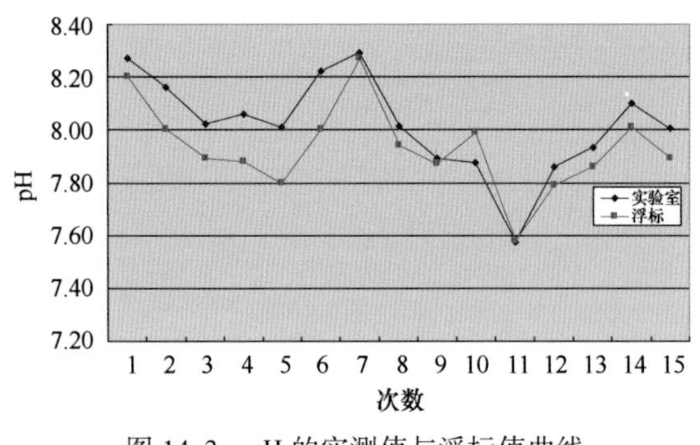

图 14.3　pH 的实测值与浮标值曲线

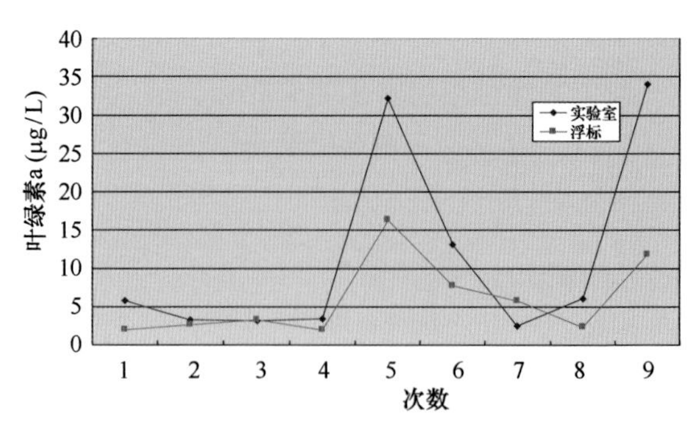

图 14.4　叶绿素 a 的实测值与浮标值曲线

14.3　水质浮标多参数与赤潮预警研究

厦门近岸赤潮监控区是全国 19 个赤潮监控区之一，在厦门海域共投放 5 个水质自动在线监测浮标站，根据连续水质浮标监测赤潮发生过程研究，对厦门海域进行实时连续监测和现场监测相结合的赤潮监测，及时发现赤潮先兆，做好赤潮发生过程的连续跟踪监测与预警预报，及时向上级有关部门通报和发布赤潮灾害信息，同时按照有关规定做好赤潮发生的应急处理工作。

14.3.1　水质浮标连续监测赤潮发生过程

14.3.1.1　浮标位置

浮标投放位置如图 14.5 所示，位于厦门岛的南部海域，九龙江入海口附近。

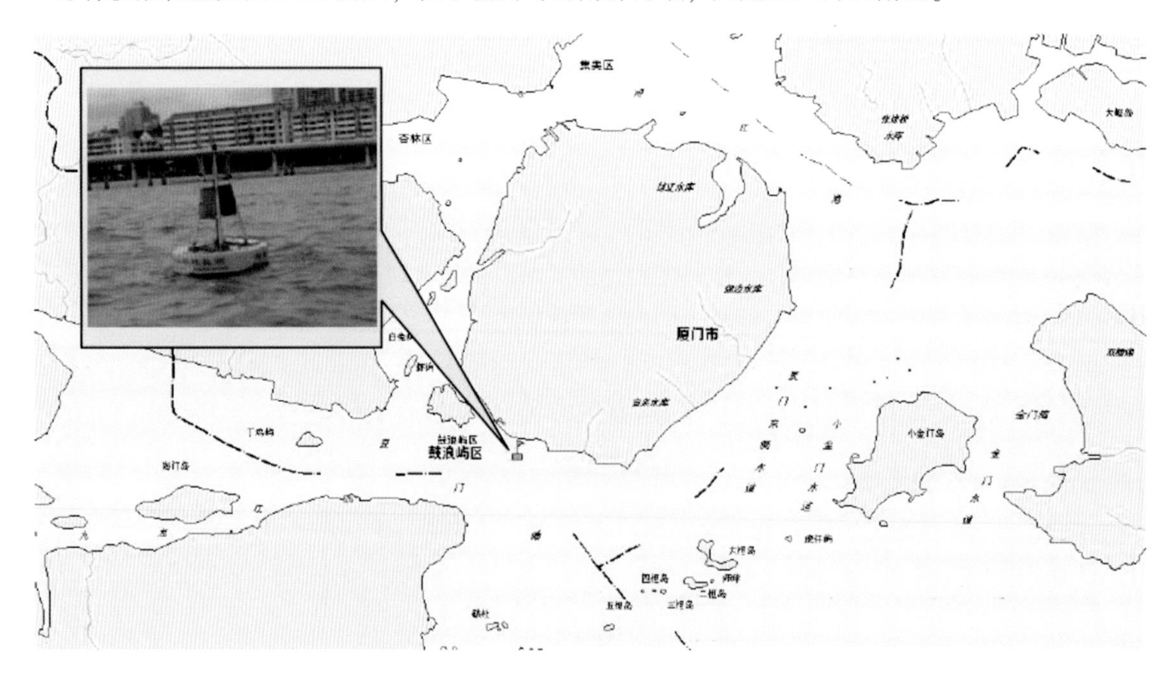

图 14.5　水质浮标投放位置图

14.3.1.2　浮标监测

投放于厦门南部海域的浮标设备是由美国 YSI 公司生产的 EMI2000 型浮标，拥有 6600V2 多参数仪和 NPA Plus 氮磷监测仪两套水质监测设备。6600V2 多参数仪能够监测的参数有水温、电导率、盐度、pH、溶解氧、浊度、叶绿素 a 和蓝绿藻，监测频率为 0.5 h/次，NPA 氮磷监测仪能够监测海水中的硝酸盐、亚硝酸盐和活性磷酸盐，监测频率为 4 h/次，监测水深约 0.5 m。

据2009年厦门市海洋环境公报报道，2009年厦门发生3起赤潮，其中2月5—26日在西海域和同安湾发生冬季赤潮，该赤潮的优势种为血红哈卡藻，影响最大面积约 31 km^2。有新闻报道2月19日厦门白城海域海水颜色变深，后经厦门市海洋与渔业局确认，厦门白城附近海域发生赤潮，浮标投放海域正好是白城附近海域，能够监测到发生赤潮的完整过程。

14.3.1.3 赤潮过程

1）赤潮暴发过程

图 14.6 至图 14.8 为 2 月 19 日浮标监测数据图，以叶绿素 a 代表水体中的浮游生物量。由图可以看出，2 月 19 日发生赤潮时间为退潮时段的白天，发生赤潮时，浮标附近水域的盐度突然降低，温度急剧上升，由于浮标监测的位置正好处于九龙江口，退潮时九龙江有淡水输入，高温低盐水可能导致水体分层，有利于浮游植物在表层聚集。由于浮游植物大量繁殖，光合作用释放了氧气，因此水体中氧含量有大幅的提高，变化趋势与叶绿素 a 变化趋势相同，而光合作用消耗了水体中的 CO_2，水体 pH 也随着叶绿素 a 含量升高而升高。本次赤潮过程中磷酸盐含量变化趋势与水体中叶绿素 a 变化趋势呈镜像关系，叶绿素 a 含量高时，磷酸盐含量低，说明赤潮过程中水体的磷酸盐被消耗掉，而随着叶绿素 a 含量升高，水体中的硝酸盐和亚硝酸盐含量则有较明显的升高过程。

综上，采用浮标的现场数据监测赤潮发生过程，可以明显看出，由于温度升高、盐度降低和潮水的变化，产生了有利于赤潮发生的条件，浮游植物大量繁殖。在赤潮发生时，水体溶解氧、pH 有明显升高，水体中的磷酸盐被大量繁殖的浮游植物消耗，并且导致了水体中的硝酸盐和亚硝酸含量升高。

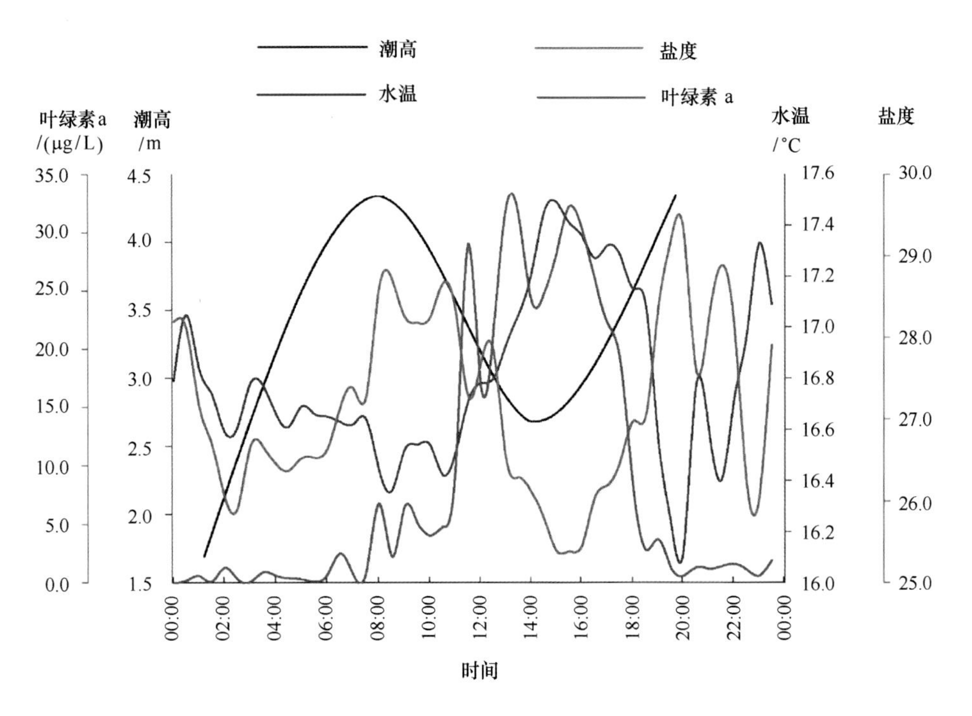

图 14.6 叶绿素 a、潮高、水温和盐度变化趋势图

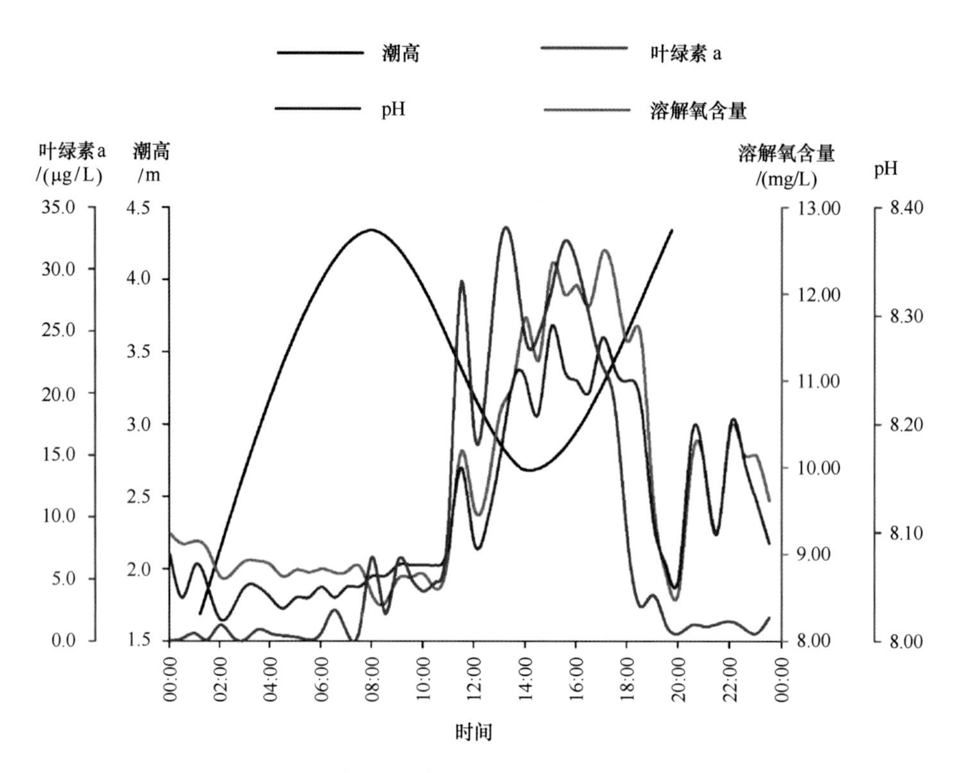

图 14.7 叶绿素 a、潮高、溶解氧含量和 pH 变化趋势图

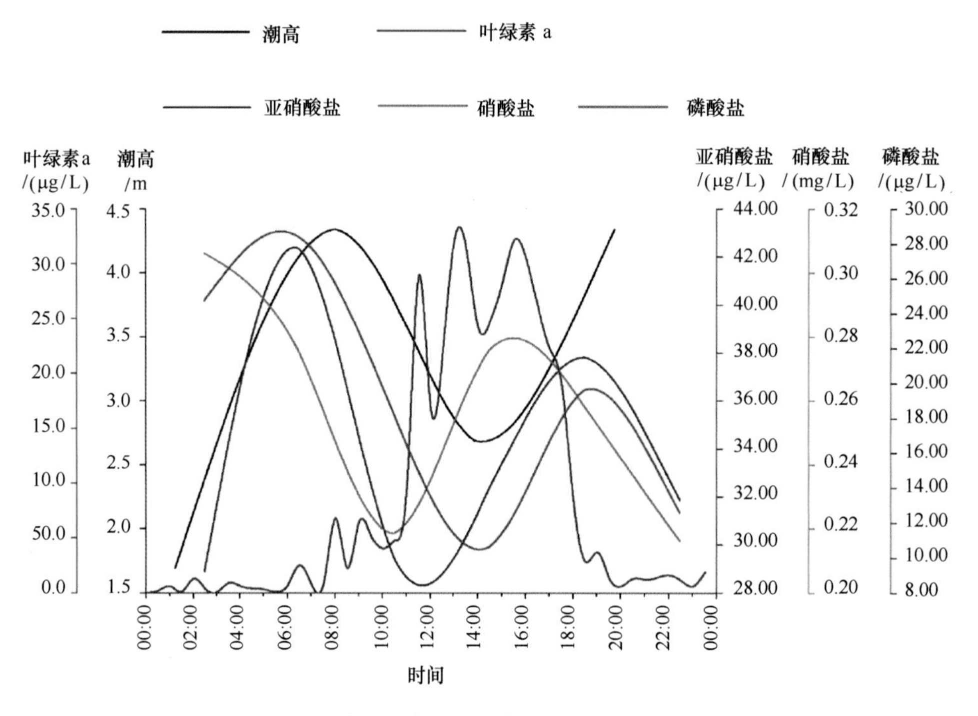

图 14.8 叶绿素 a、磷酸盐、硝酸盐和亚硝酸盐变化趋势

2）赤潮长消过程

选取 2 月 8—26 日浮标数据作图，研究赤潮发生前后的水质长期变化规律。由图 14.9 至图 14.11 可以看出，叶绿素 a 的变化趋势与盐度呈镜像关系，与水温变化趋势接近，一般在盐度低、

水温高的情况下，叶绿素 a 含量也较高。水体中的 pH、溶解氧含量与叶绿素 a 含量呈明显的相关性，三者一般同时出现峰值。赤潮发生阶段盐度较平时下降更为明显，水温有所升高，溶解氧、pH 较平时有显著的升高。赤潮发生前营养盐并未出现异常波动，但是赤潮发生后，硝酸盐和亚硝酸盐含量明显升高，赤潮结束时水体中的磷酸盐含量出现一个峰值。

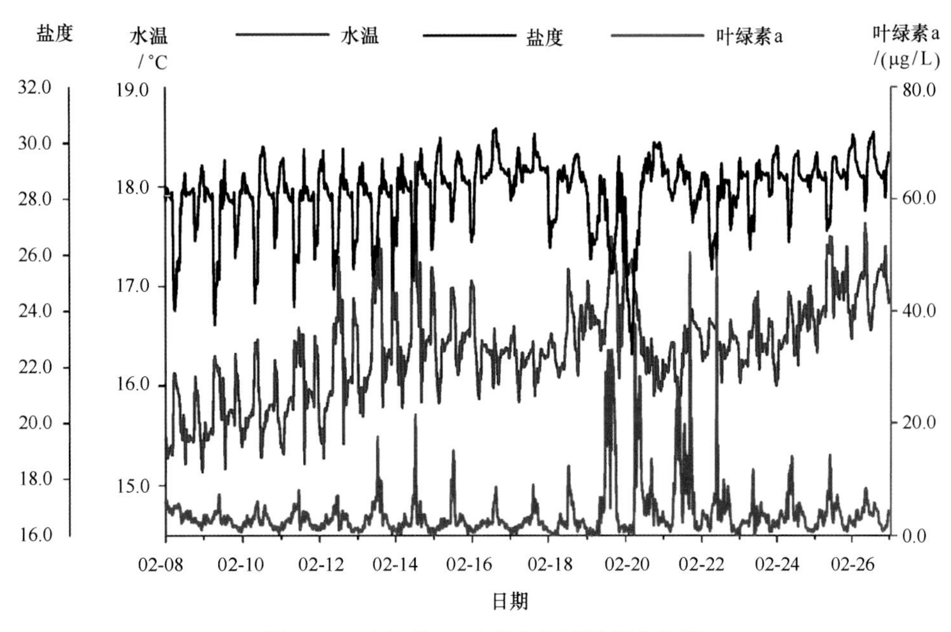

图 14.9　叶绿素 a、水温和盐度长期变化图

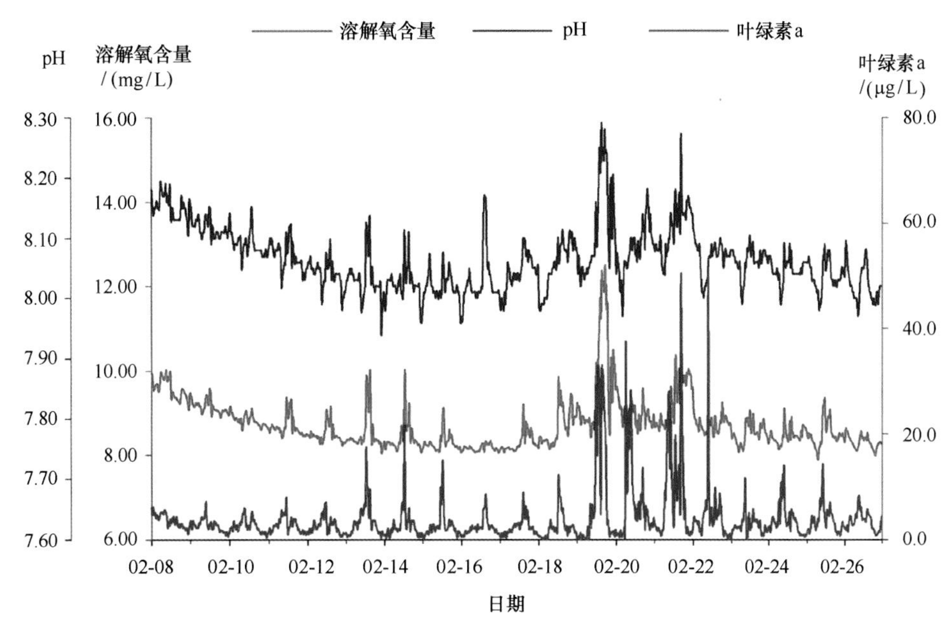

图 14.10　叶绿素 a、pH 和溶解氧含量长期变化图

14.3.2　赤潮预警监测

1）监测站位

在厦门海域共布设 5 个水质自动在线监测浮标站位见表 14.3 与图 14.12。

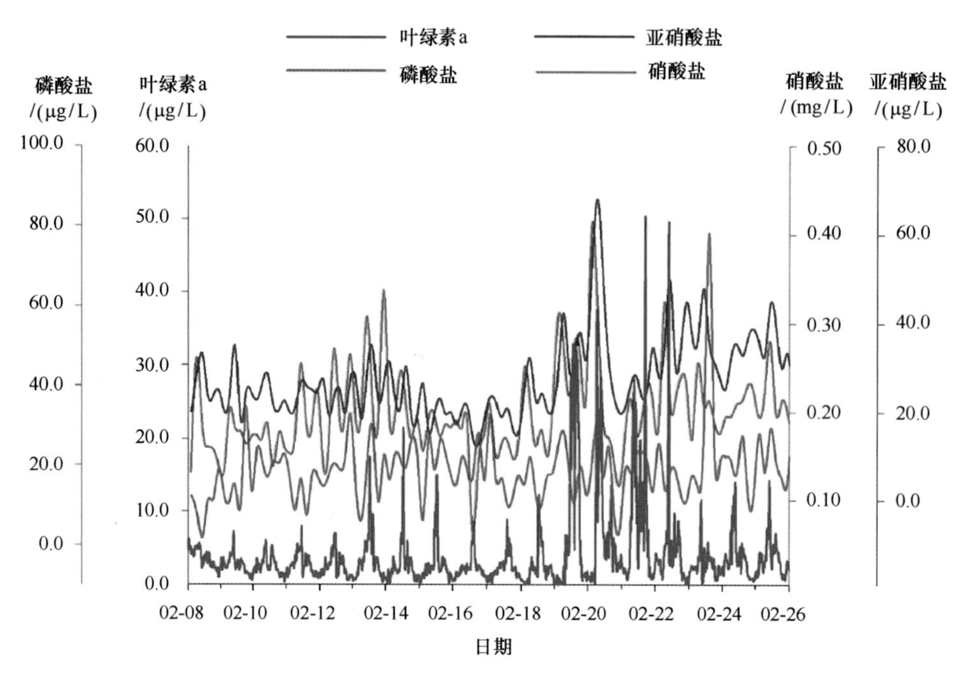

图 14.11　水体中叶绿素 a、硝酸盐、亚硝酸盐和磷酸盐长期变化图

表 14.3　水质浮标布设的海域情况

序号	1 号浮标	2 号浮标	3 号浮标	4 号浮标	5 号浮标
海域	同安湾鳄鱼屿	东部海域	白石炮台海域	九龙江口鸡屿	西海域

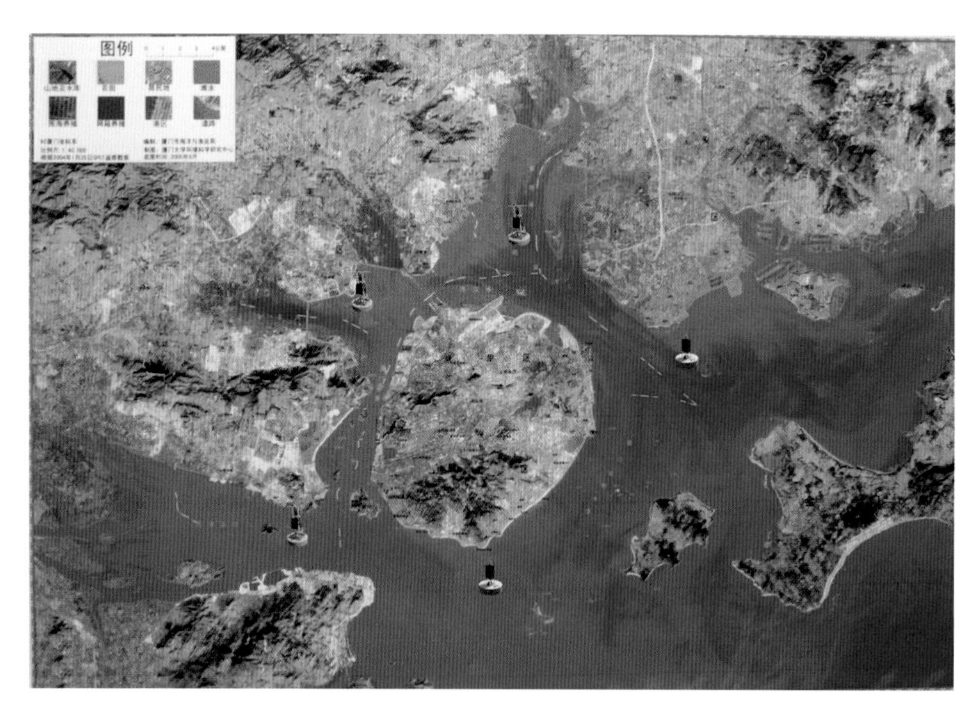

图 14.12　水质浮标布设站位图

2）连续自动监测

根据连续水质浮标监测赤潮发生过程研究结果，选择海水中叶绿素、pH、溶解氧、溶解氧饱和度、盐度、水温和浊度等作为连续自动水质浮标在线监测项目，方法见表14.4。

表14.4 连续自动在线监测项目与分析方法

序号	项目	分析方法
1	水温	热敏电阻法
2	pH	玻璃复合电极法
3	溶解氧	荧光法
4	盐度	由电导率和温度计算而得
5	浊度	90°光散射法
6	叶绿素a	体内荧光法

3）监测频率与时间

赤潮等级预报主要依靠浮标连续监测数据。水质自动监测系统常规参数每30 min监测一次，赤潮等级预报从5—10月每日10：00后14：00前预报第二天赤潮等级。

14.4 自动监测系统的赤潮预警

14.4.1 自动监测系统的赤潮等级判定

厦门海域自动监测系统的赤潮等级判定值见表14.5。2012年厦门海域自动监测依据表14.5，赤潮等级判定值预报厦门海域赤潮等级情况见表14.6。

表14.5 厦门海域赤潮等级判定值

赤潮等级	依据
一级	叶绿素a值<5 μg/L、溶解氧饱和度<80%
二级	5 μg/L <叶绿素a值<10 μg/L、80%<溶解氧饱和度<105%
三级	叶绿素值>10 μg/L、溶解氧饱和度>105%
四级	赤潮生物超过基准密度

表14.6 2012年厦门海域赤潮等级预报统计表

赤潮等级	1级	2级	3级	4级（临界赤潮）
天数/d	103	63	13	5

14.4.2 现场自动监测系统赤潮预警

2012 年自动监测系统共获得实时连续监测数据约 49 万个。根据自动监测系统的实时监测，及时跟踪 2 次临界赤潮。具体情况如下。

2012 年 5—10 月厦门海域水温逐渐升高，又正处于雨水季节，是厦门海域赤潮的高发季节，一旦条件适宜，极易发生赤潮。2012 年 7 月 12 日，在线监测的数据显示：1 号浮标的 pH、溶解氧和叶绿素含量在短时间内上升明显。2012 年 7 月 13—15 日现场调查，从五缘湾以北至同安湾顶（包括五缘湾），面积约 25 km^2。主要优势种为中肋骨条藻（9.8×10^6 cells/L）和角毛藻（9.2×10^6 cells/L），均无毒。临近赤潮，历时 3 d。在这期间，pH、溶解氧和叶绿素含量最高达到 8.49、12.08 mg/L 和 49.7 μg/L。在这期间在线监测 pH、溶解氧和叶绿素含量变化情况见图 14.13 和图 14.14。

2012 年 9 月 11 日在线监测的数据显示：1 号浮标的 pH、溶解氧和叶绿素含量在短时间内上升明显。2012 年 9 月 12—13 日调查发现，发生在大离亩屿附近海域和五缘湾水色较浓，水样镜检结果显示海域生物量突增，优势种为角毛藻（无毒），密度为 9.8×10^6 cells/L（角毛藻赤潮基准值为 1.0×10^7 cells/L）。历时 2 d。在这期间，pH、溶解氧和叶绿素含量最高达到 8.22 mg/L、9.22 mg/L 和 20.8 μg/L。在这期间在线监测 pH、溶解氧和叶绿素含量变化情况见图 14.15 和图 14.16。

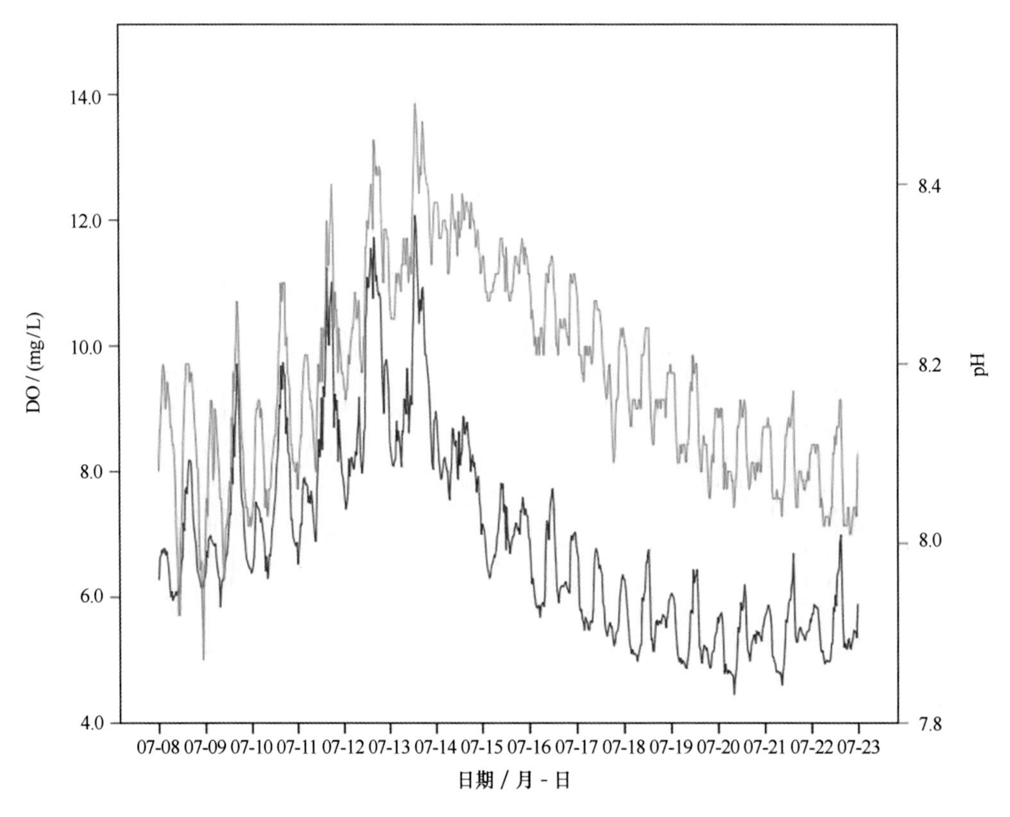

图 14.13 临界赤潮时同安湾海域溶解氧含量与 pH 的变化情况（2012 年 7 月）

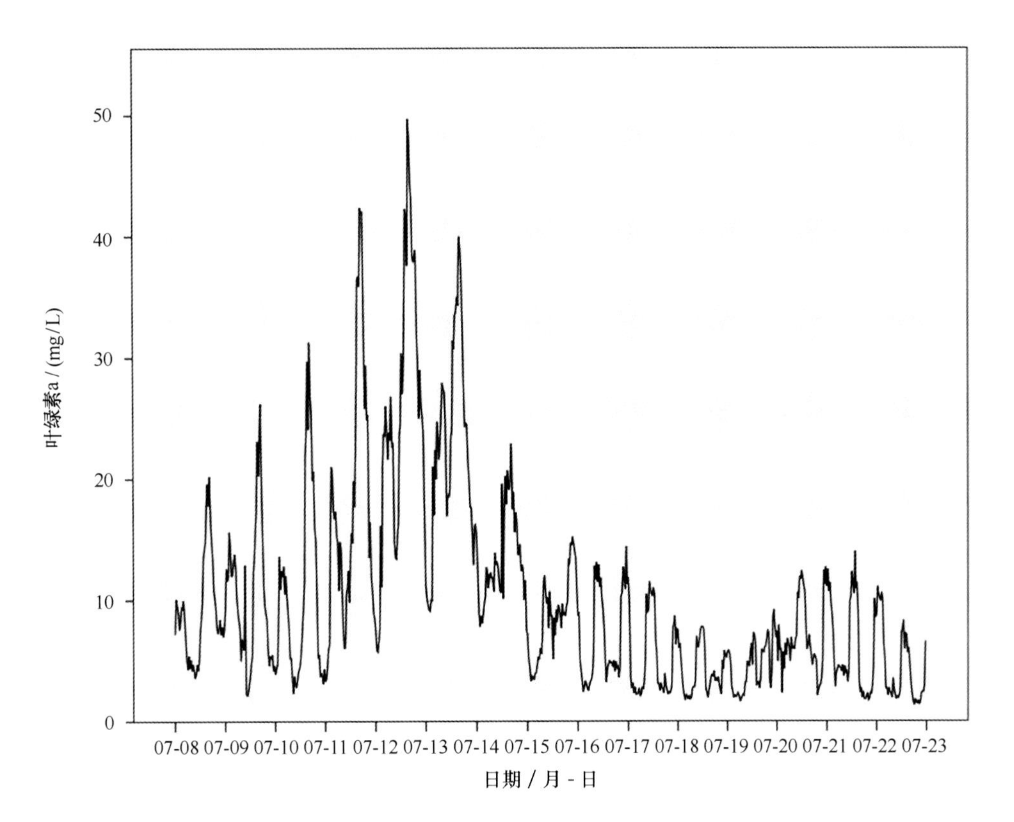

图 14.14 临界赤潮时同安湾海域叶绿素含量的变化情况（2012 年 7 月）

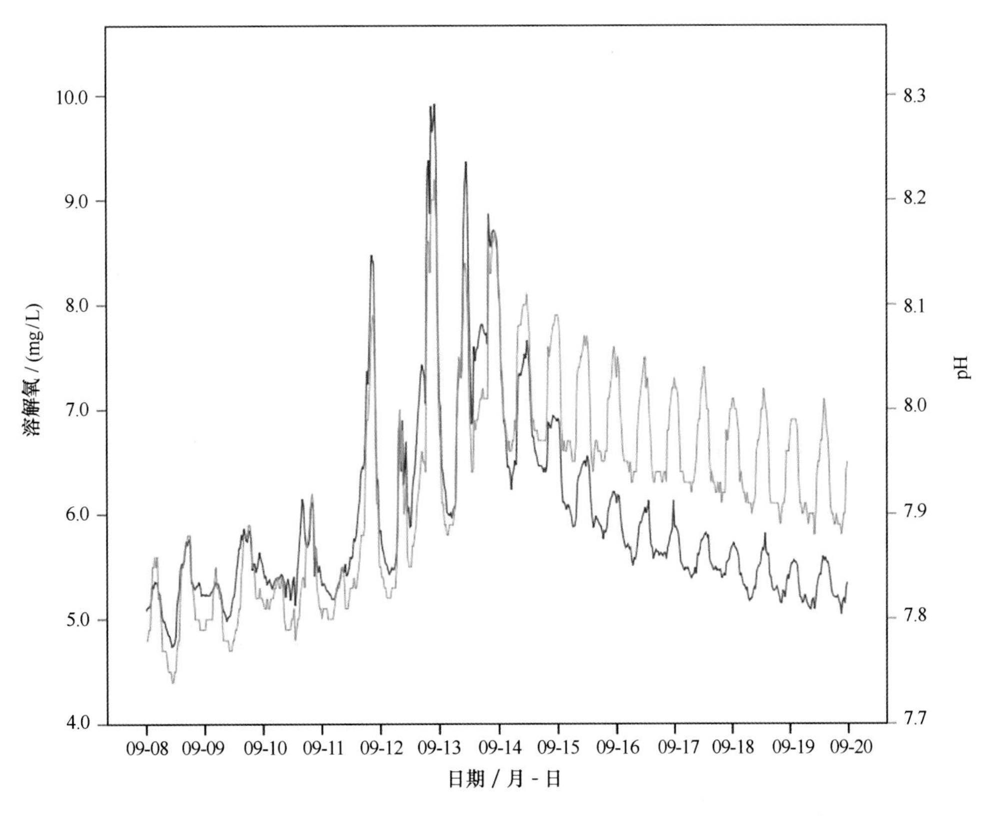

图 14.15 临界赤潮时同安湾海域溶解氧含量与 pH 的变化情况（2012 年 9 月）

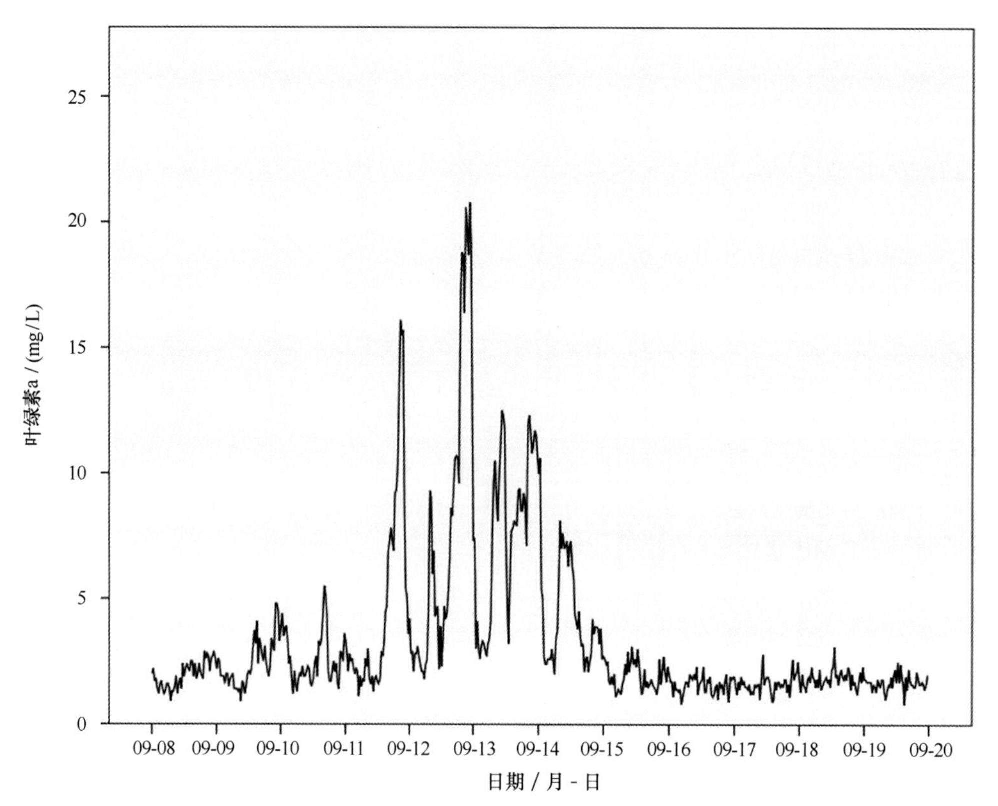

图 14.16 临界赤潮时同安湾海域叶绿素含量的变化情况（2012 年 9 月）

参考文献

陈彬，王金坑，汤军健，等 . 2002. 福建湄洲湾海域营养状态趋势预测［J］. 台湾海峡，21（3）：322-327.

陈付华 . 2011. 浅议赤潮的成因危害及防治［J］. 才智，27：257.

陈鸣渊，俞志明，宋秀贤，等 . 2007. 利用模糊综合方法评价长江口海水富营养化水平［J］. 海洋科学，31（11）：47-54.

高亚辉，李松 . 1988. 几种因素对真刺唇角水蚤摄食率的影响［J］. 厦门大学学报（自然科学版），27（6）：684-688.

高亚辉，李松 . 1989. 真刺唇角水蚤食性转变的研究［J］. 厦门大学学报（自然科学版），28（6）：637-641.

高亚辉，李松 . 1990. 瘦尾胸刺水蚤摄食率的观察实验［J］. 热带海洋，9（3）：59-65.

高亚辉，林波 . 1999. 几种因素对太平洋纺锤水蚤摄食率的影响［J］. 厦门大学学报（自然科学版），38（5）：751-757.

郭皓 . 2004. 中国近海赤潮生物图谱［M］. 北京：海洋出版社 .

郭卫东，张小明，杨逸萍，等 . 1998. 中国近岸海域潜在性富营养化程度的评价［J］. 台湾海峡，17（1）：64-70.

国家海洋局第三海洋研究所 . 1993. 厦门港赤潮调查研究论文集［C］. 北京：海洋出版社 .

国家海洋局科技司 . 1998. 辽宁省海洋局《海洋大辞典》编辑委员会 . 海洋大辞典［M］. 沈阳：辽宁人民出版社 .

黄德强，暨卫东 . 2003. 翡翠贻贝对塔玛亚历山大藻的摄食及毒素积累的初步研究［J］. 台湾海峡，22（4）：426-430.

黄玉柳，黄国秋，叶欣宇，等 . 2012. 水产品中麻痹性贝类毒素（PSP）的快速检测［J］. 江苏农业科学，40（1）：255-256.

江天久，尹伊伟，骆育敏，等 . 2002. 大亚湾和大鹏湾麻痹性贝类毒素动态分析［J］. 海洋环境科学，19（2）.

蓝虹，许焜灿 . 2004. 厦门西海域一次中肋骨条藻赤潮与水文气象的关系［J］. 海洋预报，21（4）.

李瑞香，夏滨 . 1995. 胶州湾的有毒甲藻——塔玛亚历山大藻和链状塔玛亚历山大藻［C］//朱明远，李瑞香，王飞. 中国赤潮研究：SOR-IOC 赤潮工作组中国委员会第二次论文选 . 青岛：青岛出版社，36-41.

梁玉波，等 . 2012. 中国赤潮灾害调查与评价［M］. 北京：海洋出版社 .

林昱，林荣澄 . 1999. 厦门西港引发有害硅藻水华磷的阈值研究［J］. 海洋与湖沼，30（4）：391-395.

林元烧 . 1996. 有毒甲藻——塔玛亚历山大藻在厦门地区虾塘引起赤潮［J］. 台湾海峡，15（1）：16-18.

齐雨藻，等 . 2003. 中国沿岸赤潮［M］. 北京：科学出版社 .

钱树本，王筱庆，陈国蔚 . 1983. 胶州湾的浮游藻类［J］. 山东海洋学院学报，13（1）：39-55.

沈国英，郑重，萧景霖 . 1965. 几种环境因子对太平洋哲镖水蚤清滤率和摄食率的影响［J］. 厦门大学学报（自然科学版），12（2）：99-100.

王保栋 . 2006. 长江口及邻近海域富营养化状况及其生态效应［D］. 青岛：中科院海洋研究所 .

厦门市海洋与渔业局 . 2003—2011. 厦门市海洋环境质量公报［N］.

厦门市统计局 . 2011. 厦门经济特区年鉴［G］. 北京：中国统计出版社 .

杨晓新，林小涛，计新丽，等 . 2000. 温度、盐度和光照条件对翡翠贻贝滤水率的影响［J］. 海洋科学，24（6）：36-39.

于兵，曹际娟，尤永莉，等 . 2005. ELISA 与小白鼠生物法检测贝类中麻痹性贝毒的比较［J］. 检验检疫科学，15（1）：32-35.

于仁诚，周名江 . 1998. 麻痹性贝毒研究进展［J］. 海洋与湖沼，29（3）：330-338.

张景平，黄小平，江志坚，等 . 2009. 2006—2007 年珠江口富营养化水平的季节性变化及其与环境因子的关系［J］.

海洋学报, 31（3）：113-120.

张有份 . 2000. 海洋赤潮知识 100 问［M］. 北京：海洋出版社 .

赵冬至 . 2010. 中国典型海域赤潮灾害发生规律［M］. 北京：海洋出版社 .

中国海洋学会 . 2005. 中国海洋学会赤潮研究与防治学术研讨会论文集［C］. 中国赤潮研究与防治（一）. 北京：海洋出版社 .

中华人民共和国国家标准 . 2007. GB/T 12763. 4—2007 海洋调查规范［S］. 中国标准出版社 .

中华人民共和国国家标准 . 2008. GB 17378. 4—2007 海洋监测规范［S］. 中国标准出版社 .

邹景忠，董丽萍，秦保平 . 1983. 渤海湾富营养化和赤潮问题的初步探讨［J］. 海洋环境科学, 2（2）：41-54.

邹迎麟，朱明远 . 2001. 两种亚历山大藻产毒过程和毒素特征研究［J］. 黄渤海海洋, 19（3）：65-70.

Bricker S B, Ferreira J G, Simas T C. 2003. An integrated methodology for assessment of estuarune trophic status［J］. Ecological Modelling, 169：46-49.

Bricker S B, Longstaff B, Dennison W et al. , 2007. Effects of Nutrient Enrichment in the Nation's Estuaries：A Decade of Change, National Estuarine Eutrophication Assessment Update. NOAA Coastal Ocean Program Decision Analysis Series No. 26. National Centers for Coastal Ocean Science, Silver Spring, 1-328.

Cloern J E. 2001. Our evolving conceptual model of coastal eutrophication problem［J］. Mar. Ecol. Prog. Ser. , 210：223-253.

EPA, National Coastal Condition Report IV. 2012. United States Environmental Protection Agency Office of Research and Development, 1-373.

Glibert, P M, Kana T M, Anderson D M. 1988. Photosynthetic response of Gonyaulax tamarensis during growth in a natural bloom and in batch culture［J］. Marine Ecology Progress Series, 42：303-309.

Hallegraeff G M. 1993. A review of harmful algal blooms and their apparent global increase［J］. Phycologia, 82：77-79.

Ignatiades L, Karydis M, Vounatsou P. 1992. A Possible method for evaluating oligotrophy and eutrophication based on nutrient concentration scales［J］. Mar. Pollut. Bull. , 24（5）：238-243.

OSPAR Commission. 2003. OSPAR integrated report 2003 on the eutrophication status［R］. London：OSPAR.

Qi Y, Hong Y, Zheng L, et al. 1996. Dinoflagellate cysts from recent marine sediments of the south and east China sease［J］. Asian Marine Biology, 13：87-103.

Schantz E J, et al. 1958. Purified shellfish poison for bioassay standardization［J］. J Assoc Off Anal Chem, 41：160.

Schantz E J, et al. 1958. Purified shellfish poison for bioassay standardization［J］. J Assoc Anal Chem, 41：1-160.

Shauna A. Murray, Maria Wiese, Anke Stüken, et al. 2011. sxtA-based quantitative molecular assay to identify saxitoxin-producing harmful algal blooms in marine waters［J］. Appl. Environ. Microbiol. 77（19）：7050.

Stuken A, Orr R J S, Kellmann R, Murray S A, Neilan B A, et al. 2011. Discovery of Nuclear-Encoded Genes for the Neurotoxin Saxitoxin in Dinoflagellates［J］. PLoS ONE, 6（5）：e20096.

Vollenweider R A, Giovanardi F, Montanari G, et al. 1998. Characterization of the trophic conditions of marine coastal waters with special reference to the NW Adriatic sea：proposal for a trophic scale, turbidity and generalized water quality index［J］. Environmetrics,（9）：329-357.

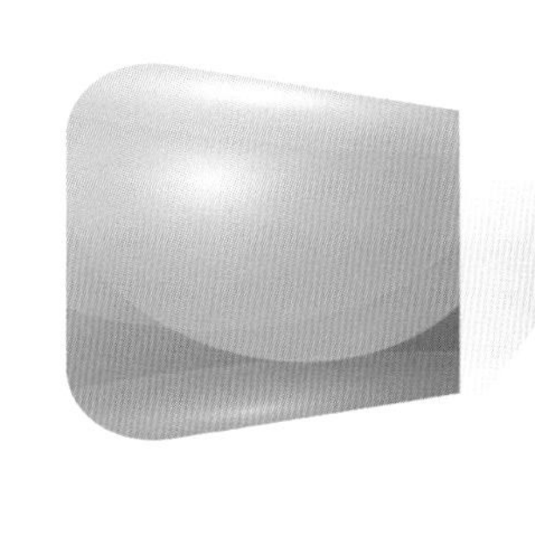

第4篇 赤潮多发区有毒赤潮跟踪监测、预警与防治策略

第15章　有毒赤潮应急监测与预警研究

15.1　目的意义和必要性

赤潮对海洋生态系统的破坏和影响已引起世界各国广泛的重视。

近年来有毒、有害的赤潮原因种也在不断增加，甲藻等有害种类已成为我国赤潮的主要原因种，这些趋势充分表明了我国赤潮问题的严重性和复杂性。例如，2012年5月份，福建海域具有溶血性的米氏凯伦藻赤潮，造成福建平潭、福清、莆田、福州等海域鲍鱼养殖直接经济损失2.2亿元。有害赤潮在我国近岸海域所造成的危害在不断加剧，因误食带有赤潮毒素的海产品所造成的人体健康危害及死亡事件屡有发生，这已经成为沿海地区维护生命安全和社会稳定的重要影响因素。

随着污染不断加剧，近年来，水体富营养化程度不断加剧，突出表现为海水中的N、P比失衡的程度加重、范围扩大，富营养化指数呈增长趋势，严重富营养化海域的空间分布范围与赤潮高发区基本一致，且面积不断扩大。赤潮多发区浮游植物群落结构，尤其是优势种类的组成发生了很大的变化。例如厦门海域分布的赤潮生物分别隶属于甲藻门、硅藻门、隐藻门、裸藻门、绿藻门，其中甲藻类（比如血红哈卡藻）和硅藻类（中肋骨条藻、角毛藻）已经成为厦门海域赤潮事件的主要种类。

建立赤潮赤潮灾害预警应急管理决策平台，有效开展赤潮灾害监测和预警，可以及时监控赤潮毒素在生物链传递过程中海产品受赤潮毒素污染的海产品上市流通，避免赤潮毒素对人体可能造成的危害，保障人体健康；确保海产品质量，将产生良好的海洋经济、海洋生态和社会效益。

15.2　国内外赤潮应急与预警现状分析

日本是赤潮多发国家，对赤潮防治研究工作起步较早，始于20世纪60年代。研究领域包括赤潮发生机理、生态特征、监测预报和防治对策等方面，特别注重有害赤潮的研究与监测，其赤潮研究与监测已形成了一个比较完整的体系，成效显著（特别是在濑户内海）。美国的赤潮研究工作始于40年代中期，研究领域遍及赤潮生物海洋学、赤潮生物分类学、赤潮毒物学等方面（Anderson and Morel, 1979；Anderson and Keafer, 1985；Anderson et al., 2005；Hattenrath et al., 2010；Anderson et al., 2014；Brosnahan et al., 2014；McGillicuddy et al., 2014）；80年代后期，美国注意赤潮问题的国际合作研究，1989年夏，组织了北大西洋实验计划，参与国家有加拿大、德国、法国、荷兰与英国等；1992年在佛罗里达新建一个国家有毒甲藻类研究中心，内容包括分类学、生理学、毒物学等（刘沛然等，1999）；1993年确立了赤潮的国家计划；1995年又投巨资设立了赤潮生态学（ECOHAB）全国规划。加拿大、法国、挪威及瑞典在90年代都设立了全国性协调的国家赤潮研究规划。欧洲各国建立了欧洲赤潮研究规划称为“EUROHAB”。其他沿海国家也先后开展赤潮研究工作，并取得了初步成绩。目前赤潮研究已成为世界沿海国家共同关注的重点课题（Hu et al., 2005；Wang et al., 2005）。为推动对有害藻华的多学科交叉研究和国际合作，提高对有害藻华的评价、防范和预测能力，联合国教科文组织政府间海洋学委员会（IOC）及国际海洋研究科学委员会（SCOR）于1998年联合发起并推动实施了“全球有害藻华生态学与海洋学”（GEOHAB）国际研究计划。其第一次开放科学大会于2005年在美国的巴尔的摩召开；第二次大会于2009年10月在中国北京召开，来自24个国家和地区的130余名科研人员参加了会议，收到论文报告摘要100余篇。该国家研究计划将于近期结束，新设立的“全球变化与有害赤潮”（GlobalHAB）国际研究计划将于2015年启动。

我国在1933年就曾有过赤潮报道，从1952年至1976年，主要是开始对赤潮有了科学的报道，如费鸿年对黄河口夜光藻赤潮、周贞英对福建沿海束毛藻赤潮的报道等。从1977年至1989年，随着中国沿海地区经济的发展，近海环境污染日益加剧，赤潮频繁暴发且发生区域及造成的损失不断扩大，甚至造成人类中毒死亡，引起国家有关部门的高度重视。从1990年起，国家自然科学基金委等国家有关部门先后设立赤潮研究课题，对此进行研究。1990年启动了“中国东南沿海赤潮发生机理研究”，以赤潮生物学为基础，以赤潮发生自然生态学为主线。1997年启动了“中国沿海典型增养殖区有害赤潮发生动力学及防治对策研究”，以赤潮生理生态学为基础，针对当时我国典型养殖区赤潮研究存在的关键科学问题。进入21世纪，我国的赤潮研究日趋活跃（黄邦钦等，2000；丁君，2001；缪锦来等，2002；王修林等，2003；郑天凌和苏建强，2003；潘克厚和姜广信，2004；杜伟和陆斗定，2008；王新等，2010；郑天凌等，2011；庞景贵等，2011；陈国斌，2012；李炳南等，2014；刘娜等，2014；Xu et al.，2014）。2000年5月，赤潮中国委员会与APEC及其他相关的国外专家在海南举行了中国赤潮研究的研讨会，2001年4月，与全球有害藻华生态学与海洋学（GEOHAB）的科学指导委员会在上海举行了中国赤潮研究国际联合研讨会。2001年，“我国近海赤潮发生的生态学、海洋学机制及预测防治”获准立项，这是2001年度国家批准的“973”18个立项项目之一，也是唯一的一项涉及海洋科学的项目。2001年，国家“十五”攻关项目“海洋环境预测和减灾技术”中，“赤潮灾害预报技术研究”作为一个子课题对赤潮预报的统计模型和数值模型进行深入研究。2002—2007年，国家科技部作为国家重点科技项目（973）又资助了赤潮研究——“我国近海有害赤潮发生的生态学、海洋学机制及预测防治”。2005—2009年，在核心期刊上我国发表赤潮研究相关论文185篇，平均每年达37篇，其中由国家自然科学基金资助的论文达74篇，国家重点基础研究发展规划项目（973计划）资助的论文达65篇，国家高技术研究发展计划项目（863计划）资助的论文达20篇，研究内容主要涉及赤潮发生与灾害、赤潮生物生理生态、赤潮预测与预报、赤潮防治等（蔡卓平和段舜山，2010）。赤潮发生与灾害主要集中在赤潮暴发的理化、水文、气象等外界因子作用研究，海域赤潮形成、消退过程观测，赤潮生物种群动态演替，赤潮毒素对生物体生长的影响，赤潮暴发对水生生态系统破坏等方面；赤潮生理生态主要围绕赤潮藻类的营养吸收、光合呼吸特性，不同环境因素对赤潮藻生长繁殖、生化组分的影响，赤潮藻对胁迫因子的适应性反应，赤潮藻分子生物学研究等方面；赤潮检测与预报、赤潮防治技术方面则主要集中在高光谱数据的赤潮识别、检测方法研究，基于模糊神经网络德尔赤潮预报软件设计开发，激光雷达检测模型构建、赤潮藻智能图像自动识别研究，赤潮藻类生态幅定量表达模型研究，赤潮毒素分子生物学检测技术完善，物理、化学和生物治理赤潮方法推广等方面。2010—2014年，国家科技部作为国家重点科技项目（973）又资助了赤潮研究项目——“我国近海藻华灾害演变机制与生态安全”。这些项目的成果，表明我国赤潮研究工作比较全面、系统，涵盖的层次、领域比较广，从赤潮生物个体到种群群体，从微观的细胞分子学、生理生化学到宏观的群落生态学，从实验室研究到野外围隔乃至大面积海域研究，从预测预报模型的构建到各种赤潮防治方法、手段的应用等方面都有所研究，比较全面地反映了基础研究和应用研究方面的进展，大大缩小了我国赤潮研究与国际研究水平的差距，也为进一步开展我国的赤潮研究奠定了坚实的科学基础。

15.3 港湾赤潮多发区应急与预警内容

15.3.1 赤潮多发区浮标自动监测

选取厦门市赤潮多发海域，投放生化水质浮标，开展对厦门赤潮多发区海域的环境实时自动监测。

对赤潮起始阶段、发展阶段、持续阶段和消亡阶段的过程中理化指标变化进行分析。获取海域赤潮多发区的实时环境数据。频次为每小时向服务平台发送一套监测数据。

分析厦门赤潮多发海区水质状况，以及厦门海域长期以来水体富营养变化趋势，探讨厦门海域长期以来赤潮的发生规律及其原因，从环境要素变化角度提出赤潮预警值。

15.3.2 赤潮多发区现场应急跟踪监测

赤潮暴发期间，根据不同类型的赤潮特点，及时开展赤潮应急跟踪，监测范围覆盖厦门赤潮多发海域及其邻近的漳州、泉州海域。

通过对赤潮藻类、叶绿素、硝酸盐、亚硝酸盐、铵盐、活性磷酸盐、活性硅酸盐、水温、pH、盐度、溶解氧、化学需氧量等重要环境参数指标监测，分析引起赤潮长消过程的环境因素，有效判断赤潮发展变化趋势。

15.3.3 厦门海域赤潮水体输运扩散模型

根据厦门湾海洋环境及赤潮发生的特点，构建包含潮流的厦门湾的水动力模型，在此基础上，构建物质输运扩散模型和拉格朗日粒子追踪模型，为预测赤潮水体的迁移和扩散提供参考。

输运扩散模型范围计算面积约为 3 000 km^2，水平分辨率达到 100 m；潮位预报误差控制在 0.2 m 以内，流速误差的 0.2 m/s 或 20%以内，流向误差在 25°以内。

15.3.4 厦门海域赤潮卫星遥感和无人飞机摄影判断赤潮范围

通过卫星遥感图片和无人飞机拍摄，无人飞机单架次可获取赤潮区域 200 张以上无人机图像。利用集成于水质浮标上厦门海域水体光学测量设备，进行厦门海洋赤潮卫星遥感监测模型及算法研究，完成厦门海域本底海水光学与常见赤潮藻种光谱数据的分析，对赤潮范围进行判别。

15.3.5 厦门海域赤潮藻种显微镜鉴定赤潮藻种

赤潮藻种的识别与鉴定是赤潮预报预测及其防治的关键。显微镜鉴定方法，是赤潮藻类鉴定中最传统、最直接与最广泛的方法。

藻种检定中，重点关注赤潮发生过程，不同藻种的演替变化，尤其关注有毒和无毒藻之间的演替。使用环境扫描电镜，可在 24 h 内完成赤潮藻种的观察，提供藻种鉴定数据，对发展中的有毒藻种作早期警报，以及时确定是否应强化监测或采取其他应急行动。

15.3.6 厦门海域赤潮毒性判别及预警

1）基于竞争酶联免疫法的毒素检测（麻痹性贝毒和腹泻性贝毒）

通过直接竞争酶联免疫法，运用抗原抗体特异性结合原理，采用相同条件下的阴性对照（空白溶剂），阳性对照（标准毒素）以及配比不同浓度的标准毒素样品，进行对照试验，检测分析水体中毒素的浓度含量，对厦门海域赤潮毒性进行快速有效判别。使用酶联免疫法检测有毒赤潮毒素，可在采样结束回到实验室 4 h 内提供检测数据。

2）基于液相色谱的厦门海域赤潮毒素检测

通过购置高效液相色谱，对赤潮毒素进行有效分离、提取，对毒素结构和种类进行分析判别，建立高效液相色谱仪的赤潮毒素检测方法。

液相色谱良好的分离能力和质谱卓越的定性、定量功能相结合，可以克服其他方法无法定性的缺点。

3）贝毒小白鼠生物检测方法

有毒赤潮藻类产生的毒素会伴随着食物链在贝类或其他生物体内累积，通过食物链传递，威胁人类的健康和生命安全。本平台测定依照《海洋监测规范》（GB 17378.7）“贝毒小白鼠生物检测法”开展贝类毒性实验，根据藻细胞计数结果，换算成每个藻细胞平均毒力，进行厦门海域贝毒麻痹性毒素和腹泻性毒素分析。贝毒小白鼠生物实验可在采样结束 2 d 内提供麻痹性贝毒检测结果，4 d 内提供腹泻性贝毒检测结果。采用经典方法与免疫法相互验证。

4）厦门海域赤潮毒素（麻痹性、腹泻性）预警值

通过本项目的研究，分析厦门海域的有毒藻种的毒素含量、种类以及动物对毒素积累反应，并收集分析国内外相关贝毒预警标准。依据《厦门市海洋赤潮灾害应急预案》，提出适合厦门海域实际情况的赤潮毒素的预警值。

15.3.7 赤潮监测与预警数据库建设

采用先进的数据仓库技术，在数据库建设和信息产品开发的基础上，对厦门海域赤潮监控和评估进行一体化的信息管理。系统通过运用计算机技术、数据库技术和多媒体技术为厦门海域赤潮过程的环境信息、赤潮生物信息、遥感信息和相关产品提供安全、高效的存储。建立厦门海域赤潮灾害应急监测与预警管理决策服务平台，实现赤潮灾害信息可查询和可视化。

第16章　厦门海域赤潮应急跟踪监测与预警

16.1　厦门海域发生赤潮时间及区域

2014年5月4日，福建省海洋预报台发布厦门白城海域发生赤潮，面积约0.5 km^2，赤潮生物优势种为东海原甲藻（*Prorocentrum donghaiense*）；5月5日，东海原甲藻赤潮范围从厦门白城海域延伸至五通一带，面积扩大到1.5 km^2，东海原甲藻（*Prorocentrum donghaiense*）最高细胞密度为4.4×10^6 cells/L；5月6日，厦门白城海域赤潮仍在持续，面积维持在1.5 km^2，东海原甲藻（*Prorocentrum donghaiense*）最高细胞密度下降为1.9×10^6 cells/L；5月7日，厦门白城海域赤潮仍在持续，面积扩大至15 km^2，东海原甲藻（*Prorocentrum donghaiense*）最高细胞密度上升为2.6×10^7 cells/L；5月8—9日，厦门白城附近海域赤潮面积扩大到19 km^2，东海原甲藻（*Prorocentrum donghaiense*）最高细胞密度上升到7.5×10^7 cells/L；5月10日，厦门白城附近海域赤潮面积缩减为3 km^2，东海原甲藻细胞最高密度下降为1.6×10^6 cells/L；5月11日，厦门鼓浪屿南侧至胡里山炮台附近海域赤潮面积扩大为6.4 km^2，赤潮优势种为东海原甲藻；5月12日，厦门鼓浪屿西南侧海域赤潮面积缩小为1.0 km^2，赤潮优势种为东海原甲藻；5月13日，厦门沿海赤潮仍在持续；5月14日，厦门海域赤潮消退；5月15日，厦门海域赤潮消亡。福建省海洋预报台发布厦门白城海域发生赤潮信息见表16.1。

表16.1　福建省海洋预报台发布2014年5月厦门白城海域发生赤潮信息情况

报道时间	报道内容
5月4日	在厦门白城海域发生赤潮，面积约0.5 km^2，赤潮生物优势种为东海原甲藻（*Prorocentrum donghaiense*）
5月5日	东海原甲藻赤潮范围从厦门白城海域延伸至五通一带，面积扩大到1.5 km^2，水体呈暗红色，条带状、斑块状分布，最高细胞密度4.4×10^6 cells/L（基准密度：5.0×10^5 cells/L）
5月6日	厦门白城海域赤潮仍在持续，赤潮分布在演武大桥至白城胡里山炮台附近海域，面积维持在1.5 km^2，赤潮生物优势种为东海原甲藻（*Prorocentrum donghaiense*），无毒，水体呈暗红色，条带状、斑块状分布，最高细胞密度下降为1.9×10^6 cells/L（基准密度：5.0×10^5 cells/L）
5月7日	厦门白城海域赤潮仍在持续，赤潮分布在白城海域至白石炮台附近海域，面积扩大至15 km^2，赤潮生物优势种为东海原甲藻（*Prorocentrum donghaiense*），无毒，水体呈暗红色，块状分布，最高细胞密度上升为2.6×10^7 cells/L（基准密度：5.0×10^5 cells/L）
5月8—9日	厦门白城附近海域赤潮面积扩大到19 km^2，赤潮区域位于白石炮台至九龙江口附近海域，水色呈暗红色，片状分布，东海原甲藻最高细胞密度上升到7.5×10^7 cells/L
5月10日	厦门白城附近海域赤潮面积缩减为3 km^2，赤潮区域位于白石炮台附近海域，水色呈浅褐色，片状分布，东海原甲藻细胞最高密度下降为1.6×10^6 cells/L
5月11日	厦门鼓浪屿南侧至胡里山炮台附近海域赤潮面积扩大为6.4 km^2，赤潮优势种为东海原甲藻
5月12日	厦门鼓浪屿西南侧海域赤潮面积缩小为1.0 km^2，赤潮优势种为东海原甲藻
5月13日	厦门沿海赤潮仍在持续
5月14日	厦门海域赤潮已消退，水色基本恢复正常
5月15日	厦门海域赤潮已消亡，水色基本恢复正常

16.2 赤潮应急监测

16.2.1 监测站位及航次安排

为跟踪监测赤潮消长、藻种演替和赤潮毒素水平，开展赤潮应急跟踪监测。本次赤潮监测任务共分为环境质量监测、赤潮毒素分析和赤潮藻类监测三个方面开展。共开展6个航次应急监测。具体监测航次见表16.2。

表16.2 调查航次及调查内容

序 号	调查时间	调查内容
1	2014年5月7日	环境质量监测、赤潮毒素分析和赤潮藻类监测
2	2014年5月13日	环境质量监测、赤潮毒素分析和赤潮藻类监测
3	2014年5月14日	环境质量监测、赤潮毒素分析和赤潮藻类监测
4	2014年5月15日	环境质量监测、赤潮毒素分析和赤潮藻类监测
5	2014年5月16日	环境质量监测、赤潮藻类监测
6	2014年5月20日	赤潮藻类监测

所有调查内容样品的采集、储存、运输、测定、分析方法和数据处理均按照《海洋调查规范》（GB/T 12763—2007）和《海洋监测规范》（GB 17378—2007）要求进行。环境质量监测水样采集：水深<5 m，采集表层；5 m≤水深<15 m，采集表底层；水深≥15 m，采集表层、10 m层、底层。具体站位分布见图16.1，站位经纬度及监测内容见表16.3。

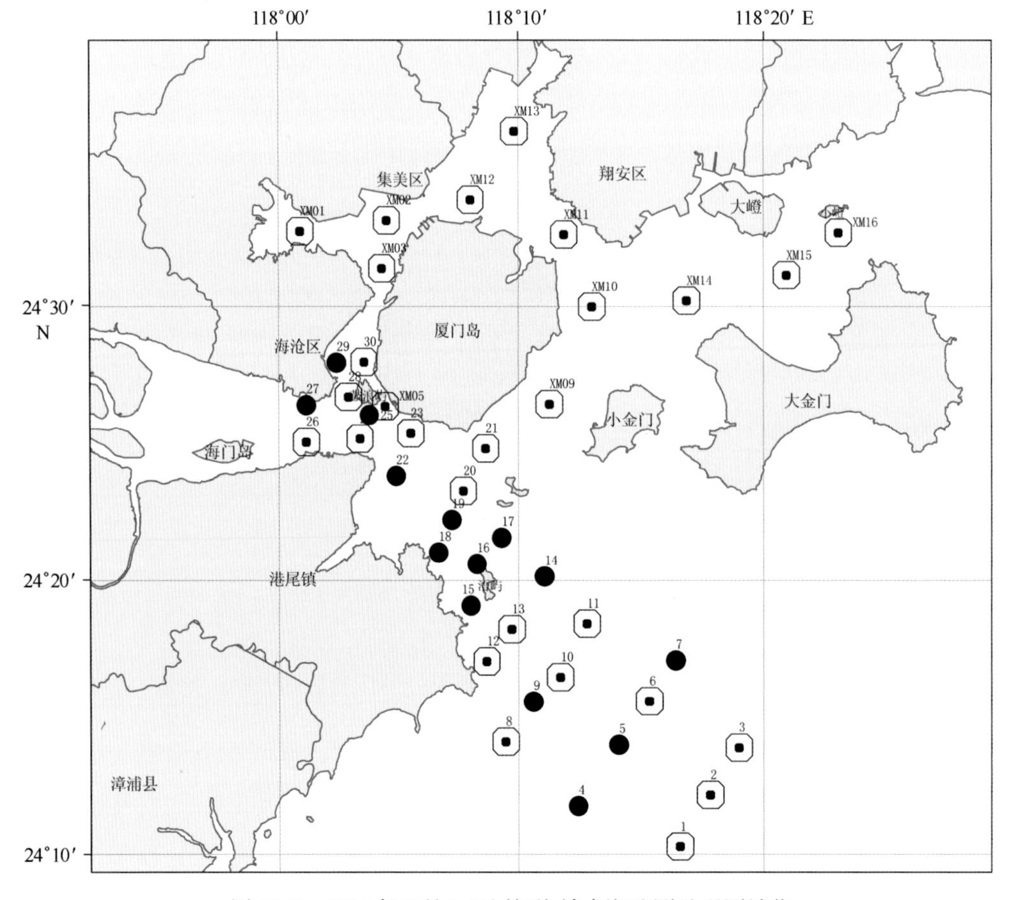

图16.1 2014年5月7日厦门海域赤潮监测及观测站位

表 16.3 厦门海域赤潮监测站位经纬度及调查内容

站位	纬度 N	经度 E	调查内容
1	24°10′17.5″	118°16′34.36″	环境质量、藻类分析
2*	24°12′10.9″	118°17′48.32″	环境质量、藻类分析、赤潮毒素
3	24°13′54.44″	118°18′58.99″	环境质量、藻类分析
4	24°11′46.25″	118°12′26.19″	环境质量
5	24°12′10.9″	118°17′48.32″	环境质量
6	24°15′36.2″	118°15′20″	环境质量、藻类分析
7	24°17′5.09″	118°16′24.5″	环境质量
8	24°14′7.51″	118°9′27.8″	环境质量、藻类分析
9	24°15′34.88″	118°10′36.1″	环境质量
10	24°16′28.73″	118°11′41.49″	环境质量、藻类分析
11	24°18′26.13″	118°12′47.49″	环境质量、藻类分析
12	24°17′3.45″	118°8′40.6″	环境质量、藻类分析
13	24°18′13.69″	118°9′43.04″	环境质量、藻类分析、赤潮毒素
14	24°20′9.06″	118°11′3.02″	环境质量
15	24°19′5.09″	118°8′0.7″	环境质量
16	24°20′36.3″	118°8′15.8″	环境质量
17	24°21′33.96″	118°9′18.24″	环境质量
18	24°21′1.28″	118°6′39.11″	环境质量
19	24°22′13.13″	118°7′12.57″	环境质量
20	24°23′16.57″	118°7′41.62″	环境质量、藻类分析、赤潮毒素
21	24°24′49.7″	118°8′38.09″	环境质量、藻类分析、赤潮毒素
22	24°23′48.99″	118°4′53.76″	环境质量
23*	24°25′22.99″	118°5′30.18″	环境质量、藻类分析、赤潮毒素
24	24°25′10.89″	118°3′21.72″	环境质量、藻类分析、赤潮毒素
25	24°26′2.93″	118°3′46.01″	环境质量
26	24°25′3.7″	118°1′8.75″	环境质量
27	24°26′24.28″	118°1′9.42″	环境质量
28*	24°26′42.63″	118°2′53.31″	环境质量、藻类分析、赤潮毒素
29	24°27′57.07″	118°2′24.04″	环境质量
30	24°27′59.02″	118°3′32.33″	环境质量、藻类分析、赤潮毒素

注：带 * 站位在腹泻性贝毒基础上加测麻痹性贝毒检测。

16.2.2 监测参数与分析方法

pH、水温、盐度、化学需氧量、溶解氧、硝酸盐、亚硝酸盐、铵盐、活性磷酸盐、活性硅酸盐、浮游植物、麻痹性贝毒和腹泻性贝毒，共计 13 个要素。

分析方法按照《海洋调查规范》(GB/T 12763—2007)、《海洋监测规范》(GB 17378—2007)、《海洋监测技术规程》(HY/T 147.1—2013) 要求进行。具体分析方法和引用标准见表 16.4。

表 16.4 分析方法及引用标准

序号	监测参数	分析方法	引用标准
1	水温	颠倒温度表法	《海洋监测规范》(GB 17378.4—2007) 《海洋调查规范》(GB/T 12763—2007) 《海洋监测技术规程》(HY/T 147.1—2013)
2	pH	pH 计法	
3	盐度	温盐水仪(CTD)法	
4	溶解氧	碘量法	
5	化学需氧量	碱性高锰酸钾法	
6	硝酸盐	锌-镉还原法	
7	亚硝酸盐	萘乙二胺分光光度法	
8	铵盐	次溴酸盐氧化法	
9	活性磷酸盐	磷钼蓝分光光度法	
10	活性硅酸盐	硅钼黄法	
11	叶绿素 a	萃取荧光法	
12	浮游植物	镜检	
13	麻痹性贝毒	试剂盒 ELISA 检定法	
14	腹泻性贝毒	直接竞争 ELISA 法	

16.3 监测结果分析

16.3.1 环境质量监测

16.3.1.1 海水水温

赤潮期间水温监测结果的统计值见表 16.5，在赤潮期间海水水温随时间变化趋势的统计特征见图 16.2，5 月 7—16 日，表底层水温变化趋势一致，表层水温高于底层水温，呈逐渐升高的趋势，5 月 15 日表底层水温达到最高值，表层水温平均值为 22.8 ℃，底层水温平均值为 22.2 ℃。表层水温变幅最大的是 5 月 13 日，为 4.67 ℃；底层水温变幅最大的是 5 月 7 日，为 1.33 ℃。

表 16.5 赤潮期间水温监测结果的统计值 单位:℃

层次	类别	5 月 7 日	5 月 13 日	5 月 14 日	5 月 15 日	5 月 16 日
表层	最小值	19.77	20.67	21.13	22.2	21.8
	最大值	21.15	25.34	22.01	24.3	23.8
	平均值	20.50	21.25	21.76	22.8	22.4
	变幅	1.38	4.67	0.88	2.10	2.00
底层	最小值	19.75	20.17	20.84	21.5	21.2
	最大值	21.08	21.02	21.89	22.8	22.0
	平均值	20.33	20.48	21.28	22.2	21.5
	变幅	1.33	0.85	1.05	1.30	0.80

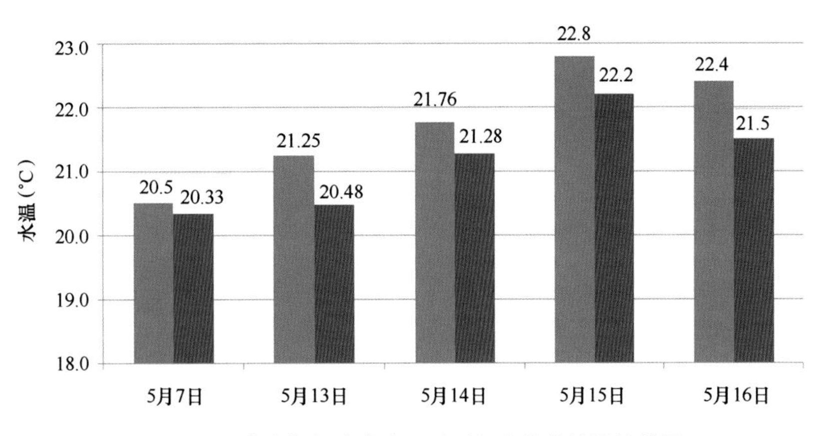

图 16.2 赤潮期间海水水温随时间变化的统计柱状图

16.3.1.2 海水盐度

赤潮期间海水盐度监测结果的统计值见表 16.6，海水盐度随时间变化趋势的统计特征见图 16.3，表层、底层盐度变化趋势一致，表层盐度低于底层盐度。5 月 7—16 日，盐度升高趋势呈抛上物线趋势，5 月 14 日表层、底层盐度达到最高值后逐渐回落。5 月 14 日，表层盐度平均值为 31.23，底层盐度平均值为 31.64。表层、底层盐度变幅最大均出现在 5 月 7 日，表层盐度变幅为 10.29，底层盐度变幅为 5.83。

表 16.6 赤潮期间海水盐度监测结果的统计值

层次	类别	5 月 7 日	5 月 13 日	5 月 14 日	5 月 15 日	5 月 16 日
表层	最小值	22.117	24.212	30.04	26.42	22.09
	最大值	32.407	31.450	32.07	30.39	28.25
	平均值	28.785	29.751	31.23	28.08	26.06
	变幅	10.29	7.24	2.03	3.97	6.16
底层	最小值	27.056	28.583	30.89	26.72	25.55
	最大值	32.884	32.580	32.16	30.49	31.07
	平均值	30.886	31.499	31.64	29.12	29.06
	变幅	5.83	4.00	1.27	3.77	5.52

16.3.1.3 海水 pH 值

赤潮期间海水 pH 值监测结果的统计值见表 16.7，海水 pH 值随时间变化趋势的统计特征见图 16.4，除 5 月 7 日表层、底层的 pH 平均值相同，其余表层 pH 值低于底层 pH 值。表层、底层 pH 值变化趋势没有明显规律。表层 pH 最高平均值出现在 5 月 7 日，为 8.15，底层 pH 最高平均值出现在 5 月 16 日，为 8.19；表底层最低值均出现在 5 月 15 日，表层 pH 最低平均值为 7.94，底层 pH 最低平均值为 7.96。表层 pH 变幅最大出现在 5 月 7 日，为 0.59；底层 pH 变幅最大值出现在 5 月 16 日，为 0.69。

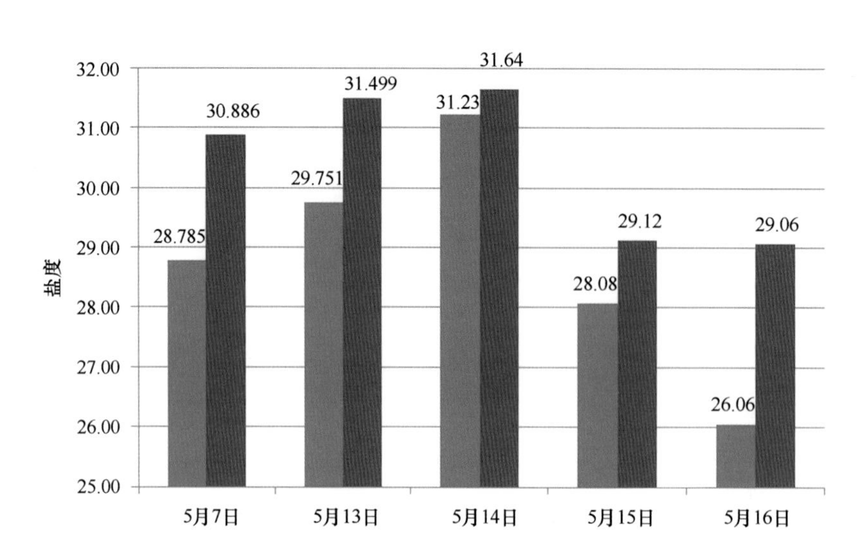

图 16.3　赤潮期间海水盐度随时间变化趋势的统计柱状图

表 16.7　赤潮期间海水 pH 值监测结果的统计值

层次	类别	5 月 7 日	5 月 13 日	5 月 14 日	5 月 15 日	5 月 16 日
表层	最小值	7.85	7.75	8.10	7.87	7.82
	最大值	8.44	8.12	8.16	8.02	8.12
	平均值	8.15	7.98	8.13	7.94	8.00
	变幅	0.59	0.37	0.06	0.15	0.30
底层	最小值	7.90	7.88	8.11	7.90	8.01
	最大值	8.30	8.07	8.17	8.03	8.70
	平均值	8.15	8.01	8.14	7.96	8.19
	变幅	0.40	0.19	0.06	0.13	0.69

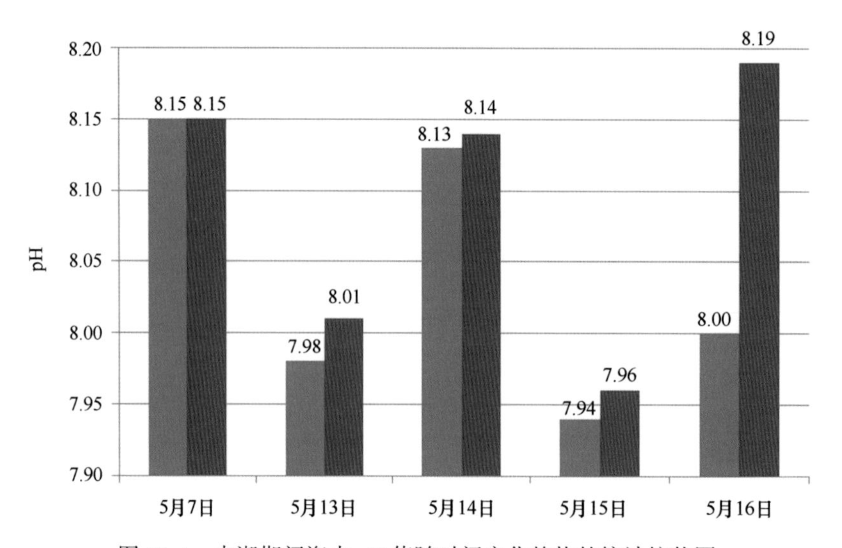

图 16.4　赤潮期间海水 pH 值随时间变化趋势的统计柱状图

16.3.1.4 海水溶解氧

赤潮期间海水溶解氧监测结果的统计值见表16.8，海水溶解氧随时间变化趋势的统计特征见图16.5，除5月15日底层溶解氧略高于表层溶解氧，其余表层溶解氧高于底层溶解氧。表层溶解氧呈下抛物线的趋势，最低平均值出现在5月15日，为6.57 mg/L；底层溶解氧呈逐渐降低的趋势，最低平均值出现在5月16日，为5.88 mg/L。表底层溶解氧变幅最大均出现在5月16日，表层溶解氧变幅为5.31 mg/L，底层溶解氧变幅为5.00 mg/L。

表16.8 赤潮期间海水溶解氧监测结果的统计值 单位：mg/L

层次	类别	5月7日	5月13日	5月14日	5月15日	5月16日
表层	最小值	7.49	6.77	7.18	6.08	6.47
	最大值	10.45	8.61	7.46	7.01	11.78
	平均值	8.87	7.71	7.36	6.57	7.71
	变幅	2.96	1.84	0.28	0.93	5.31
底层	最小值	7.73	6.86	7.21	6.05	2.10
	最大值	9.88	8.68	7.54	7.07	7.10
	平均值	8.54	7.74	7.34	6.62	5.88
	变幅	2.15	1.82	0.33	1.02	5.00

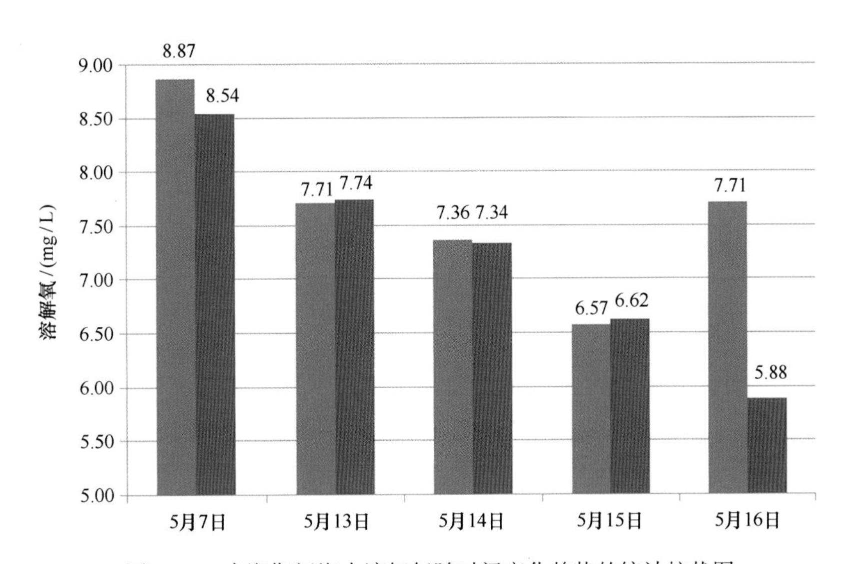

图16.5 赤潮期间海水溶解氧随时间变化趋势的统计柱状图

16.3.1.5 海水化学需氧量

赤潮期间海水化学需氧量监测结果的统计值见表16.9，海水化学需氧量随时间变化趋势的统计特征见图16.6，表层、底层变化趋势一致，表层化学需氧量高于底层化学需氧量，表层、底层化学需氧量变化呈下抛物线趋势。表层、底层化学需氧量最高值均出现在5月7日，表层化学需氧量最高平均值为3.05 mg/L，底层化学需氧量最高平均值为1.34 mg/L；表底层最低值均出现在5月14日，表层化学需氧量最低平均值为0.35 mg/L，底层化学需氧量最低平均值为0.29 mg/L。表底层化学需氧量变幅最大均出现在5月7日，表层化学需氧量变幅为6.21 mg/L，底层化学需氧量变幅为4.09 mg/L。

表 16.9 赤潮期间海水化学需氧量监测结果的统计值 单位：mg/L

层次	类别	5 月 7 日	5 月 13 日	5 月 14 日	5 月 15 日	5 月 16 日
表层	最小值	0.66	0.49	0.31	0.51	0.74
	最大值	6.87	1.34	0.41	0.78	6.16
	平均值	3.05	0.76	0.35	0.58	2.00
	变幅	6.21	0.85	0.10	0.27	5.42
底层	最小值	0.45	0.28	0.15	0.24	0.56
	最大值	4.54	1.03	0.39	0.74	2.85
	平均值	1.34	0.62	0.29	0.50	1.15
	变幅	4.09	0.75	0.24	0.50	2.29

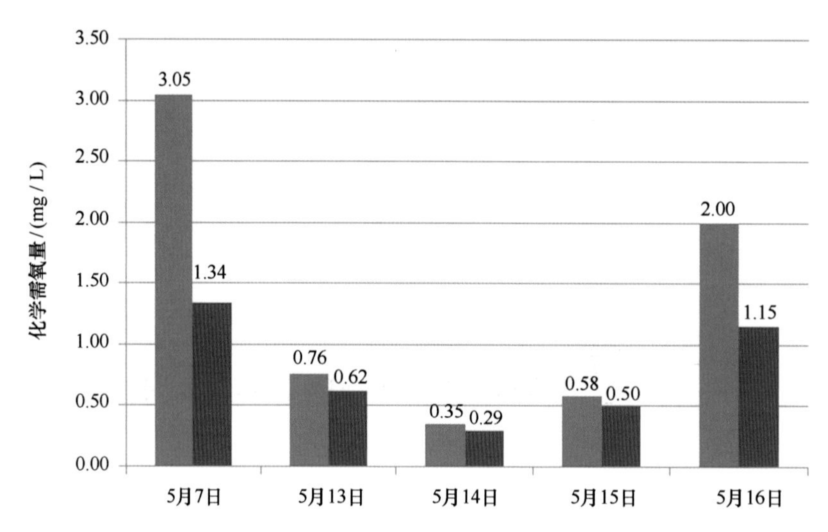

图 16.6 赤潮期间海水化学需氧量随时间变化趋势的统计柱状图

16.3.1.6 海水硝酸盐

赤潮期间海水硝酸盐监测结果的统计值见表 16.10，海水硝酸盐随时间变化趋势的统计柱状图见图 16.7，表层、底层变化趋势没有明显规律，表层硝酸盐高于底层硝酸盐，表层、底层硝酸盐变化呈下抛物线趋势。表层、底层硝酸盐最大值均出现在 5 月 13 日，表层硝酸盐最高平均值出现在 5 月 16 日，为 0.634 mg/L，底层硝酸盐最高平均值出现在 5 月 15 日，为 0.322 mg/L；表层、底层最低平均值均出现在 5 月 14 日，表层硝酸盐最低平均值为 0.125 mg/L，底层硝酸盐最低平均值为 0.117 mg/L。表底层硝酸盐变幅最大均出现在 5 月 13 日，表层硝酸盐变幅为 1.28 mg/L，底层硝酸盐变幅为 0.90 mg/L。

表 16.10 赤潮期间海水硝酸盐监测结果的统计值 单位：mg/L

层次	类别	5 月 7 日	5 月 13 日	5 月 14 日	5 月 15 日	5 月 16 日
表层	最小值	0.056	0.056	0.079	0.203	0.384
	最大值	1.098	1.340	0.181	0.614	1.020
	平均值	0.400	0.485	0.125	0.380	0.634
	变幅	1.04	1.28	0.10	0.41	0.64

续表

层次	类别	5月7日	5月13日	5月14日	5月15日	5月16日
底层	最小值	0.053	0.011	0.085	0.196	0.185
	最大值	0.589	0.911	0.175	0.513	0.405
	平均值	0.258	0.276	0.117	0.322	0.300
	变幅	0.54	0.90	0.09	0.32	0.22

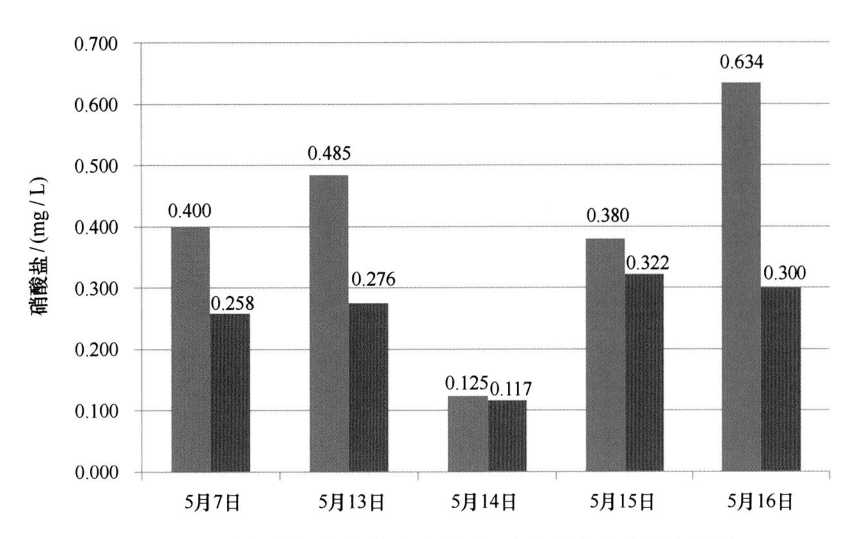

图 16.7 赤潮期间海水硝酸盐随时间变化趋势的统计柱状图

16.3.1.7 海水亚硝酸盐

赤潮期间海水亚硝酸盐监测结果的统计值见表 16.11，海水亚硝酸盐随时间变化趋势的统计柱状图见图 16.8，表层、底层变化趋势一致，表层亚硝酸盐高于底层亚硝酸盐，表层、底层亚硝酸盐变化呈下抛物线趋势。表层、底层亚硝酸盐最大平均值均出现在 5 月 16 日，表层亚硝酸盐最高平均值为 0.129 mg/L，底层亚硝酸盐最高平均值为 0.078 mg/L；表层、底层最低平均值均出现在 5 月 14 日，表层亚硝酸盐最低平均值为 0.017 mg/L，底层亚硝酸盐最低值为 0.013 mg/L。表层、底层亚硝酸盐变幅最大均出现在 5 月 7 日，表层亚硝酸盐变幅为 0.213 mg/L，底层亚硝酸盐变幅为 0.234 mg/L。

表 16.11 赤潮期间海水亚硝酸盐监测结果的统计值 单位：mg/L

层次	类别	5月7日	5月13日	5月14日	5月15日	5月16日
表层	最小值	0.005	0.015	0.008	0.026	0.076
	最大值	0.218	0.155	0.033	0.075	0.236
	平均值	0.077	0.043	0.017	0.054	0.129
	变幅	0.213	0.14	0.025	0.049	0.16
底层	最小值	0.006	0.013	0.009	0.024	0.032
	最大值	0.240	0.071	0.018	0.067	0.194
	平均值	0.052	0.026	0.013	0.047	0.078
	变幅	0.234	0.058	0.009	0.043	0.162

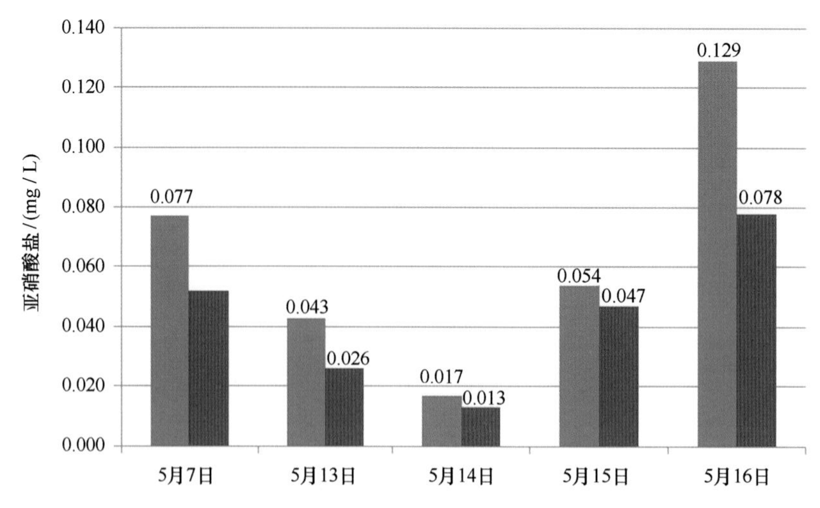

图 16.8　赤潮期间海水亚硝酸盐随时间变化趋势的统计柱状图

16.3.1.8　海水铵盐

赤潮期间海水铵盐监测结果的统计值见表 16.12，海水铵盐随时间变化趋势的统计柱状图见图 16.9，表层、底层变化趋势一致，没有明显规律，表层铵盐高于底层铵盐。表层铵盐最高平均值出现在 5 月 15 日和 5 月 16 日，为 0. 628 mg/L，底层铵盐最高平均值出现在 5 月 15 日，为 0. 578 mg/L；表层、底层最低平均值均出现在 5 月 14 日，表层铵盐最低平均值为 0. 130 mg/L，底层铵盐最低平均值为 0. 109 mg/L。表层、底层铵盐变幅最大均出现在 5 月 7 日，表层铵盐变幅为 1. 228 mg/L，底层铵盐变幅为 0. 726 mg/L。

表 16.12　赤潮期间海水铵盐监测结果的统计值　　单位：mg/L

层次	类别	5 月 7 日	5 月 13 日	5 月 14 日	5 月 15 日	5 月 16 日
表层	最小值	0. 031	0. 027	0. 095	0. 444	0. 396
	最大值	1. 259	1. 176	0. 161	0. 788	0. 823
	平均值	0. 306	0. 340	0. 130	0. 628	0. 628
	变幅	1. 228	1. 149	0. 066	0. 344	0. 427
底层	最小值	0. 027	0. 033	0. 090	0. 415	0. 334
	最大值	0. 753	0. 661	0. 142	0. 767	0. 492
	平均值	0. 199	0. 189	0. 109	0. 578	0. 387
	变幅	0. 726	0. 628	0. 052	0. 352	0. 158

16.3.1.9　海水总无机氮

赤潮期间海水总无机氮监测结果的统计值见表 16.13，海水总无机氮随时间变化趋势的统计柱状图见图 16.10，表层、底层变化趋势没有明显规律，表层总无机氮高于底层总无机氮。表层、底层总无机氮最高平均值均出现在 5 月 15 日，表层总无机氮最高平均值为 1. 06 mg/L，底层总无机氮最高平均值为 0. 95 mg/L；表层、底层最低平均值均出现在 5 月 14 日，表层总无机氮最低平均值为 0. 27 mg/L，底层总无机氮最低平均值为 0. 238 mg/L。表底层总无机氮变幅最大均出现在 5 月 13 日，表层总无机氮变幅为 2. 54 mg/L，底层总无机氮变幅为 1. 14 mg/L。

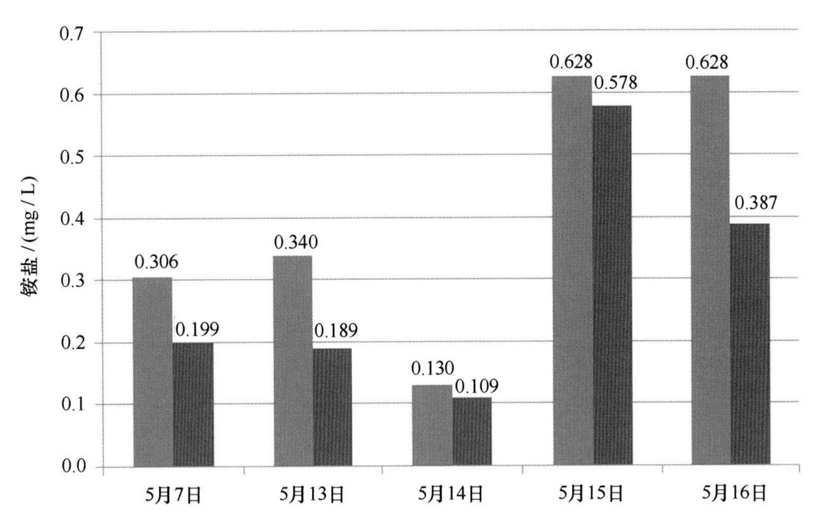

图 16.9 赤潮期间海水铵盐随时间变化趋势的统计柱状图

表 16.13 赤潮期间海水总无机氮监测结果的统计值 单位：mg/L

层次	类别	5 月 7 日	5 月 13 日	5 月 14 日	5 月 15 日	5 月 16 日
表层	最小值	0. 094	0. 134	0. 18	0. 67	0. 53
	最大值	2. 574	2. 670	0. 36	1. 30	1. 05
	平均值	0. 783	0. 868	0. 27	1. 06	0. 80
	变幅	2. 48	2. 54	0. 18	0. 63	0. 52
底层	最小值	0. 087	0. 102	0. 184	0. 64	0. 39
	最大值	1. 144	1. 246	0. 301	1. 21	0. 73
	平均值	0. 509	0. 491	0. 238	0. 95	0. 51
	变幅	1. 06	1. 14	0. 12	0. 57	0. 34

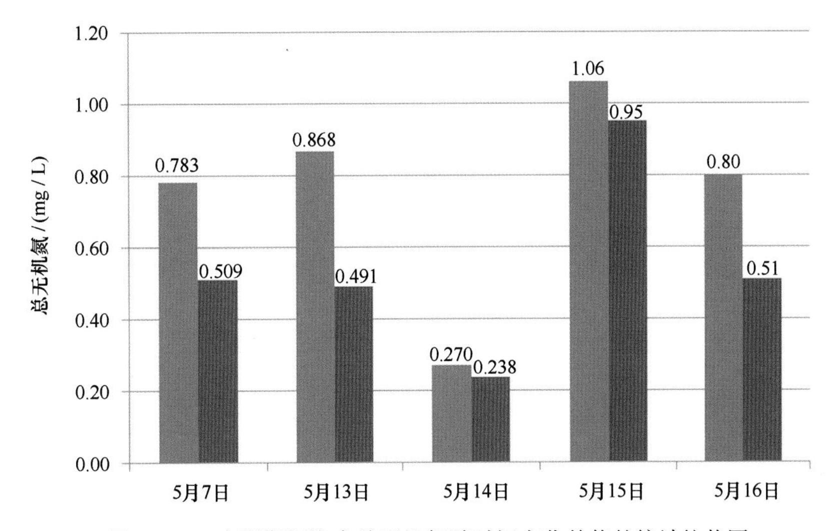

图 16. 10 赤潮期间海水总无机氮随时间变化趋势的统计柱状图

16.3.1.10 海水活性磷酸盐

赤潮期间海水活性磷酸盐监测结果的统计值见表 16.14，海水活性磷酸盐随时间变化趋势的统计柱状图见图 16.11，表层、底层变化趋势没有明显规律，除 5 月 14 日表层、底层活性磷酸盐含量相同，其余时间表层活性磷酸盐高于底层活性磷酸盐。表层、底层活性磷酸盐最高平均值均出现在 5 月 15 日，表层活性磷酸盐最高平均值为 0.067 mg/L，底层活性磷酸盐最高平均值为 0.058 mg/L；表层、底层最低平均值均出现在 5 月 7 日，表层活性磷酸盐最低平均值为 0.006 mg/L，底层活性磷酸盐最低平均值为 0.005 mg/L。表层活性磷酸盐变幅最大出现在 5 月 13 日，为 0.082 mg/L；底层活性磷酸盐变幅最大出现在 5 月 16 日，为 0.101 mg/L。

表 16.14 赤潮期间海水活性磷酸盐监测结果的统计值

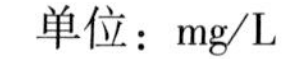
单位：mg/L

层次	类别	5 月 7 日	5 月 13 日	5 月 14 日	5 月 15 日	5 月 16 日
表层	最小值	0.001	0.001	0.011	0.041	0.007
	最大值	0.030	0.083	0.027	0.096	0.068
	平均值	0.006	0.020	0.020	0.067	0.044
	变幅	0.029	0.082	0.016	0.055	0.061
底层	最小值	0.001	0.001	0.012	0.029	0.020
	最大值	0.028	0.031	0.030	0.094	0.121
	平均值	0.005	0.008	0.020	0.058	0.047
	变幅	0.027	0.03	0.018	0.065	0.101

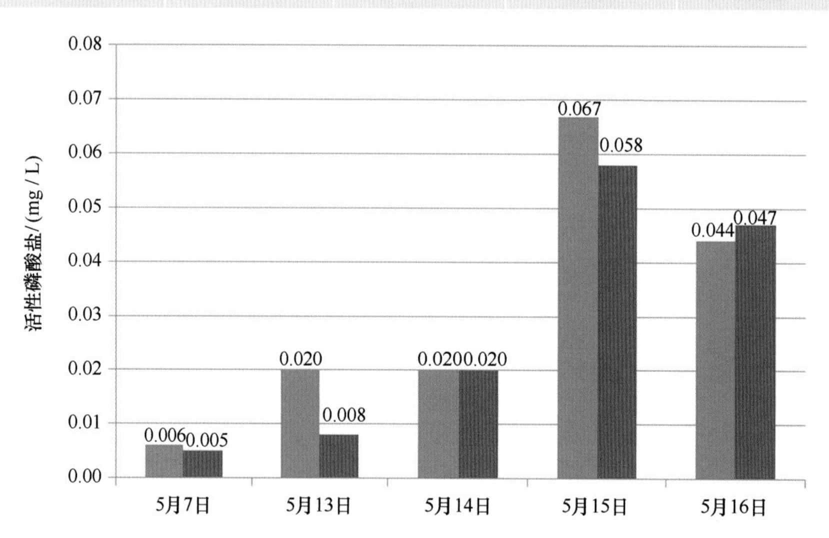

图 16.11 赤潮期间海水活性磷酸盐随时间变化趋势的统计柱状图

16.3.1.11 海水活性硅酸盐

赤潮期间海水活性硅酸盐监测结果的统计值见表 16.15，海水活性硅酸盐随时间变化趋势的统计柱状图见图 16.12，表层、底层变化趋势没有明显规律，表层活性硅酸盐高于底层活性硅酸盐。表层、底层活性硅酸盐最高平均值均出现在 5 月 16 日，表层活性硅酸盐最高平均值为 1.54 mg/L，底层活性硅酸盐最高平均值为 1.10 mg/L；表底层最低平均值均出现在 5 月 14 日，表层活性硅酸盐最低平均值为 0.62 mg/L，底层活性硅酸盐最低平均值为 0.54 mg/L。表层活性硅酸盐变幅最大出现在 5 月 13 日，为 2.99 mg/L；底层活性硅酸盐变幅最大出现在 5 月 7 日，为 1.62 mg/L。

表 16.15 赤潮期间海水活性硅酸盐监测结果的统计值 单位：mg/L

层次	类别	5月7日	5月13日	5月14日	5月15日	5月16日
表层	最小值	0.29	0.38	0.37	0.58	0.21
	最大值	1.83	3.37	1.03	1.76	2.57
	平均值	0.81	1.03	0.62	1.16	1.54
	变幅	1.54	2.99	0.66	1.18	2.36
底层	最小值	0.25	0.36	0.40	0.57	0.72
	最大值	1.87	1.83	0.70	1.56	1.54
	平均值	0.64	0.73	0.54	1.04	1.10
	变幅	1.62	1.47	0.3	0.99	0.82

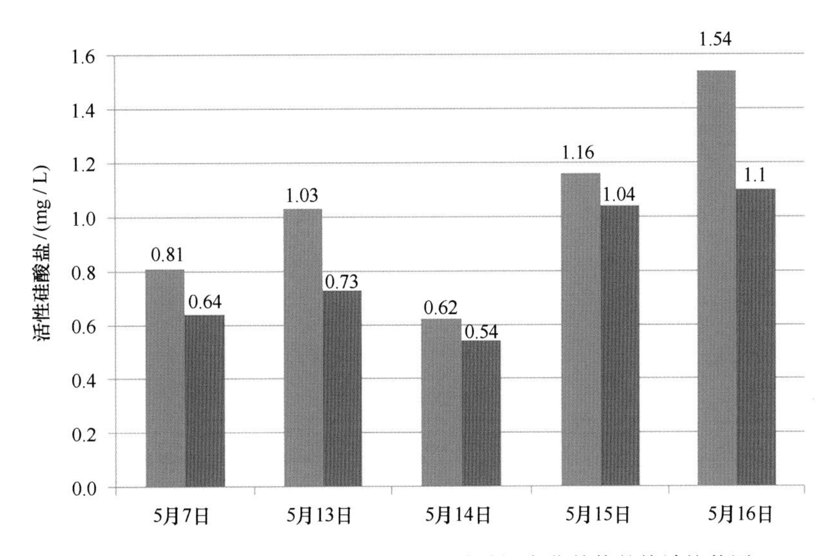

图 16.12 赤潮期间海水活性硅酸盐随时间变化趋势的统计柱状图

16.3.2 赤潮藻类监测

16.3.2.1 5月7日和5月13日赤潮暴发期

2014年在厦门鼓浪屿海域以南至漳州港附近海域共采集到11个水样，经固定和沉淀后，在显微镜下进行鉴定。本批样品的主要优势种名录见表16.16。由表16.16和图16.13至图16.18可见，本次调查中浮游植物群落生物量范围在70×10^3 ~ 980×10^3 cells/L，主要优势种为具齿原甲藻、海链藻、赤潮异弯藻、亚历山大藻（疑似种）、灰白下沟藻、菱形海线藻以及菱形藻等。赤潮异弯藻、亚历山大藻（疑似种）、具尾鳍藻以及海洋卡盾藻为可能产生毒素的有害有毒赤潮藻类，其中赤潮异弯藻和海洋卡盾藻可能产生溶血性毒素，亚历山大藻（疑似种）可能产生PSP，而具尾鳍藻可能产生DSP。其中赤潮异弯藻细胞密度最高，在某些站位达20×10^3 cells/L，这些有害有毒藻类的细胞密度并未达到赤潮判断标准。不过研究资料显示，许多有毒藻类在达到赤潮暴发判断标准之前，就可能产生毒素危害海产品安全和人类健康。由于许多有毒赤潮藻类的个体较小，也可能因密度较低，未能在显微镜下鉴定到，因此，在赤潮的监测和预警工作中，最好结合分子生物学（比如试剂盒）或生物毒理学（如小白鼠实验）等，才能对有毒赤潮的发生进行较科学、及时的预警。

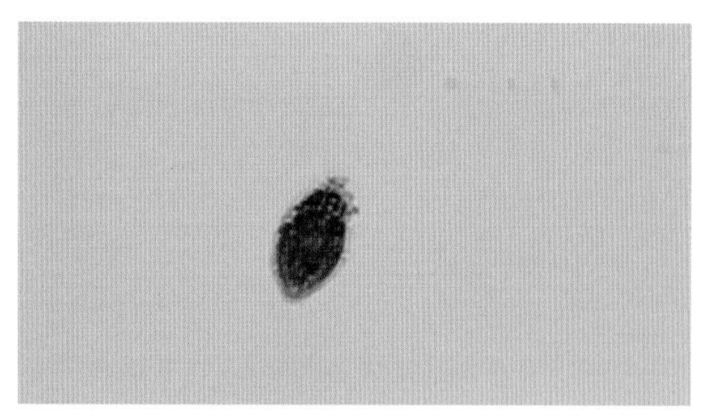

图 16.13　海洋卡盾藻（20 倍目镜）　30 μm 左右

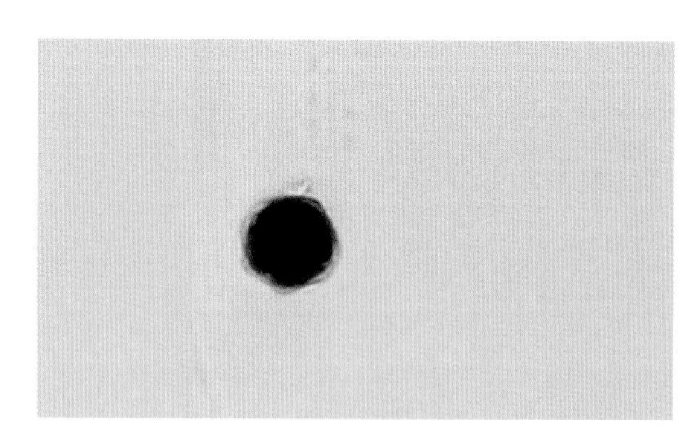

图 16.14　亚历山大藻（疑似种）　20 μm 左右

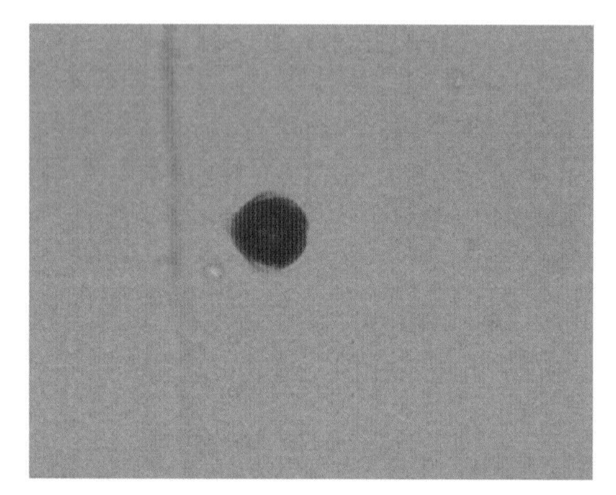

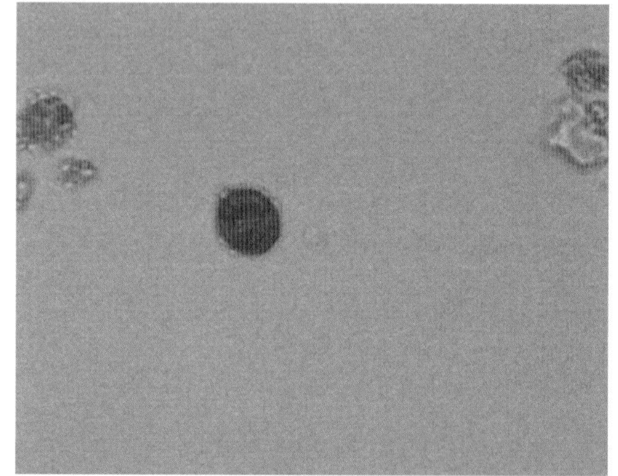

图 16.15　亚历山大藻（疑似种）　20 μm 左右

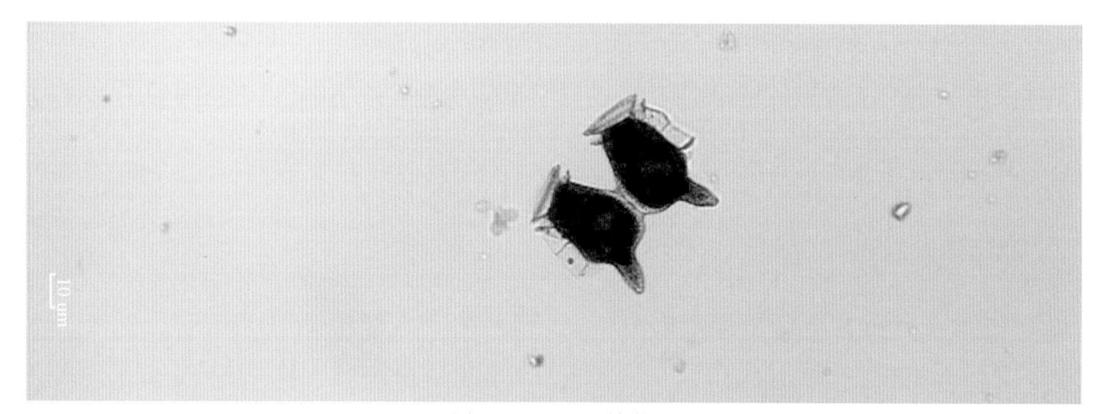

图 16.16　具尾鳍藻

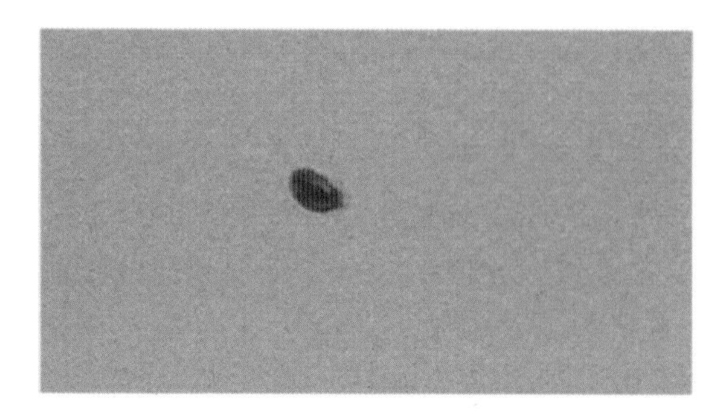

图 16.17　赤潮异弯藻　10 μm 左右

图 16.18　裸甲藻（疑似种）　15 μm 左右

表 16.16 赤潮发生站位浮游植物群落种类组成、细胞密度和百分率

站位号							
24号	优势种	具齿原甲藻	海链藻	角毛藻	赤潮异弯藻	新月菱形藻	浮游植物群落
	细胞密度/(×10^3 cells/L)	60	24	12	6	3	150
	百分率（%）	40	16	8	4	2	100
20号	优势种	具齿原甲藻	海链藻	灰白下沟藻	具槽直链藻	菱形藻	浮游植物群落
	细胞密度/(×10^3 cells/L)	72	21	15	12	6	150
	百分率（%）	48	14	10	8	4	100
12号	优势种	具齿原甲藻	灰白下沟藻	三角甲藻	亚历山大藻	海链藻	浮游植物群落
	细胞密度/(×10^3 cells/L)	81	9	6	3	3	120
	百分率（%）	67.5	7.5	5.0	2.5	2.5	100
13号	优势种	具齿原甲藻	海链藻	新月菱形藻	小环藻	亚历山大藻	浮游植物群落
	细胞密度/(×10^3 cells/L)	294	18	3	3	3	357
	百分率（%）	82.3	5.0	0.8	0.8	0.8	100
11号	优势种	具齿原甲藻	灰白下沟藻	海链藻	羽纹藻	—	总数
	细胞密度/(×10^3 cells/L)	20	20	20	10	—	70
	百分率（%）	28.6	28.6	14.3	28.6	—	100
10号	优势种	灰白下沟藻	海链藻	赤潮异弯藻	小圆筛藻	其他	浮游植物群落
	细胞密度/(×10^3 cells/L)	30	20	20	10	30	110
	百分率（%）	27.3	18.2	18.2	9.1	27.3	100
8号	优势种	具齿原甲藻	灰白下沟藻	赤潮异弯藻	三角角藻	其他	浮游植物群落
	细胞密度/(×10^3 cells/L)	860	50	20	10	40	980
	百分率（%）	87.8	5.1	2.0	1.0	4.0	100
6号	优势种	海链藻	灰白下沟藻	菱形海线藻	羽纹藻	其他	浮游植物群落
	细胞密度/(×10^3 cells/L)	50	10	10	20	20	110
	百分率（%）	45.5	9.1	9.1	18.2	18.2	100
3号	优势种	海链藻	骨条藻	浮动弯角藻	具尾鳍藻	亚历山大藻	浮游植物群落
	细胞密度/(×10^3 cells/L)	27	6	6	6	3	78
	百分率（%）	34.6	7.7	7.7	7.7	3.8	100
2号	优势种	具齿原甲藻	海链藻	灰白下沟藻	亚历山大藻	菱形海线藻	浮游植物群落
	细胞密度/(×10^3 cells/L)	333	18	24	6	3	414
	百分率（%）	80.4	4.4	5.8	1.5	0.7	100
1号	优势种	具齿原甲藻	海链藻	灰白下沟藻	裸甲藻	海洋卡盾藻	浮游植物群落
	细胞密度/(×10^3 cells/L)	660	18	21	6	3	714
	百分率（%）	92.4	2.5	2.9	0.8	0.4	100

16.3.2.2 5月14—16日期间

2014年5月14日左右，在厦门海域同安湾、西海域、大嶝海域等位置共采集到14个水样，经固定和沉淀后，在显微镜下进行鉴定。本批样品的主要优势种名录见表16.17。由表16.17和图

16.19 至图 16.23 可见，本次调查中浮游植物群落生物量范围在 50×10^{3} ~ 300×10^{3} cells/L。主要优势种为赤潮异弯藻、海链藻、具槽直链藻、具齿原甲藻、红色中缢虫、灰白下沟藻、菱形藻和舟形藻等。其中，赤潮异弯藻和海洋卡盾藻为可能产生溶血性毒素的有毒有害赤潮藻类，在调查海域赤潮异弯藻的平均细胞密度为 35.7×10^{3} cells/L，并未达到赤潮发生标准，不过出现比较频繁，出现频率为 85.7%。而海洋卡盾藻仅在 2 个站位观察到。另外，本次调查还在马銮湾海域发现了棕囊藻赤潮，细胞密度大约为 4.0×10^{7} cells/L。棕囊藻赤潮虽然不会产生毒素，不过可产生二甲基硫化物，散发到大气中可产生酸雨。与未浓缩样的观察相比，多数站位赤潮异弯藻的生物量降低了一个数量级左右，原因应该有三点；①未浓缩样的放大倍数较大，达到 10^{4}，而浓缩后的样品放大倍数为 10^{3}，即前者每鉴定到一个细胞，则该种类的生物量达到 1×10^{4} cells/L，而后者每看到一个细胞，该种类的生物量达到 1×10^{3} cells/L；②这批样品已经过大概 1 个月左右，有些个体小的藻类有可能被分解了；③样品在浓缩过程中也可能丢失了部分生物。

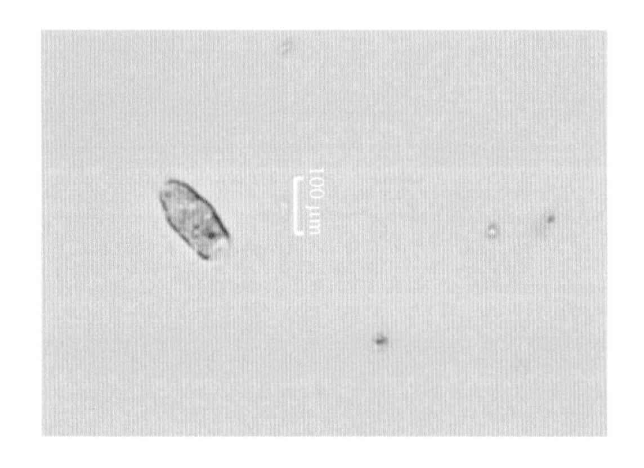

图 16.19　卡盾藻

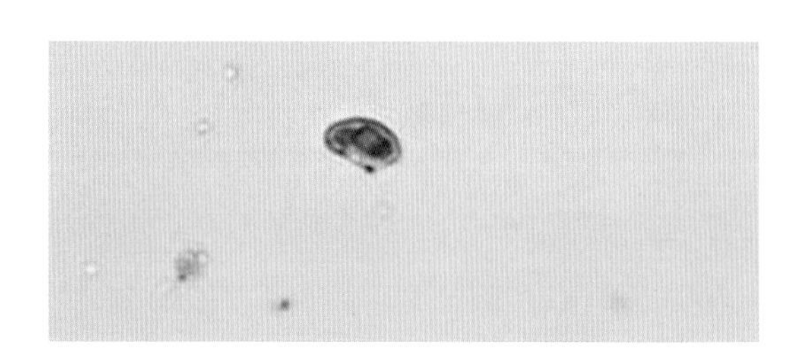

图 16.20　赤潮异弯藻（40 倍目镜下）

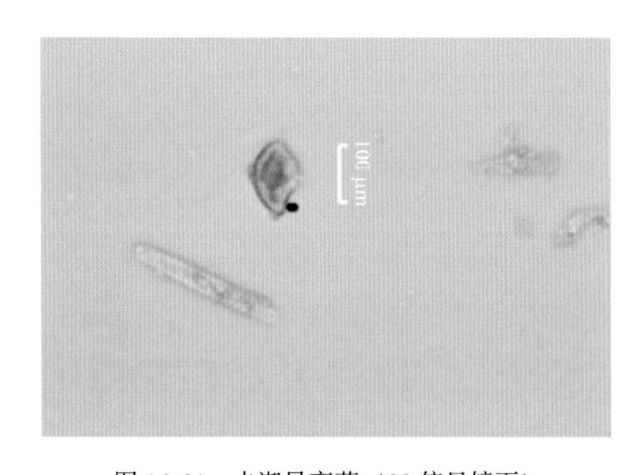

图 16.21　赤潮异弯藻（20 倍目镜下）

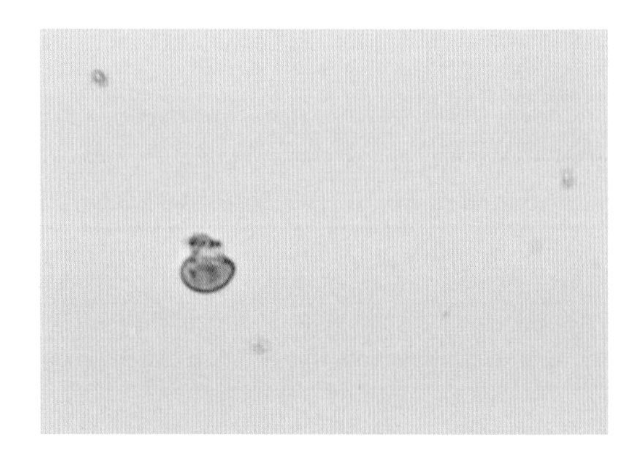

图 16.22　赤潮异弯藻（20 倍目镜下）

图 16.23 球形棕囊藻

表 16.17 赤潮发生站位浮游植物群落种类组成、细胞密度和百分率

站位号	优势种	海链藻	赤潮异弯藻	新月菱形藻	具齿原甲藻	菱形海线藻	浮游植物群落
16 号	细胞密度/($\times10^3$ cells/L)	50	20	20	10	10	180
	百分率（%）	27.8	11.1	11.1	5.6	5.6	100
15 号	优势种	海链藻	具槽直链藻	海洋原甲藻	小环藻	舟形藻	浮游植物群落
	细胞密度/($\times10^3$ cells/L)	40	30	20	10	10	140
	百分率（%）	28.6	21.4	14.3	7.1	7.1	100
14 号	优势种	海链藻	具槽直链藻	赤潮异弯藻	长菱形藻	舟形藻	浮游植物群落
	细胞密度/($\times10^3$ cells/L)	50	30	20	10	10	160
	百分率（%）	31.3	18.8	12.5	6.3	6.3	100
10 号	优势种	赤潮异弯藻	海链藻	具齿原甲藻	灰白下沟藻	其他	浮游植物群落
	细胞密度/($\times10^3$ cells/L)	50	30	20	10	40	150
	百分率（%）	33.3	10.0	13.3	6.7	26.6	100
9 号	优势种	赤潮异弯藻	海链藻	海洋原甲藻	脆根管藻	长菱形藻	浮游植物群落
	细胞密度/($\times10^3$ cells/L)	30	20	10	10	10	120
	百分率（%）	25.0	16.7	8.3	8.3	8.3	100
13 号	优势种	赤潮异弯藻	海链藻	骨条藻	海洋卡盾藻	其他	浮游植物群落
	细胞密度/($\times10^3$ cells/L)	90	20	20	10	50	190
	百分率（%）	47.4	10.5	10.5	5.3	26.3	100

续表

12号	优势种	海链藻	赤潮异弯藻	具齿原甲藻	圆筛藻	其他	浮游植物群落
	细胞密度/(×10³ cells/L)	40	30	20	10	30	130
	百分率（%）	30.8	23.1	15.4	7.7	23.1	100
2号	优势种	赤潮异弯藻	海链藻	角毛藻	菱形海线藻	其他	浮游植物群落
	细胞密度/(×10³ cells/L)	60	40	20	10	20	150
	百分率（%）	40.0	26.7	13.3	6.7	13.3	100
3号	优势种	赤潮异弯藻	海链藻	棍形藻	骨条藻	其他	浮游植物群落
	细胞密度/(×10³ cells/L)	70	40	30	20	70	230
	百分率（%）	30.4	17.4	13.0	8.7	30.4	100
4号	优势种	具齿原甲藻	灰白下沟藻	其他	—	—	浮游植物群落
	细胞密度/(×10³ cells/L)	260	10	30	—	—	300
	百分率（%）	86.7	3.3	9.9	—	—	100
8号	优势种	海链藻	具齿原甲藻	小等刺硅鞭藻	赤潮异弯藻	其他	浮游植物群落
	细胞密度/(×10³ cells/L)	50	20	10	10	70	170
	百分率（%）	29.4	11.8	5.9	5.9	41.2	100
7号	优势种	赤潮异弯藻	海链藻	红色中缢虫	具齿原甲藻	其他	浮游植物群落
	细胞密度/(×10³ cells/L)	40	40	20	10	60	170
	百分率（%）	23.5	23.5	11.8	5.9	35.3	100
5号	优势种	海链藻	具槽直链藻	赤潮异弯藻	具齿原甲藻	蜂腰双壁藻	浮游植物群落
	细胞密度/(×10³ cells/L)	80	70	20	10	10	50
	百分率（%）	33.3	29.2	8.3	4.2	4.2	20.8
6号	优势种	赤潮异弯藻	红色中缢虫	海链藻	海洋卡盾藻	丹麦细柱藻	浮游植物群落
	细胞密度/(×10³ cells/L)	60	50	40	20	20	210
	百分率（%）	28.6	23.8	19.0	9.5	9.5	100
马銮湾	优势种	球形棕囊藻	其他	—	—	—	浮游植物群落（发生赤潮）
	细胞密度/(×10³ cells/L)	4 000	200	—	—	—	4 200
	百分率（%）	95.2	4.8	—	—	—	100

16.3.3 赤潮毒素检测

16.3.3.1 赤潮毒素检测方法概述

腹泻性贝毒素（DSP）是由鳍藻属和原甲藻属产生聚醚类化合物，例如倒卵形鳍藻（*Dinophysis fortii.*）产生的 dinophysis-toxin（DTX-1），DTX 是含有大田软海绵酸的聚醚化合物，它能够结合在丝氨酸、苏氨酸蛋白激酶（Ser/Thr protein phosphatases）的蛋白酶催化结构域，使丝氨酸、苏氨酸蛋白激酶失去在细胞信号转导中的功能，丝氨酸、苏氨酸蛋白激酶信号转导途径是真核细胞体内调节细胞新陈代谢、离子平衡、神经传导和细胞周期调控的重要途径。腹泻性贝毒素影响该细胞转导途径，导致人体肠胃中离子平衡被破坏，人体脱水，肠胃膜壁细胞膜渗透压改变，体液流失，从而引起腹泻。腹泻症状一般要持续2~3 d时间，长期中毒者可加大胃肠等消化系统肿瘤的发生概率（Gian，Philipp，2010）。

根据世界卫生组织2007年统计数据，腹泻性贝毒在全球均有发现，特别以欧盟地区和日本地区最为密集，我国的环渤海地区和南海区域也有发生（见图16.24）。

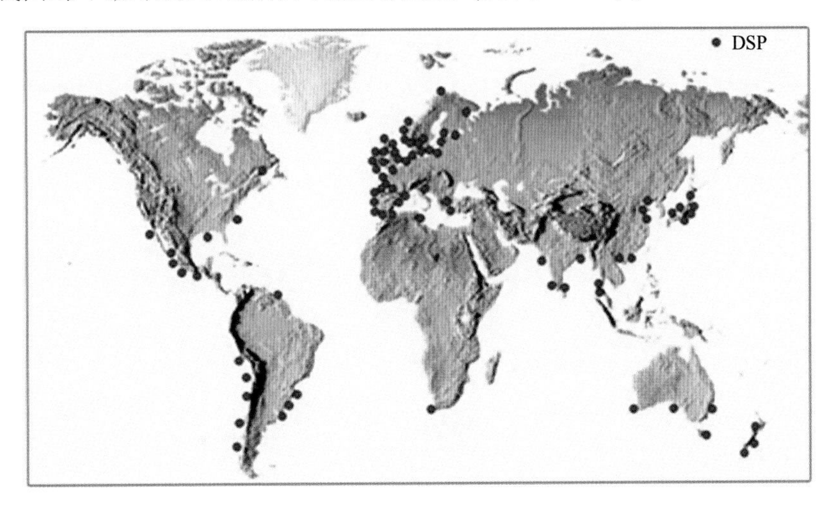

图16.24 2007年统计全球腹泻性贝毒发生的区域（图片引自WHO，2007）

麻痹性贝毒素（PSP）主要是由亚历山大藻属（*Alexandrium* spp.）产生的一类毒素（Gian，Philipp，2010）。如塔玛亚历山大藻产生的石房蛤毒素（saxitoxins，STX），其分子式为$C_{10}H_{17}N_7O_4$，它能够高亲和性地结合在电压依赖性钠离子通道（voltage-dependent sodium channel side1）上抑制该通道的电传导，从而引起神经系统活动障碍。从世界卫生组织1970—2009年统计麻痹性毒素发生区域分布，可见，该毒素在全球发现的区域不断扩大（见图16.25）。

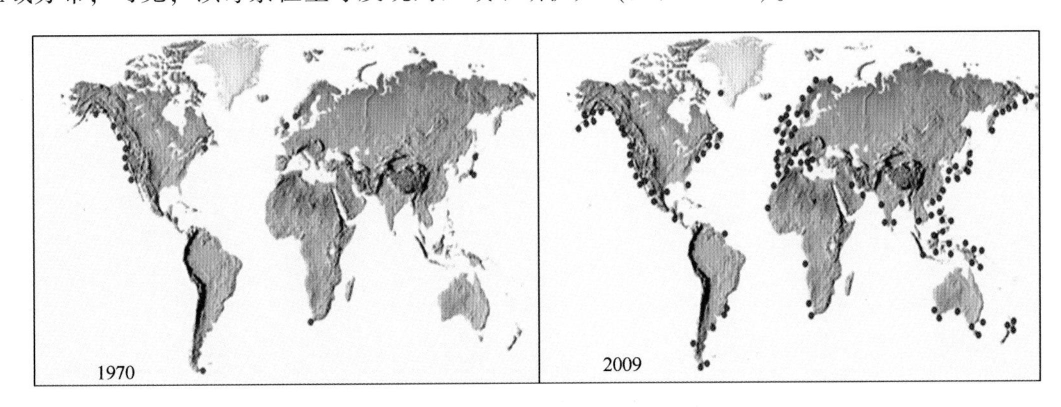

图16.25 1970—2009年统计全球麻痹性毒素发生区域（图片引自WHO，2007）

赤潮毒素检测主要有化学分析检测方法、生物学测试法和免疫检测技术（SEAFOOD，Safety Assessment ltd. FS102086，2015）。

化学分析检测方法，主要有高效液相色谱分析法（HPLC）、液相色谱-质谱联用（LC-MS）、薄层层析法（TLC）等方法，该方法能够快速、准确地检测出赤潮中含有的毒素及所对应的毒藻，且所需的样品量非常小，只需纳克级别的量就可以检测出来。但也存在不足之处，首先是仪器价格昂贵，维护复杂，对实验技术人员素质要求较高；还因样品的前预处理耗时长，无法快速预警。

生物学测试法，包含动物实验毒效检测法、细胞毒性检测法、PCR（分子鉴定）等方法，其优点是实验简单，技术要求不高，且实验结果直接明了，更贴近毒素的实际功能，更好验证毒素的危害程度。缺点是实验周期比较长，样品耗量大。另外，需大量重复实验以确定实验结果的可靠性。

免疫检测技术，主要是利用抗原抗体结合原理，方法有 ELISA 法、Western blot、胶体金法、荧光流式细胞检测法等方法，免疫学的方法能够快速、准确检测出毒素，样品需求量小，只需纳克级的物质就可检测出来，且便捷大量重复实验，存在不足是对于复杂样品的检测需要多种抗原和抗体进行验证，另外对实验技术人员的操作技能要求比较高。

16.3.3.2 赤潮毒素检测方法建立

本次赤潮毒素分析采用 ELISA 免疫检测技术法，试验用两种试剂盒检测，分别是腹泻性贝毒试剂盒 Okadaic Acid（DSP）ELISA，Microtiter Plate（Abraxis，Lot No. 13B0869），毒素检出限 170 ng/L，神经麻痹性贝毒试剂盒 SAXITOXIN ELISA KIT（Abraxis，Lot No. 11J8140），毒素检出限为 15 ng/L。

目前，国外都对此赤潮毒素设定危害预警值，美国食品药品监督管理局（U. S. Food and Drug Administration，FDA）和欧盟组织（EU）将麻痹性毒素（PSP）在贝类和鱼类组织中的毒性危害最低值设置为 400 μg/kg，水体中设定为 40 μg/L，同时，FDA 将腹泻性毒素（DSP）的毒性危害最低值设置为 200 μg/kg（FDA，US，2013），欧盟（The EU commission and FSA，UK，2014）的危害值设为 160 μg/kg，水体中设定为 16 μg/L，当腹泻性贝毒浓度达到 80 μg/kg 时为预警值，就要开始实施跟踪监测，香港环境保护署也使用美国 FDA 检测危险预警标准（NSSA，2013），见表 16.18。

表 16.18 美国 FDA 检测危险预警标准

	DSP（腹泻性贝毒）	PSP（麻痹性贝毒）
藻细胞密度预警值	100 cells/L	40 cells/L
毒素浓度预警值（水体中）	16 μg/L	40 μg/L
毒素浓度预警值（食物中）	80 μg/kg	200 μg/kg
危害最低值（食物中）	160 μg/kg	400 μg/kg

数据来源：EU commission and FSA UK 2014. 9。

1）直接竞争酶联免疫方法检测腹泻性贝毒素

（1）实验原理。直接竞争酶联免疫法是运用抗原抗体特异性结合的原理设计的（Marie et al.，2015），本次以腹泻性贝毒 Okadaic Acid 为例，将毒素免疫兔子，筛选出高效性和特异性的抗腹泻性贝毒抗体（一抗），另外将羊抗兔的二抗固定于酶标 96 孔板内，利用毒素（抗原）、酶标一抗、二抗高灵敏特异性结合原理检测样品的毒素含量，实验组每组平行重复试验 3 次，设有同条件下的阴性对照（空白溶剂），阳性对照（标准毒素）以及配比不同浓度的标准毒素样品，同时试验，与阴性对照的吸光值的比值，计算出标准曲线，再利用检测样品的吸光值与标准曲线，计算出毒素的浓度含量（Clara et al.，2009）。ELISA 方法原理见图 16.26。

（2）实验相关器材。酶联反应荧光标记仪、酶联洗板机、小型离心机、生物安全柜、通风橱、

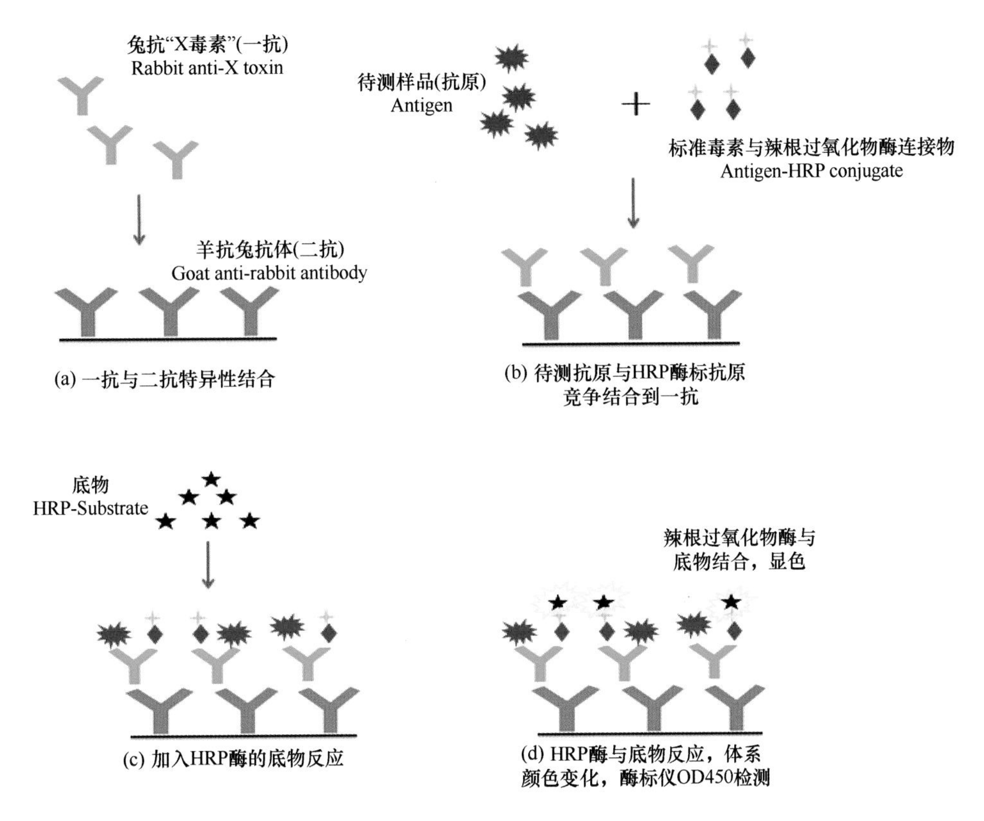

图 16.26 直接竞争酶联免疫方法原理（检测腹泻性贝毒素）

贝毒素检测试剂盒，超纯水制造仪、移液器、各种型号枪头、96 孔酶标板、37℃温箱、1.5 mL 的离心管、各种化学试剂。

（3）直接 ELISA 法检测藻毒素方法如下。

样品预处理：将水样提取的藻毒素在高速离心机上 3 000 r/min 离心 10 min，再用 0.45 μm 的滤膜过滤。

在包被羊抗兔二抗抗体的 96 孔酶标板上加入体积为 50 μL 兔抗一抗（抗相应藻毒素的抗体），用铝箔纸封闭，轻轻震荡混匀，孵育 30 min。

之后，分别加入体积为 50 μL 的带有 HRP（辣根过氧化物酶）标记的标准液和待测样品（浓度根据实验所需稀释），每个三个平行实验，轻轻震荡混匀，之后酶标板用干净铝箔纸包裹并放在 37 ℃培养箱内，孵育 60 min。

孵育结束后，弃除液体，甩干，用 ELISA 洗液洗 4 次，每次加入 300 μL 洗液，最后用纸巾扣干。

加入 100 μL 的染色液（HRP 的底物），混匀 30 s，避光室温放置 30 min。

加入 100 μL 的反应终止液（一般为硫酸）终止反应，立即用酶标仪在波长 450 nm 下测吸光值。

利用已知浓度的标注样品吸光值绘制本次 ELISA 的标准曲线，参照标准曲线，获得待测样品藻毒素的种类和浓度，见表 16.19。

表 16.19　ELISA 的标准曲线

DSP 标准样品浓度/（μg/L）	0.0	0.1	0.2	0.5	1	2
450 nm 吸光值	0.788	0.715	0.684	0.541	0.368	0.267

y=-0.258x+0.724
R^2=0.904

450 nm吸光值

标准毒素浓度/(μg/L)

2）直接竞争酶联免疫方法检测麻痹性贝毒素（PSP-ELISA 试剂盒法）

（1）实验原理。直接竞争酶联免疫法是运用抗原抗体特异性结合的原理设计的（Micheli et al.，2002），本次以石房蛤毒素 STX 为例，将毒素免疫兔子，筛选出高效性和特异性的抗石房蛤毒素抗体（一抗），另外将羊抗兔的二抗固定于酶标 96 孔板内，利用毒素（抗原）、酶标一抗、二抗高灵敏特异性结合原理检测样品的毒素含量，实验组每组平行重复试验 3 次，设有同条件下的阴性对照（空白溶剂），阳性对照（标准毒素）以及配比不同浓度的标准毒素样品，同时试验，与阴性对照的吸光值的比值，计算出标准曲线，再利用检测样品的吸光值与标准曲线为依据，计算出毒素的浓度。ELISA 方法原理见图 16.27。

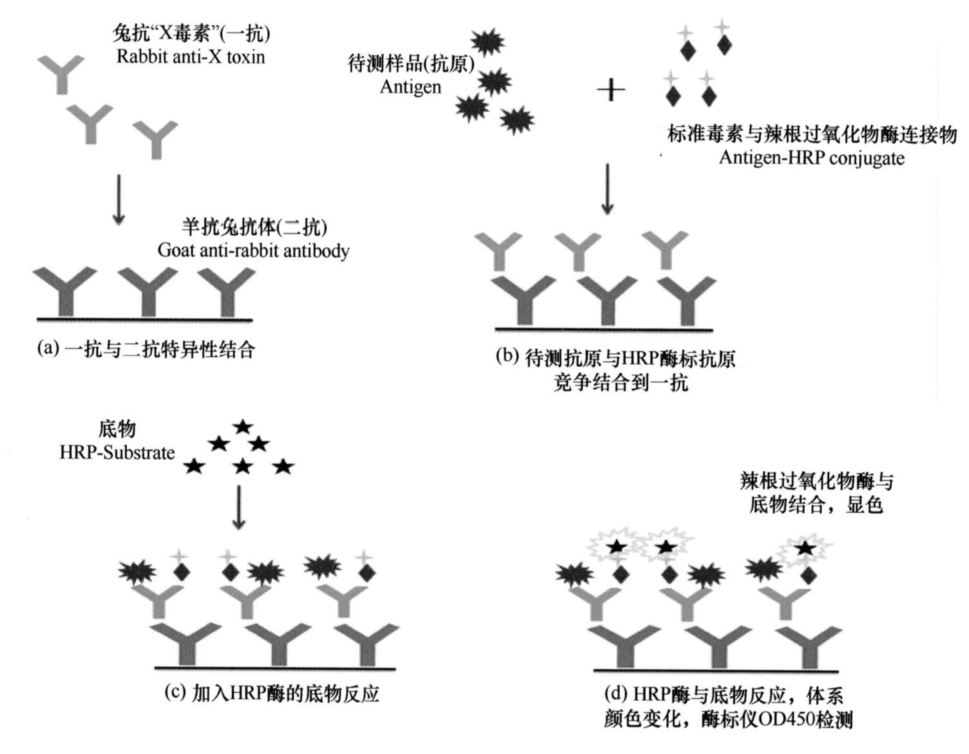

图 16.27　直接竞争酶联免疫方法原理（检测麻痹性贝毒素）

（2）实验相关器材。酶联反应荧光标记仪、酶联洗板机、小型离心机、生物安全柜、通风橱、贝毒素检测试剂盒，超纯水制造仪、移液器、各种型号枪头、96孔酶标板、37℃温箱、1.5 mL的离心管、各种化学试剂。

（3）直接ELISA法检测藻毒素方法如下。

样品预处理：将水样提取的藻毒素在高速离心机上3 000×g，10 min，再用0.45 μm的滤膜过滤。

在包被羊抗兔二抗抗体的96孔酶标板上加入体积为50 μL兔抗一抗（抗相应藻毒素的抗体），用铝箔纸封闭，轻轻震荡混匀，孵育30 min。

之后，分别加入体积为50 μL的带有HRP（辣根过氧化物酶）标记的标准液和待测样品（浓度根据实验所需稀释），每个三个平行实验，轻轻震荡混匀，之后酶标板用干净铝箔纸包裹并放在37 ℃培养箱内，孵育60 min。

孵育结束后，弃除液体，甩干，用1×的ELISA洗液洗4次，每次加入300 μL洗液，最后用纸巾擦干。

加入100 μL的染色液（HRP的底物），混匀30 s，避光室温放置30 min。

加入100 μL的反应终止液（一般为硫酸）终止反应，立即用酶标仪在波长450 nm下测吸光值。

利用已知浓度的标注样品吸光值绘制本次ELISA的标准曲线，参照标准曲线，获得待测样品藻毒素的种类和浓度，见表16.20。

表16.20 ELISA的标准曲线

PSP标准样品浓度/（μg/L）	0	0.02	0.05	0.10	0.20	0.40
450 nm下吸光值	0.263	0.216	0.186	0.149	0.097	0.036

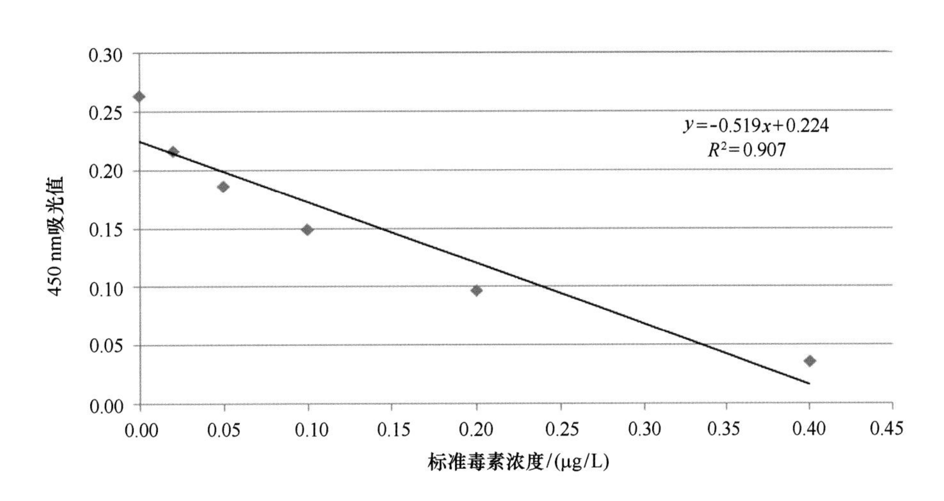

16.3.3.3 2014年5月7—15日厦门海域赤潮毒素跟踪监测结果

1）2014年5月7日赤潮毒素检测结果

2014年5月7日海水中（0.5 m深度）毒素检测结果见表16.21。

表 16.21　海水中（0.5 m 深度）毒素检测结果

站号	麻痹性贝毒毒素（STX）浓度/（ng/L）	腹泻性贝毒毒素（DSP）浓度/（μg/L）
1	147.0	NA（未检测到）
2	NA	0.63
13	150.2	0.61
20	NA	0.59
24	NA	NA
29	92.1	NA

腹泻性贝毒（DSP）在3个站中均有检测到，其中20号站、13号站、2号站毒素浓度相近，均在0.63 μg/L左右，低于欧盟（EU）规定的水体中腹泻性贝毒（DSP）危害最低值16 μg/L。证实，在上述站位已存在腹泻性贝毒，其余水域均未检测出毒素。

检测厦门水域的三个站号均证实含有麻痹性贝毒毒素，其中1号和13号站的毒素浓度大约在150 ng/L，与实验室试验分析，相对塔玛亚历山大藻密度在10^4 cells/L，29号站毒素浓度92 ng/L，相对塔玛亚历山大藻浓度在10^3 cells/L，低于美国食品药品监督管理局（FDA）和欧盟（EU）麻痹性毒素（PSP）水体中毒性危害最低值设置40 μg/L，证实该站号水域已受麻痹性贝毒污染，目前没有达到危害最低值。

2）2014年5月13日赤潮毒素检测结果

2014年5月13日海水中（0.5 m深度）赤潮毒素检测结果见表16.22。

表 16.22　海水中（0.5 m 深度）赤潮毒素检测结果

站号	麻痹性贝毒毒素（STX）浓度/（ng/L）	腹泻性贝毒毒素（DSP）浓度/（μg/L）
3	137.0	0.65
6	NA	NA
8	NA	0.60
10	NA	NA
11	NA	NA
12	NA	NA
13	NA	NA
20	147.0	0.64

腹泻性贝毒（DSP）在3个样品中均有检测到，其中3号站、8号站、20号站毒素浓度0.65 μg/L，低于欧盟（EU）规定的水体中腹泻性贝毒（DSP）危害最低值16 μg/L。证实，在上述站位已存在腹泻性贝毒，其余水域均未检测出毒素。

检测厦门水域的2个站号均证实含有麻痹性贝毒毒素，其中20号站的毒素浓度大约在147 ng/L，3号站毒素浓度137 ng/L，低于美国食品药品监督管理局（FDA）和欧盟（EU）麻痹性毒素（PSP）水体中毒性危害最低值设置40 μg/L，证实该站号水域已受麻痹性贝毒污染，目前没有达到危害最低值。

3）2014年5月14日赤潮毒素检测结果

2014年5月14日海水中（0.5 m深度）赤潮毒素检测结果见表16.23。

表 16.23 海水中（0.5 m 深度）赤潮毒素检测结果

站号	麻痹性贝毒毒素（STX）浓度/（ng/L）	腹泻性贝毒毒素（DSP）浓度/（μg/L）
2	92.0	NA
4	NA	NA
13	NA	NA
14	13.4	NA
16	NA	NA
三所	NA	NA

腹泻性贝毒（DSP）在6个站中未检出。腹泻性毒素赤潮已消亡。

检测厦门水域的2个站号均证实含有麻痹性贝毒毒素，其中2号站的毒素浓度大约在92 ng/L，14号站毒素浓度13.4 ng/L（检出限15 ng/L，视为无毒素污染），远低于美国食品药品监督管理局（FDA）和欧盟（EU）麻痹性毒素（PSP）水体中毒性危害最低值设置40 μg/L，证实该站号水域已受麻痹性贝毒轻微污染，目前没有达到危害最低值。从7—14日，该有毒赤潮正在消亡。

4）2014年5月15日赤潮毒素检测结果

2014年5月15日赤潮毒素检测结果见表16.24。

表 16.24 赤潮毒素检测结果

站号	麻痹性贝毒毒素（STX）浓度/（ng/L）	腹泻性贝毒毒素（DSP）浓度/（μg/L）
1	NA	NA
2	5.0	NA
3	NA	NA
4	NA	NA
5	NA	NA
6	NA	NA
7	NA	NA

本次7个站水样经过麻痹性毒素和腹泻性毒素检测，每个样品平行试验3次，实验结果证明试验平行性、重复性良好，标准曲线线性趋势正确。

本次实验只检测到2号站的水样麻痹性毒素浓度低于5 ng/L，已小于最低检出限15 ng/L，视为无麻痹性毒素污染，其余站号均未检出有上述两种毒素。

16.3.4 小白鼠贝毒检测

藻毒检验依照美国分析化学家协会（AOAC）所推荐的“麻痹性贝毒小白鼠生物检测法”进行毒性实验。该法测定整个动物对毒素积累及其反应，可以间接测定人体的毒性效应。取1 cm^3 提取液，腹腔注射入重约20 g左右的无孕雌性小白鼠（昆明鼠），记录死亡时间，每个实验重复6次，根据Sommer's Table换算成毒力，用鼠单位（MU）来表示。最后再根据藻细胞计数结果，换算成每个藻细胞平均毒力（MU/cell）。

5月13日采集漳州市后石附近海域和厦门市潘涂附近海域的牡蛎，将牡蛎肉提取液，通过白鼠生物检验，进行麻痹性毒素检测，6只小白鼠均死亡，初步判断毒素对小白鼠有致死作用，检测每百克组织毒素含量为160.02 MU，低于我国的上市贝类毒素临界值400 MU。进行腹泻性毒素检测，6只小白鼠均未死亡。5月20日，对漳州市后石附近海域牡蛎再次采样，进行麻痹性毒素检测，6只小白鼠均未死亡。各项检测结果见表16.25、表16.26。

表16.25　5月13日贝类赤潮毒素的毒性检测结果

<table>
<tr><th rowspan="2">采样地点</th><th rowspan="2">样品种类</th><th rowspan="2">稀释倍数</th><th rowspan="2">毒性实验测定项目</th><th colspan="6">小白鼠编号</th><th rowspan="2">每100 g组织毒素含量（MU）</th></tr>
<tr><th>1</th><th>2</th><th>3</th><th>4</th><th>5</th><th>6</th></tr>
<tr><td rowspan="2">后石附近海域</td><td rowspan="2">牡蛎</td><td rowspan="2">1</td><td>小白鼠重量/g</td><td>18.55</td><td>19.00</td><td>15.70</td><td>15.34</td><td>15.06</td><td>15.69</td><td rowspan="2">160.02</td></tr>
<tr><td>死亡时间</td><td>12 min 36 s</td><td>10 min 42 s</td><td>12 min 11 s</td><td>20 min 20 s</td><td>09 min 47 s</td><td>13 min 10 s</td></tr>
<tr><td rowspan="2">潘涂附近海域</td><td rowspan="2">牡蛎</td><td rowspan="2">1</td><td>小白鼠重量/g</td><td>19.15</td><td>18.02</td><td>18.71</td><td>19.98</td><td>18.08</td><td>19.35</td><td rowspan="2">未检出</td></tr>
<tr><td>死亡时间</td><td colspan="6">均未死亡</td></tr>
</table>

表16.26　5月20日贝类毒素的检测结果

<table>
<tr><th rowspan="2">采样地点</th><th rowspan="2">样品种类</th><th rowspan="2">稀释倍数</th><th rowspan="2">毒性实验测定项目</th><th colspan="6">小白鼠编号</th><th rowspan="2">每100 g组织毒素含量（MU）</th></tr>
<tr><th>1</th><th>2</th><th>3</th><th>4</th><th>5</th><th>6</th></tr>
<tr><td rowspan="2">后石附近海域</td><td rowspan="2">牡蛎</td><td rowspan="2">1</td><td>小白鼠重量/g</td><td>20.58</td><td>20.86</td><td>19.58</td><td>20.56</td><td>19.43</td><td>19.36</td><td rowspan="2">未检出</td></tr>
<tr><td>死亡时间</td><td colspan="6">均未死亡</td></tr>
</table>

16.4　小结

2014年5月4—6日，对厦门赤潮进行观测。5月7日，从厦门西海域至漳州后石外海，布设30个站位，开展了海域面积达130 km^2 的赤潮跟踪监测，经检定暴发赤潮优势种为具齿原甲藻，漳州后石外海带有亚历山大藻并检出麻痹性毒素。5月13日，再次从厦门西海域至漳州后石外海开展了30个站位、对面积为130 km^2 海域的赤潮跟踪监测，检定结果显示具齿原甲藻优势度已经从96%下降至50%左右，带有异弯藻（血溶性毒素）、卡盾藻（血溶性毒素）、具尾鳍藻（腹泻性毒素）、亚历山大藻（麻痹性毒素）和裸甲藻（麻痹性毒素），并检测出麻痹性毒素和腹泻性毒素；用小白鼠法做漳州后石牡蛎的麻痹性毒素试验，重复6只全部死亡。

厦门海域牡蛎麻痹性毒素试验未出现小白鼠死亡。同时也采用小白鼠法做了厦门和漳州海域牡蛎的腹泻性毒素试验，未见小白鼠异常。5月14日、15日、16日，开展了厦门东部海域、同安湾、宝珠屿、马銮湾等海域共计200 km^2 海域赤潮监测，发现异弯藻为优势种，优势度达到20%～70%；并检测出麻痹性毒素，腹泻性毒素未检出。5月20日，厦门海域藻类优势种已由甲藻类演替为厦门海域常见的无毒硅藻类（中肋骨条藻、尤氏直链藻、具槽帕拉藻），藻类平均密度为 1.13×10^4 cells/L，属于厦门海域正常藻种浓度。5月20日，水体中的毒素检测采用“直接竞争ELISA法”，重复进行3组平行试验，所有测站均未检出“麻痹性毒素”和“腹泻性毒素”。

针对5月15日漳州市斗美村村民送检牡蛎样品检出麻痹性贝毒（含量为160 MU/100 g），5月20日再次收集斗美村牡蛎样品，采用小白鼠生物检测法进行“麻痹性贝毒”测定［《贝类中麻痹性贝类毒素的测定》（GB/T 5009.213—2008）］，重复进行6次小白鼠实验，小白鼠全部未死亡，样品未检出麻痹性贝毒。

根据5月20日检测结果可以判断，厦门海域赤潮已经消亡，海域环境质量总体恢复正常。夏季在西南风的作用下，清洁的南海表层水北上，对厦门港湾海水起到交换清洁的作用，可以降低厦门港湾水体富营养化的负荷，减少厦门港湾赤潮的发生几率。

通过这次赤潮跟踪监测，发现厦门海域环境质量不容乐观，厦门海域湾内水体富营养化明显，为赤潮生物生长繁殖提供了丰富的物质基础，只要温度、盐度，气候、时节合适，还可能发生赤潮。这次暴发的赤潮优势藻种都属于甲藻类，其中有异弯藻（血溶性毒素）、卡盾藻（血溶性毒素）、具尾鳍藻（腹泻性毒素）、亚历山大藻（麻痹性毒素）和裸甲藻（麻痹性毒素）；一旦这些有毒有害的藻种演替为优势种暴发赤潮，如超过预警阈值，可能产生严重的危害，影响海产品安全，甚至可能通过食物链威胁市民的生命安全。从这次赤潮跟踪监测结果来看，建议应重新评估厦门市赤潮应急预案并建立协同、高效、综合性应对有毒有害赤潮的跟踪监测与评估技术平台。

第 17 章　有害赤潮应急措施、监控预警与防治建议

17.1　赤潮灾害应急措施

17.1.1　目的

为贯彻落实国务院对突发性事件处理的要求，建立灾害性赤潮灾害应急反应机制，最大限度地减轻赤潮灾害造成的经济损失和对人民身体健康、生命安全带来的威胁，参见国家海洋局 2011 年和厦门市海洋与渔业局 2014 年，海洋赤潮灾害应急预案，特制定本海洋赤潮灾害应急措施如下。

17.1.2　工作原则

加强监测、统一指挥、分级负责、密切协作。

17.1.3　适用范围

本预案适用于对发生在我国管辖海域的重大灾害性赤潮的应急处置。

17.1.4　赤潮应急组织体系及职责

国家海洋局设立赤潮应急工作领导小组（以下简称国家海洋局领导小组）。

17.1.4.1　国家海洋局领导小组构成

组长：国家海洋局分管赤潮灾害防灾减灾工作的局领导。

成员：国家海洋局环保司、办公室（新闻办），中国海监总队，国家海洋环境监测中心及国家海洋环境预报中心分管领导。

国家海洋局领导小组下设办公室和专家组。办公室设在国家海洋局环保司；专家组由赤潮监测监视、分析预测和防治领域专家组成，适当补充其他有关专家和科技人员。

17.1.4.2　职责

（1）国家海洋局领导小组：指导、协调全国重大灾害性赤潮应急管理工作，协调相关部委对省市赤潮应急管理工作进行监督指导，研究解决海区和省级赤潮应急工作机构的请示和应急需要。

（2）领导小组办公室：负责应急管理的日常工作，协调领导小组和成员部门及单位。

（3）专家组：负责为应急监视监测、分析预测和防治提供技术咨询和建议，开展相关技术研究。

（4）国家海洋局办公室（新闻办）：向国务院报告赤潮发生及处理情况；组织管理全国赤潮信息发布工作以及发布全国赤潮监测预警报信息等。

（5）中国海监总队：应领导小组办公室要求，组织、协调海监飞机、船舶的调用。

(6) 国家海洋环境监测中心：为海区和省级赤潮应急工作机构开展赤潮应急监测提供技术指导和协助，开展相关技术研究。

(7) 国家海洋环境预报中心：为海区和省级赤潮应急工作机构开展赤潮分析预测提供技术指导和协助，开展赤潮趋势分析预测等相关技术研究。

各分局和各省（自治区、直辖市）及计划单列市应建立相应赤潮应急工作机构，落实相关责任。其中海区一级主要职责为开展本海区的赤潮应急跟踪监测监视和预警报，对省市赤潮应急响应工作提供技术指导、协助，发布本海区赤潮监测预测信息等。各省（自治区、直辖市）及计划单列市一级（简称省级）主要职责为负责开展本省（自治区、直辖市）及计划单列市所辖海域赤潮监测监视及预警报工作；在当地政府统一领导下，会同当地相关部门开展赤潮应急响应工作和负责发布本省（自治区、直辖市）及计划单列市赤潮监测预测信息等。

17.1.5 赤潮应急工作程序

应门获取赤潮发生信息的海洋机构各级海洋环境监测机构、海监队伍以及志愿者等单位或个人一旦发现赤潮发生迹象，应立即向同级或当时所能送达信息的海洋行政主管部门报告赤潮发生信息。该海洋行政主管部门可直接委派（所属）海洋环境监测机构或海监队伍赶赴赤潮发生海域，确认赤潮发生信息，也可通知赤潮所在海区或省级海洋部门，由其负责赤潮信息现场确认。赤潮信息一经确认，随后的赤潮应急处置将根据赤潮面积、毒性和造成影响，分三级予以处置。

17.1.5.1 一级应急工作程序

1）一级应急启动条件

在我国管辖海域发生的赤潮灾害，出现下列情况之一的，启动一级应急响应程序：

无毒赤潮面积 8 000 km^2 以上（含），或有毒赤潮灾害面积 5 000 km^2 以上（含）；

因食用受赤潮污染的海产品或接触到赤潮海水，出现死亡病例 10 人以上。

2）一级应急处置

当赤潮达到一级应急响应条件时，获知现场确认信息的海洋行政主管部门应在 3 h 之内以传真形式通报国家、海区和省三级海洋行政主管部门。国家、海区和省三级海洋行政主管部门接到信息后，应立即启动本级赤潮应急预案。

海区分局和省级海洋行政主管部门应每日将赤潮监测预测信息和采取措施情况通报国家海洋局领导小组。

国家海洋局应加强对海区和省级赤潮应急监视、监测、预警报和响应工作的指导。同时，每日将赤潮监测预测信息和采取措施情况以专报形式报告国务院，并通报卫生、渔业、质检、工商等其他相关部门，协调卫生、交通、农业、质检和工商等部门加强对地方单位的指导监督。

国家海洋局领导小组视情组织国务院各有关部门成立联合督察组，赴赤潮发生影响地开展联合督查，确保实现对赤潮动态的有效监控，最大限度降低赤潮给养殖业带来的损失，防止受赤潮毒素影响的海产品流入市场，保障人民群众生命安全，稳定民心。

最终由国家海洋局领导小组宣布结束赤潮应急行动，并组织进行赤潮灾害评估。

17.1.5.2 二级应急工作程序

1）二级应急启动条件

在我国管辖海域发生的赤潮灾害，出现下列情况之一的，启动二级应急响应程序：

发生面积3 000 km^2 以上（含）、8 000 km^2 以下的无毒赤潮或面积1 000 km^2 以上（含）、5 000 km^2 以下的有毒赤潮；

因食用受赤潮污染的海产品或接触到赤潮海水，出现身体严重不适的病例报告50个以上或死亡5~10人。

2）二级应急处置

当赤潮达到二级应急响应条件时，获知现场确认信息的海洋行政主管部门应在6 h之内以传真形式通报国家、海区和省三级海洋行政主管部门。国家、海区和省三级海洋行政主管部门接到信息后，应立即启动本级赤潮应急预案。

海区分局和省级海洋行政主管部门应将赤潮监测预测信息和采取措施情况及时通报国家海洋局领导小组，频率不小于1次/2 d。

国家海洋局应加强对海区和省级赤潮应急监视、监测、预警报和响应工作的指导，同时视情将赤潮的监测预测信息及应急响应工作情况以专报形式报国务院，并通报卫生、渔业、质检、工商等相关部门。

海区分局和省级海洋行政主管部门根据各自应急预案规定结束赤潮应急行动，同时进行赤潮灾害评估，并于赤潮应急行动结束3个工作日内将灾害评估报告报国家海洋局。

17.1.5.3 三级应急工作程序

1）三级应急启动条件

获取赤潮发生信息的海洋机构在我国管辖海域发生的赤潮灾害，出现下列情况之一的，启动三级应急响应程序。

发生1 000 km^2 以上（含）、3 000 km^2 以下的无毒赤潮或500 km^2 以上（含）、1 000 km^2 以下的有毒赤潮；

因食用受赤潮污染的海产品或接触到赤潮灾害海水，出现身体严重不适的病例报告50个以下或死亡人数5人以下。

2）三级应急处置

当赤潮达到三级应急响应条件时，获知现场确认信息的海洋行政主管部门应在24 h之内通报海区和省两级海洋行政主管部门。

海区分局和省级海洋行政主管部门启动各自赤潮应急预案，并将赤潮赤潮监测预测信息和采取措施情况及时通报国家海洋局领导小组，频率不小于1次/3 d。

海区分局和省级海洋行政主管部门根据各自应急预案规定结束赤潮应急行动。

17.1.6 赤潮信息发布

赤潮信息实行统一管理，分级发布制度，由国家和省级海洋行政主管部门分别负责全国和各省（自治区、直辖市）及计划单列市赤潮信息发布工作的管理。通过广播、电视、报纸、电信等媒体向社会发布赤潮信息须经以上部门许可。

17.1.7 技术规定

17.1.7.1 现场监测

主要现场监测内容包括：

（1）赤潮灾害发生时间、地点、面积（范围）；

（2）赤潮发生海域内各项水文、气象、理化和生物指标的变化情况；

（3）赤潮生物种类与毒性，赤潮区域内藻类、贝类和鱼类的毒素含量。

17.1.7.2 分析预测

主要预测内容包括：

（1）赤潮灾害发生地点、面积、海区气象、海况等，评估赤潮灾害的可能规模，初步预测赤潮灾害的发展趋向；

（2）赤潮灾害是否对生态敏感区如浴场等造成的影响；

（3）赤潮灾害是否对公众健康构成威胁；

（4）赤潮灾害是否对养殖区环境状况和海产品质量构成威胁。

17.1.7.3 赤潮减灾防灾措施

（1）及时对赤潮灾害的发生、发展和危害做出通报说明；

（2）在渔场、养殖区发生赤潮灾害，根据赤潮毒素情况，由沿海地方人民政府采取禁捕、封闭等措施；

（3）赤潮灾害发生地人民政府开展鱼贝类食物中毒防治等与赤潮灾害有关的卫生防病知识宣传教育，加强食用海产品的卫生监督管理，做好中毒病人的应急医疗救治；有毒赤潮灾害发生后，通过媒体及时对公众进行宣传，避免食用污染的水产品；

（4）选择合适的赤潮灾害消除方法，如化学消除法、高岭土沉降法、围隔栅法、气幕法和回吸法等物理、化学或生物法消除赤潮；

（5）采取切实可行的减灾和防灾措施减轻赤潮危害，如指导养殖户采取迁移、沉放养殖网箱，采用清洁饲养或臭氧处理快速清除经济贝类体内赤潮毒素等；

（6）海上应急人员应配备必要的海上救生设备、防水服、防水手套、口罩等，尽量避免皮肤与赤潮水体直接接触。

17.1.7.4 赤潮应急终止条件

（1）无毒赤潮完全消失时；

（2）有毒赤潮完全消失，且赤潮毒素含量低于人体安全食用标准时。

17.1.7.5 赤潮灾害评估

主要评估内容包括：

（1）直接经济损失包括渔业资源损失、水产养殖业损失、旅游业收入减少或人体健康损失等；

（2）间接经济损失包括水产品质量的下降、水产品加工业产量及质量的下降及对海洋生态环境的影响等。

17.1.8 奖励与责任

（1）对在应急行动中成绩突出的单位和人员给予适当奖励；对于玩忽职守、推诿扯皮，造成不良影响的单位和个人给予行政处分。

（2）对发现赤潮并及时报告的单位和个人应给予一定奖励。

（3）有毒赤潮灾害发生后，赤潮灾害海域内的养殖户有义务配合应急响应行动。

（4）对偷运、偷卖禁止上市水产品造成人员伤亡的有关责任人应依法追究刑事责任。

17.2 赤潮监控预警系统建立

17.2.1 目标

赤潮监控预警系统的总体目标是开发赤潮立体监测数据传输和管理系统，监测赤潮生消过程相关要素及其动态变化；筛选赤潮生消过程关键影响因子，研究赤潮预警技术，对赤潮监控区进行预警，开展赤潮监测预警试运行，建立我国第一个赤潮重点监控区监控预警系统（高晓慧等，2011；张涛等，2006；陈国斌等，2012），为我国赤潮监控预警提供技术支撑。

17.2.2 赤潮关键影响因子分析

在利用现场海洋环境业务化监测、台站水文观测、赤潮监控区监测数据获取的基础上，通过浮标、现场快速监测、赤潮毒素鉴定等获取赤潮过程的多参数不同时空频率的连续监测数据，开展赤潮环境因子、诱发因子、表征因子和赤潮藻种演替变成为有害赤潮分析（庞景贵，2011；李士虎等，2003；叶属峰，2004）。

1）赤潮关键环境影响因子分析

分析所有监测数据，研究不同种类的赤潮生消过程中气象、水动力、营养盐、海温、盐度等环境因子的变化规律及其与赤潮浮游生物生长之间的关系，深入认识环境因子对赤潮的影响及赤潮发展阶段判断。

2）赤潮暴发性增长的诱发因子分析

在赤潮生消过程数据获取、分析的基础上，确定赤潮诱发因子及其相关阈值，为赤潮的监测预警提供依据，进一步优化示范赤潮监控的监测要素、监测方式和频率等参数。

3）赤潮过程各阶段中典型表征因子分析

赤潮暴发性增长后，除了叶绿素 a、浮游植物细胞密度的暴发性增长外，还导致水色、透明度、溶解氧、pH 值、营养盐等参数发生异常变化，研究分析赤潮生消过程。

（1）起始阶段：赤潮生物开始繁殖或胞囊大量萌发，竞争能力较强的赤潮生物可逐渐发展到一定的种群数量。

（2）发展阶段：赤潮生物呈指数式增长并迅速形成赤潮，同时原先的共存种多数被抑制或消失，也可能有个别种随赤潮出现异常增长。

（3）维持阶段：这一阶段的时间长短主要取决于水体的物理稳定性和各种营养物质的消耗和补充状况。

（4）消亡阶段：营养物质耗尽又未能及时得到补充，或遇台风、降雨等各种引起水团不稳定性的因素，或温度的突然变化超过该种赤潮生物的适应范围，造成赤潮生物大量死亡，赤潮现象就逐渐或突然消失。

4）在赤潮藻种演替成有害赤潮分析

在中国近海河口港湾赤潮，在3—5月份大部海域暴发的是硅藻类赤潮，在5—7月份暴发的是甲藻类有害赤潮，8月份后大多数海域暴发又是硅藻类赤潮，各海域暴发赤潮藻类演替小型化越来越明显，大部分以甲藻类（安鑫龙等，2010；高丽洁等，2010；刘永健等，2008）为主，例如夜光藻、海洋原甲藻、微型原甲藻、裸甲藻、亚历山大藻、赤潮异弯藻、卡盾藻、米氏凯伦藻、血红哈卡藻等都具有毒素。根据这些毒素对人类引发的中毒症状和藻种来源进行分类，常见的藻毒素可分为麻痹性贝毒、腹泻性贝毒、记忆丧失性贝毒、神经性贝毒等。研究建立有害赤潮藻种鉴定、赤潮毒素的检测与预警值评估方法（何仲等，2007；颜天等，2001）。

17.2.3 赤潮应急监测与预警体系的构建

赤潮应急监测系统由海上水质浮标监测子系统、船载快速监测子系统、航空遥感监测子系统、卫星遥感监测子系统（马金峰等，2008）、赤潮藻种鉴定和赤潮毒素检测（张晓辉等，2008）和赤潮数据信息子系统构成。

1）水质浮标监测子系统

根据我国近海河口港湾赤潮生消过程反应比较明显的海域环境参数主要有水温、盐度、营养盐等。赤潮实时浮标监测子系统主要是通过水质环境浮标选型，利用多参数水质浮标技术，建立实时监测赤潮监控海域环境的自动观测平台（水质指标包括pH值、溶解氧、叶绿素、温度、盐度等，气象指标包括风速风向、气温、降雨量等，海洋物质包括物理海洋的海流、波浪等），实时监测赤潮起始阶段、发展阶段、维持阶段和消亡阶段的过程中理化指标变化。

2）卫星遥感监测子系统

利用已有的卫星地面接收站与国家数据共享平台，获取相关赤潮海域的MODIS卫星数据，便于了解赤潮海域的面积以及赤潮将发展扩散和影响范围。

3）无人机摄像子系统

利用无人机摄像拍照设备，针对监控区域常见赤潮发生的特点，结合海上赤潮观测具体情况，建立赤潮无人机监测子系统，开展赤潮无人机摄像拍照数据的采集。

4）赤潮快速监测子系统

赤潮快速监测是对水质浮标监测的补充和扩展，主要通过快艇等手段，利用多参数水质测定仪、水样采集仪器及实验室赤潮藻类鉴定和赤潮毒素检测仪器等，实现对赤潮监控海域水温、pH值、溶解氧、水质营养盐、叶绿素a、赤潮生物种类组成、数量分布、赤潮毒素等现场环境要素的获取。

5）有毒赤潮藻种鉴定与毒素检测子系统

赤潮发生硅藻时一般采用电子显微镜对赤潮藻种进行鉴定，如果赤潮过程藻种演替成小型化成甲藻时应采用扫描电镜进行电镜检测，或采用分子生物学方法做进一步鉴定判断。

赤潮藻毒素包括麻痹性贝毒、腹泻性贝毒、记忆丧失性贝毒、神经性贝毒及西加鱼毒等。除了经典小白鼠检测方法，建立和完善更加快速、灵敏的检测方法，特别是免疫学的ELISA法，使用方便的试剂盒检测方法，寻找更加简单、精确的化学检测方法如液相色谱与质谱的联用，定量检测各种已知类型的毒素，在一个较长的时间内，生物法、免疫法及高灵敏度、高特异性的仪器法有机结合和优势互补将继续成为赤潮毒素检测技术的发展方向。

6）赤潮预警子系统

在中国近海发生的赤潮，大部分为硅藻类赤潮和甲藻类赤潮，一般硅藻类赤潮属于无毒类赤潮，小型甲藻类等赤潮大部分属于有毒有害赤潮。

对于无毒藻类赤潮，根据水质浮标实时自动监测的结果，提供生化指标的水温、盐度、pH值、溶解氧及氧饱和度、叶绿素 a 等现场监测数据，突现超出该海域赤潮阈值，立即开展该海域现场赤潮应急监测，重点采样鉴定藻种，计算其藻种优势度和丰度，检测海域富营养化程度，然后，根据国内外赤潮藻种优势度和丰度的阈值来预警判断是否发生赤潮。

对于有毒赤潮，一般是在硅藻赤潮后，由于环境恶劣，赤潮藻类演替再次暴发甲藻类赤潮，此时，除了要监测海域生化指标之外，还要重点采集鉴定甲藻类赤潮藻种，并检测其赤潮毒素。根据国内外给定有毒赤潮藻种和毒素阈值预警判断海域发生的有毒赤潮。

7）建立赤潮监测与预警数据库信息系统

赤潮重点监控区监控预警系统（张涛，2006）建成后，运用水质生化浮标、卫星遥感、水动力模型、赤潮毒素检测等并结合现场多种监测手段进行监测，利用国内外赤潮相关监测与预警的技术成果，进行多参数、多手段的监测为本系统进行数据补充，并在数据库终端能够展示赤潮监测与预警成果。对赤潮全过程进行监测，分析赤潮发生发展全过程的环境参数的变化；获取的数据集成到赤潮监测数据库中，开展数据分析、评价及预警信息产品制作、发布，检验系统的功能及各项技术指标，进行优化、调试和改进；根据预警信息产品的需求验证各监测手段监测时间、频率、空间布局的合理性，并进行优化调整，形成对赤潮发生、发展和消亡全程监控的能力。预警赤潮可能发生的灾害，提供海洋管理赤潮灾害处置科学依据。

17.3 赤潮防治策略

近年来，中国沿海有害赤潮发生呈明显上升趋势，暴发频率增加，规模不断扩大，新赤潮藻种不断出现，赤潮对沿海经济的危害程度日益增加。赤潮已成为一种严重的全球性海洋灾害，如何科学地进行赤潮研究和减灾，有效地进行赤潮防治已经成为迫切需要解决的重大问题。科学地分析赤潮发生的原因及其对生产、生活造成的危害，着重探讨国内外赤潮防治技术的发展趋势及其最新赤潮防治技术研究进展，有着重要意义（周名江，2007；关道明等，2003；毕远溥，2001）。

17.3.1 物理方法

物理方法就是在赤潮治理中，利用某些设备、器材在水体中设置特定的安全隔离区，分离赤潮水体中的赤潮生物或利用机械装置灭杀、驱散赤潮生物的方法，这种方法是利用物理手段依据赤潮的生长和活动特性来减少赤潮对养殖区的影响。目前国内外消除赤潮常用的物理方法有：围隔栅法、气幕法、增（充）氧法、网箱与台筏沉降法、网聚捕捞法、超声波法等。围隔栅法是用围隔栅将表层赤潮与养殖区隔开；气幕法和增（充）氧法是采用设在养殖海区周围海底的通气管向上放出大量气泡来隔离赤潮，同时也起到充氧作用；此外还有在赤潮密集区用吸水泵将赤潮水吸到船上处理，或用网具捕捞回收赤潮生物的方法以及用超声波杀死赤潮生物的方法。

17.3.2 化学方法

1）利用化学药物直接杀灭法

硫酸铜、次氯酸钠、氯气、氧化氢、臭氧、过碳酸钠等可直接杀死藻类。硫酸铜在治理淡水浮游植物时很成功；载铜可溶性玻璃粉杀藻率很高（浓度为 3.5 mg/L，即达 96.2%），没有或只有很低的铜离子残留。

2）石灰消毒法

通过向海底撒布生石灰可以促进有机质的分解，改善底质微量元素状况，抑制氮磷的释放，灭菌消毒，可有效地抑制甲藻类生物的繁殖生长。

使用硫酸铜有以下缺点：①对非赤潮生物具有毒性，破坏近岸生态系统；②控制赤潮是暂时的；③成本高。虽经不少专家努力研究，但 Cu 破坏近海生态系统和成本高的问题仍未得到彻底解决。

3）*凝聚剂沉淀法*

主要是利用物质的胶体化学性质，使赤潮生物凝聚、沉淀后回收。由于赤潮生物具有昼浮夜沉趋光性质，治理时的凝聚过程主要在表层进行，所以表面活性剂和凝聚剂成为发展较快的赤潮治理剂。微生物絮凝剂是一种新型的絮凝剂，目前正处于研制阶段，尚未见用其治理赤潮的报道，但它具有其他絮凝剂无法比拟的优越性，具有高效、无毒、易于生物降解等独特的优点，在赤潮治理方面有着广阔的应用前景。

4）*天然矿物絮凝法*

采用黏土矿物对赤潮生物的絮凝作用和矿物中铝离子对赤潮生物细胞的破坏作用来消除赤潮。王辅亚研究发现改性黏土可大大增加对赤潮生物的絮凝作用，且可以吸附水体中过剩的营养物质，如 N、P、Fe、Mn 等，破坏赤潮生物赖以生存、繁殖的物质基础；最近有研究报道：改性黏土去除塔玛亚历山大藻时，能有效降低水体中藻细胞浓度及其所携带的 PSP 毒素。改性黏土可以作为赤潮治理的应急措施。黏土矿物类消灭赤潮的方法具有原料来源丰富、成本低、无污染、吸附力强等优点。在赤潮发生时撒布黏土可使水中有机悬浮物凝集（尤其是蒙脱土的凝集作用最强），沉淀后被覆在底泥上，以减缓底层的耗氧和营养盐的溶出。据日本学者大须贺龟丸研究，用适量酸处理后的黏土可显著提高其去除效率，减少因撒布黏土而引起的淤渣。

5）*羟基［·OH］治理方法*

羟基自由基［·OH］可以使赤潮生物的氨基酸氧化分解，改变蛋白质的空间构象，导致蛋白质变性或酶失去活性，使赤潮生物死亡；另一方面，羟基攻击赤潮生物的生物膜，导致膜破裂，使细胞内含物外泄；羟基自由基又使溶酶体、微粒体上的多种酶活性降低或失活而致死。羟基自由基具有极强的杀灭赤潮生物的反应速度，同时羟基自由基又具有除臭、脱色的特性。羟基由海水和空气中的氧制成，经 20 min 左右后又还原成水和氧气，所以该药剂是无毒、无残留物的理想药剂。

一般来说，化学方法的时间效应比较快，但它不可避免地将造成环境的二次污染。特别是在给水处理中，发达国家为避免对人体健康造成危害，已基本放弃了投加药剂法，可以说，这是一种权宜之策。

17.3.3 生物方法

1）*利用浮游动物的摄食抑制赤潮生物的增长*

自然海区中浮游动物的存在起了控制或延缓浮游植物水华或赤潮发生的作用，因此，可以发展以浮游生物为主食的贝类等海洋生物，捕食或遏制赤潮生物的大量繁殖。比较各种控藻生物因子的环境适应力、繁殖能力、控藻效力、宿主范围、对宿主改变的适应能力以及不利环境下的抗逆性等多种因素，人们认为原生动物是一种很有实用前景的控藻因子。沉降、病原性裂解和被浮游动物摄食是浮游植物消亡的主要方式，尤其是小型浮游动物（原生动物）的摄食在其中起重要作用。小型浮游动物因具有生长速率快，生物量大等特点，在一定条件下可以大量摄取浮游植物。原生动物通过摄食作用在一定程度上可以影响赤潮的发生及藻种的类型。

2）养殖海洋生物或从中提取活性物质消除赤潮

日本科学家发现人工养殖的铜藻藻体、江篱藻体等海藻在茂盛期，可以大量吸收海水中的 N 和 P，如果在易发生赤潮的富营养化海域，大量养殖这些藻类，并在生长最旺盛时及时采收，能较好地降低海水富营养化的程度，我国在养殖海藻治理赤潮方面也取得了一定效果；海藻中提取出一种对赤潮具有最佳防消功效的生理活性物质。这种活性物质含有高级不饱和脂肪酸的二十八碳四烯酸。该物质对赤潮中约 30 种有毒浮游植物的试验，以极微量浓度即可在 1 min 内将这些生物杀死，而对其他生物无害，因而被称为海水养殖中的“除草剂”。

3）海洋微生物

海洋微生物由于其本身的种群多样性、生理生化类群多样性、生态功能多样性、遗传特征多样性等特点以及同赤潮藻类错综复杂的生态关系，因而在赤潮生消过程中有着极其重要的作用。以菌治藻作为一种崭新的方法在赤潮治理中具有巨大的应用前景。目前主要有两种方法：①投加 PSB（光合细菌）。这种方法目前在日本、韩国、澳大利亚等国应用较多，即通过定期向水中投加光合细菌来净化水体。②PBB 法。该法属原位物理、生物、生化修复技术，主要是向水体中增氧并定期接种有净水作用的复合微生物。PBB 法可以有效去除硝酸盐，这主要是通过有益微生物、藻类、水草等的吸附，在底泥深处厌氧环境下将硝酸盐转化成气态氮。

另外也可以利用病毒抑制微藻生长，造成海洋细菌与蓝藻宿主的高致死率和初级生产力的下降。因此病毒在浮游生物群落演替中可能具有极其重要的作用。赤潮异湾藻病毒能专一性地去除赤潮异湾藻。在很多情况下，病毒粒子的数量超过细菌的 10 倍甚至更多。所以海洋藻类病毒是一种新的、潜力巨大的赤潮防治工具。

还可以利用真菌抑制微藻的生长，一些真菌可以释放抗生素或抗生素类物质抑制藻类的生长。从一种还未鉴定的丝状真菌中提取了 3 种能抑制海洋微藻——杜氏藻生长的物质，效果甚好。冬季及早春的硅藻水华中发现有壶菌寄生。其中浮游接根壶菌对美丽星杆藻有很强的寄生溶藻作用，在合适的环境条件下，它在美丽星杆藻中的寄生和繁殖使该藻的生长受到强烈的抑制并可导致该藻引起的水华的消失。

细菌分泌的杀藻物质可为开发新型杀藻剂提供新的思路，将藻类病毒很好地应用到赤潮控制中是非常迫切的，也是非常有发展前景的，但这将是一个艰巨而漫长的过程。尽管国外已经有了不少藻类病毒感染赤潮藻的报道，但对于病毒如何调控赤潮藻，如何影响赤潮的消退还没有完全弄清楚。但是有一点可以肯定，藻类病毒确实是从该藻引起的赤潮的天然环境中分离得到的。所以现在的研究认为，它们之间应该存在非常紧密的相互作用关系。国内关于藻类病毒的研究刚刚起步，我们在借鉴前人的研究经验的同时，也应加强藻类学和病毒学的研究工作，相信未来一定能够用好藻类病毒这一赤潮防治的新工具。

4）建立植物净化系统

植物化感物质的出现为控制藻类生长提供了一种新的方法。由于植物化感物质具有高效性、选择性和无污染性，应用在抑制赤潮藻类繁殖上可达到杀死有害藻类，而又不影响其他藻类的目的，并且化感抑藻不会产生新的生态和环境问题。据报道，金鱼藻等 9 种水草含有克制小球藻的生物碱，它们能有效地抑制小球藻生长。由于植物化感抑藻物质对环境的无污染和对藻类的高抑制性，只要我们找到了高效、安全的化感抑藻物质，其一定会成为将来抑藻工程中的主力军。

化感物质的种类很多，按照其化学结构可以分为五大类：脂肪族、芳香族、含氧杂环化合物、类坎和含氮化合物。目前已从不同种植物中分离到多种能抑制藻类生长的化感物质。化感物质可以通过多种方式抑制藻细胞的分裂，从而减少藻细胞的数量。美国水生植物管理中心开发了一种新的控制藻类的方法，即利用大麦秸秆直接投入水体抑制藻类，这也是目前为止最为成功的利用化感作用抑制藻类的应用实例。但是，生物方法中，化感作用除藻技术虽可应用于任何水体，但对于施用水体有局限性，因为化感作用效果的产生与化感植物的密度有关，达不到一定的覆盖范围就起不到应有的效果，而覆盖范围过大会则会使水体透光率过低，影响其他生物的生长；同时，这种方法周期长，不能在短期内见效也限制了其应用。如果能从水生植物中分离提取出产生抑藻作用的化感物质，将其投放于污染水体，则可克服以上缺点。此外，化感物质的提取、分离和鉴定也是进一步研究其抑藻机理的前提，是我们以后工作中的一个研究方向。

5）保护红树减少赤潮发生

红树林是全球热带海岸特有的湿地生态系统。对于富含 N、P 营养污染物的污水处理与再利用特别有效，被视为很多污染物廉价而有效的处理厂。我国在 20 世纪 80 年代中期开始以污染生态学为理论依据进行红树林净化污水的研究，其中研究污染对河口海湾红树林的影响和红树林湿地处理城市污水及其可持续利用问题是当前红树林研究的热点之一。前人的研究认为：红树林能耐受高浓度的营养物和重金属，因为红树林土壤能够吸附土壤中的重金属从而实现其净化功能。由于红树林具有减弱水体的富营养化程度、净化污水的功能，所以保护红树林有助于减少赤潮的发生。

17.4 采取综合防治措施

采取单一方法治理赤潮的效果并不显著，我们应采取综合防治措施，将赤潮防治方法与一些措施相互结合。

1）控制外源性营养物质的输入

外源性营养物质主要包括含 N、P 的一些营养盐类，它们是导致河口港湾富营养化的直接因素。加强海洋环境保护，切实控制沿海废水废物的入海量，特别要控制 N、P 和其他有机物的排放量，避免海区的富营养化，是预防赤潮发生的一项根本措施，已引起各有关方面的重视。

目前削减营养负荷的技术有以下几种：废水分流以减少营养物质的入海排放量；生产无磷洗涤剂以降低磷的入海负荷；使用化学方法或生物技术进行废水脱磷；利用稳定塘、人工或自然湿地等进行非点源营养物质的截流；应用生态技术改变常规农业种植方法。随着沿岸社会经济的发展，沿海城市居住人口的增加，排海营养物质（N、P）成倍增加，必须采取污染物排海总量控制目标，控制入海污染物的排放量。

2）采用工程学措施

目前，此类措施主要有底泥疏浚、水体深层曝气、注水冲稀以及在底泥表面敷设塑料等。底泥疏浚对改善那些底泥营养物质含量高的水体是一种有效的手段，但需注意地点和深度。底泥疏浚减少了已经积累在表层底泥中的总氮和总磷量，减少了潜在性内部污染源。底泥疏浚还可以加深河口港湾深度，增加了其环境容量，最终仍能起到降低河口港湾水体营养负荷的作用。水体深层曝气，要定期或不定期采取人为海洋养殖区水体曝气而补充氧，使水与底泥界面之间不出现厌氧层，经常保持有氧状态，有利于抑制底泥 P 的释放。注水冲稀是在有条件的地方，用含 P 和 N 浓度低的水注入半封闭海洋湖泊，起到稀释营养物质浓度的作用，控制水华现象，提高水体透明度，降低水体富营养化的作用。

3）进行生态修复

生态修复已成为全球淡水生态系统研究前瞻性领域，正日益成为环境保护工作研究的热点。生态修复包括微生物修复和水生生物修复两大内容，只有两者相互结合，才能得到良好的治理效果。

4）加强赤潮毒素的检测，对症下药

目前，由于赤潮及赤潮藻毒素对人、畜、水产养殖业等均能造成巨大的危害（颜天，2001；柳俊秀等，2009），使人们对其加强了研究。尤其对藻类毒素的检测方法的研究至关重要。现有的毒素检测技术主要包括：①有毒赤潮发生诊断技术：采用电镜、流式细胞仪、分子探针、生物质谱等现代化的新技术，对有毒赤潮藻类的生物学，产毒藻的分类与鉴定以及微囊藻毒素分离和鉴定等技术；②贝毒及其检测：随着毒素高效液相色谱分析技术的日渐完善，毒素在贝体内累积、分布、转化、排出等动力学的研究受到重视。检测方法包括生物检测和化学检测。随着新技术的发展，藻类及其毒素的研究已进入分子生物学时代。

参考文献

安鑫龙，么强，李雪梅 . 2010. 赤潮微藻海洋卡盾藻研究 [J] . 安徽农业科学，38（32）：18281-18283.

柏仕杰，王慧，郑天凌 . 2012. 海洋藻类病毒与赤潮防治 [J] . 应用与环境生物学报，18（6）：1056-1065.

毕远溥，李润寅，宋辛，等 . 2001. 赤潮及其防治途径 [J] . 水产科学，20（3）：31-32.

蔡卓平，段舜山 . 2010. 基于核心期刊论文分析我国赤潮研究现状 [J] . 安徽农业科学，38（31）：17966-17968.

陈国斌 . 2012. 厦门海域赤潮现状与对策 [J] . 中国水产，10：27-29.

丁君 . 2001. 赤潮毒素中腹泻性贝毒和麻痹性贝毒的研究及进展 [J] . 大连水产学院学报，16（3）：212-218.

杜伟，陆斗定 . 2008. 有毒赤潮藻及其毒素的危害与检测 [J] . 海洋学研究，26（2）：89-97.

高波，邵爱杰 . 2011. 我国近海赤潮灾害发生特征、机理及防治对策研究 [J] . 海洋预报，28（2）：68-77.

高丽洁，陈萍，高俊海 . 2010. 赤潮异弯藻研究进展 [J] . 科技资讯，30：225-226.

高晓慧，王娟，孟庆凌 . 2011. 赤潮快速预警研究 [J] . 海洋开发与管理，7：74-77.

关道明，战秀文 . 2003. 我国沿海水域赤潮灾害及其防治对策 [J] . 海洋环境科学，22（2）：60-63.

国家海洋局 . 2011. 赤潮灾害应急预案 . http：//www. soa. gov. cn.

国家海洋局 . 中国海洋环境状况公报（年报）. 2008-2013，http：//www. soa. gov. cn.

何仲，欧昌荣 . 2007. 麻痹性贝类毒素的性质及检测技术研究进展 [D] . 中国科技论文在线，1-9.

黄邦钦，徐鹏，胡海忠，等 . 2000. 单种及混合培养条件下 Fe、Mn 对赤潮生物塔玛亚历山大藻（*Alexandrium tamarense*）生长的影响 [J] . 环境科学学报，20（5）：537-541.

李炳南，赵冬至，蒋雪中，等 . 2014. 赤潮灾害应急决策支持系统的概念设计 [J] . 海洋环境科学，33（3）：418-424.

李冀刚，吴莹莹 . 2014. 2009 年冬季汕尾港球形棕囊藻赤潮发生化学因素浅析 [J] . 技术与市场，1：8-9.

李士虎，吴建新，李庭古，等 . 赤潮的危害、成因及对策 [J] . 水利渔业，23（6）：38-54.

梁松，钱宏林，齐雨藻 . 2000. 中国沿海的赤潮问题 [J] . 生态科学，19（4）：44-50.

刘娜，陈伟斌，张淑芳，等 . 2014. 赤潮应急监测等级判别指标体系的构建 [J] . 海洋环境科学，33（2）：242-247.

刘沛然，黄先玉，柯栋 . 1999. 赤潮成因及预报方法 [J] . 海洋预报，16（4）：46-51.

刘永健，刘娜，刘仁沿，等 . 2008. 赤潮毒素研究进展 [J] . 中国海洋环境科学，27（2）：151-159.

柳俊秀，何培民 . 2009. 赤潮藻毒素种类与化学结构研究进展 [J] . 中国医药生物技术，4（2）：144-147.

马金峰，詹海刚，陈楚群，等 . 2008. 赤潮卫星遥感监测与应用研究进展 [J] . 遥感技术与应用，23（5）：604-610.

缪锦来，石红旗，李光友，等 . 2002. 赤潮灾害的发展趋势、防治技术及其研究进展 [J] . 安全与环境学报，2（3）：40-44.

潘克厚，姜广信 . 2004. 有害藻华（HAB）的发生、生态学影响和对策 [J] . 中国海洋大学学报，34（5）：781-786.

庞景贵，周军，康辰香，等 . 2011. 赤潮历史记载及其成因与危害 [J] . 海洋信息，4：16-18.

苏纪兰 . 2001. 中国的赤潮研究 [J] . 中国科学院院刊（5）：339-342.

王新，李志江，郑天凌 . 2010. 海洋浮游细菌在东海赤潮高发区的分布与活性 [J] . 环境科学，31（2）：287-295.

王修林，孙培艳，高振会，等 . 2003. 中国有害赤潮预测方法研究现状和发展 [J] . 海洋科学进展，21（1）：93-98.

厦门市海洋与渔业局 . 2014. 厦门市海洋赤潮灾害应急预案 [N] .

颜天，谭志军，李钧，等.2001. 赤潮的生物毒性评价初步研究［J］. 海洋环境科学，20（3）：5-8.

叶属峰，纪焕红，曹恋，等.2004. 长江口海域赤潮成因及其防治对策［J］. 海洋科学，28（5）：26-32.

张涛，周忠海，等.2006. 赤潮监控预警系统的研究［J］. 山东科学，19（5）：12-15.

张晓辉，邓志平，何丰，等.2008. ELISA 技术在水产养殖病害诊断和海洋生物毒素检测中的应用进展［J］. 海洋学研究，26（4）：79-85.

张正斌，刘春颖，邢磊，等.2003. 利用化学因子预测赤潮的可行性探讨［J］. 青岛海洋大学学报，33（2）：257-263.

郑天凌，吕静琳，周艳艳，等.2011. 海洋有害赤潮调控功能菌的发现与研究［J］. 厦门大学学报（自然科学版），50（2）：445-454.

郑天凌，苏建强.2003. 海洋微生物在赤潮生消过程中的作用［J］. 水生生物学报，27（3）：291-295.

周名江，于仁成.2007. 有害赤潮的形成机制、危害效应与防治对策［J］. 自然杂志，29（2）：72-77.

周名江，朱明远，张经.2001. 中国赤潮的发生趋势和研究进展［J］. 生命科学，13（2）：54-61.

Anderson D M, Keafer B A, Kleindinst J L, et al. 2014. Alexandrium fundyense cysts in the Gulf of Marine: Long-term time series of abundance and distribution, and linkages to past and future blooms［J］. Deep-Sea Research Ⅱ, 103: 6-26.

Anderson D M, Keafer B A. 1985. Dinoflagellate cyst dynamics in coastal and estuarine waters［M］// Anderson D M, White A W, Baden D G. Toxic Dinoflagellates, Proceedings of the 3rd International Conference, Elsevier, New York, 219-224.

Anderson D M, Morel F M M. 1979. The seeding of two red tide blooms by the germination of benthic Gonyaulax tamarensis hypnocysts［J］. Estuarine and Coastal Marine Science, 8: 279-293.

Anderson D M, Townsend D W, McGillicuddy D J, et al. 2005. The ecology and oceanography of toxic Alexandrium fundyense blooms in the Gulf of Maine［J］. Deep-Sea Research Ⅱ, 52（19-21）: 2365-2876.

Birkhäuser Basel［J］. 100: 65-122.

Brosnahan M L, Farzan S, Keafer B A, et al. 2014. Complexities of bloom dynamics in the toxic dinoflagellate Alexandrium fundyense revealed through DNA measurements by imaging flow cytometry coupled with species-specific rRNA probes［J］. Deep-Sea Research Ⅱ, 103: 185-198.

Clara A, Giuseppe R, Anna M R, 2009. Federica Callegari, Gian Paolo Rossini *, The total activity of a mixture of okadaic acid-group compounds can be calculated by those of individual analogues in a phosphoprotein phosphatase 2A assay［J］, Toxicon, 53: 631-637.

FDA, US, Fish and fishery Products Hazards and Controls Guidance. 2013.

FSA, EU, UK, Official controls charges for fishery products-Guidance for enforcement authorities. 2012. 12.

Gian Paolo Rossini, Philipp Hess, 2010. Phycotoxins: chemistry, mechanisms of action and shellfish poisoning［M］. Experientia Supplementum, 100: 65-122.

Hu C M, Muller-Karger F E, Taylor C J, et al. 2005. Red tide detection and tracing using MODISfluorescence data: a regional example in SW Florida coastal waters［J］. Remote Sensing of Environment, 97（3）: 311-321.

L. Micheli, S. Di Stefano, D. Moscone, et al. 2002. Production of antibodies and development of highly sensitive formats of enzyme immunoassay for saxitoxin analysis［J］. Analytical and Bioanalytical Chemistry, 373: 678-684.

Marie L B, Michelle K, Marian K. 2015. Generation of a panel of high affinity antibodies and development of a biosensor-based immunoassay for the detection of okadaic acid in shellfish［J］. Toxicon 103: 169-175.

McGillicuddy D J, Townsend D W, Keafer B A, et al. 2014. Georges Bank: A leaky incubator of Alexandrium fundyense blooms［J］. Deep-Sea Research Ⅱ, 103: 163-173.

NSSA. 2013. Guide for the Control of Molluscan Shellfish-National Shellfish Sanitation Program.

SEAFOOD. 2015. Safety Assessment ltd. FS102086, Review of the currently available field methods for detection of marine biotoxins in shellfish flesh. 9.

Wang H L, Feng J F, Li S P. 2005. Statistical analysis and prediction of the concentration of harmful algae in Bohai Bay [J]. Transaction of Tianjin University, 308-312.

Xu X H, Pan D L, Mao Z H, et al. 2014. A new algorithm based on the background field for red tide monitoring in the East China Sea [J] . Acta Oceanol. Sin. , 33 (5): 62-71.